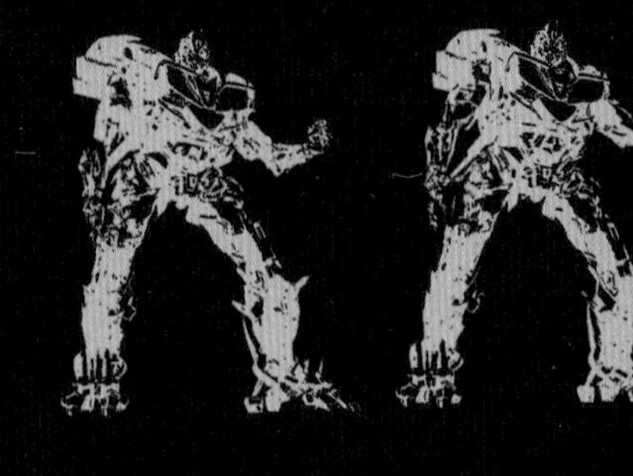

国家级动画产业基地视美动画教学研究基地专用教材

重庆动漫产业人才培训基地专用教材

新世纪全国高等教育
影视动漫艺术丛书

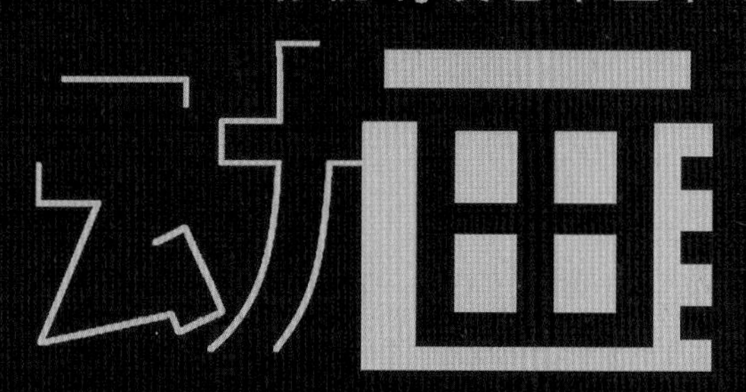

三维动画流程

郭宇 编著

西南师范大学出版社

图书在版编目(CIP)数据

三维动画流程/郭宇编著. — 重庆: 西南师范大学出版社, 2012.5

ISBN 978-7-5621-5683-3

Ⅰ.①三… Ⅱ.①郭… Ⅲ.①三维计算机动画 Ⅳ.①TP391.41

中国版本图书馆CIP数据核字(2012)第046638号

丛书策划: 周安平　王正端

新世纪全国高等教育影视动漫艺术丛书

主　　编: 周宗凯

三维动画流程　郭宇　编著

责任编辑: 王正端

整体设计: 周宗凯　王正端

出版发行: 西南师范大学出版社

地址: 重庆市北碚区天生路1号　　邮编: 400715

http://www.xscbs.com.cn　　E-mail:xscbs@swu.edu.cn

电话: (023)68860895　　传真: (023)68208984

经　　销: 新华书店

制　　版: 重庆海阔特数码分色彩印有限公司

印　　刷: 重庆康豪彩印有限公司

开　　本: 889mm×1194mm　1/16

印　　张: 9

字　　数: 288千字

版　　次: 2012年5月　第1版

印　　次: 2012年5月　第1次印刷

ISBN 978-7-5621-5683-3

定　　价: 45.00元

序

动画是一门集艺术与技术于一体的学科。动画是当代文化的集合点——它包括了文学、电影、美术、音乐、传播等多个学科门类的内容。动画是当代文化一种特殊而典型的语言形式——我们生活中的大部分时尚形式似乎都与动画相关。动画又是一个产业——已成为世界创意产业中非常重要的组成部分。总之，动画不仅仅是一种艺术形式，更是一个庞大而复杂的系统性学科。所以，动画教育和人才培养是一个极具难度的课题。它不仅包含了庞杂的学术内容，又是一个复杂的系统工程，其中包含了复杂的工作流程，使教师在讲学过程中，既要面对美术方面的问题，又要面对影视方面的问题，还要面对软件使用等技术问题……从另一方面看，学生的作业练习也很难实施，动画作业不像广告、油画，可以由一个人在一两天或一周内做一方案。一个创作性动画作业可能会历时一个月甚至更长时间，因为它的制作程序很复杂，必须花很多时间去完成其每一个步骤，而我们的课时又是有限的。此外，动画创作还涉及团队合作，从编剧到动画，再到技术制作，可能跨越几个专业或几个部门，没有团队的协作很难完成一部动画片。所以还涉及团队合作精神和工程规划设计流程管理等。怎么去实施这些内容的教学呢？这是个难题，是一个许多人正在努力研究的问题。要想编撰一套完整的、完美的，甚至真正对当今动画事业发展和动画教育有贡献价值的教材，实在是一件不容易的事情。但不论怎样，这个责任是每一个业内人士和相关高校的教师责无旁贷的。我们有必要，也必须不懈努力地去完成它。

四川美术学院于1996年创建了动画专业，历时十余年，也经历不少曲折。如何培养出具有实作能力，能够服务于产业的人才，如何通过高校实力和科研人才推动我国动画产业的发展，一直是我们不断探究的问题。但动画学科和产业在中国都是刚刚起步，现成的试验平台和相关经验也很少，使我们面临的难度也比许多学科大得多。

动画教育应有什么样的模式和学科建设方式呢？我们在重庆广电集团的支持下启动了产、学、研相结合的教学模式，组建了视美动画教学实作基地，以课目项目化的方式实施教学改革，使同学能够在具体的电视动画的制作过程中去学习。我们每年可以生产三千七百多分钟的电视动画片，也使学生的作品能每天在电视台播出，通过收视率评价引入社会评估，使教学对接行业标准，适应社会需求，一方面通过引入的项目和实战平台促进教学，另一方面以高校的学科、人才资源支持产业发展。

特别值得一提的是，这套丛书的编写是集合了多个高校的专家学者共同研讨、论证而完成的，并在重庆市科委的支持下建构了重庆高校动漫联盟，促成了高校之间的沟通、交流，共同高举产、学、研大旗推进教育改革。在编撰这套丛书的过程中，我最大的感受是参与这套丛书的各个高校都有自己的教学特色和独特的优势，来自不同高校的专家学者提出了许多独特见解。如果这套教材有幸能获得广大读者的认可，即应归功于这次合作。中国动画事业的发展，需要相关高校联合起来，实现信息互通、资源共享、整合力量，才能提升我们的教学实力，为中国动画事业的发展培养优秀的人才。在此感谢参与该套丛书的各高校领导和学科带头人的支持与指导。

在这儿，应特别感谢重庆市科学技术委员会。重庆市科委为我们搭建了一个让大家聚在一起的平台——重庆动画产业人才培训基地，这套丛书即是在这一平台中产生的，该基地也使这套教材有了检验的场所。

当然更应该感谢西南师范大学出版社将这套教材推荐给全国广大的读者和同行。在整个编撰过程中，他们的许多建议和努力促进了该教材的完善，尤其是西南师范大学出版社社长周安平教授、责任编辑王正端先生，不仅直接给予了该教材的具体指导，并为这套教材的出版做了大量繁琐的事务工作，在此深表感谢。

新世纪全国高等教育影视动漫艺术丛书编审委员会

重 庆 市 科 技 计 划 项 目 资 助 教 材

前言

三维动画专业学科经过近年来的不断发展，已经从单纯的计算机上机操作课程逐步完善成为理论与实践并重的综合课程。三维动画流程教学不但要求学生能够进行软件的基本操作，还应该要求学生了解基本原理，特别是在今天三维软件众多、技术更新迅速的情况下，只有了解了基本原理，在实际制作中才能够举一反三、触类旁通，而不是仅限于某一种解决方案。

本书作为高校动漫专业教材，以三维动画制作的具体实践作为出发点，根据制作流程从基本的概念开始进行讲解，方便动画创作者从零基础开始学习，为进行深入的三维动画学习与创作打下坚实基础。

三维动画流程的实际教学中，案例式教学占有重要地位，经典的案例对于引导学生三维创作具有标杆性的作用。本书在三维制作案例的选择上，把握软件原理与最终实现效果的平衡，启发同学在掌握软件操作原理的同时，追求艺术效果的实现。

本书针对三维动画的初学者进行课程设计，在编写上没有注重“大而全”，而是根据制作流程去掉一些干扰初学者的艰涩内容（如MEL语言、毛发等等），提倡“懂原理、会操作、重效果”，这样初学者在短期能够掌握三维制作的大多数环节，具备三维动画制作的基本能力。

本书主要作为高校动画专业的教材，同时也可作三维动画设计爱好者的自学用书，对于动画相关专业的从业者也具有一定的参考价值。

由于时间仓促，编写过程中难免出现疏漏与不当之处，恳请广大读者不吝指正。

三维动画流程

目录CONTENT

目录CONTENT

第一章 三维动画流程简述

三维动画流程从宏观上讲可以分为三个部分，即三维动画的前期、中期、后期。前期包括策划案、剧本、概念设计等等；中期包括模型创建、绑定、动作等过程；后期包括特效处理、配音配乐、剪辑、输出等环节。

从纯制作层面来讲，三维动画流程主要指制作中期的模型创建、模型绑定、模型动画、渲染等具体子项目，每个子项目又包含多个技术环节，三维动画流程就是按照开发顺序而逐步完成的工程实施过程。

1.1 三维动画简史

众所周知，世界上第一台计算机(ENIAC)于1946年2月，在美国诞生，这个占地150平方米的庞然大物揭开了电脑时代的发展序幕。很快，在1950年，第一台图形显示器作为美国麻省理工学院（MIT）旋风I号（Whirlwind I）计算机的附件诞生了。该显示器用一个类似于示波器的阴极射线管（CRT）来显示一些简单的图形，这也成为计算机图形时代的发轫之作。如图1—1。

1962年，MIT林肯实验室的Ivan E.Sutherland发表了一篇题为“Sketchpad：一个人机交互通信的图形系统”的博士论文，他在论文中首次使用了计算机图形学“Computer Graphics”这个术语，证明了交互计算机图形学是一个可行的、有用的研究领域，从而确定了计算机图形学作为一个崭新的科学分支的独立地位。

1964年麻省理工学院的教授Steven A. Coons提出了被后人称为超限插值的新思想，通过插值四条任意的边界曲线来构造曲面，这就是著名的“昆氏曲面”。同时代的法国雷诺汽车公司的工程师Pierre Bezier发展了一套被后人称为贝塞尔线与面的理论，也就是在计算机图形学里面著名的“贝塞尔曲线”。1970年Bouknight提出了第一个光反射模型，1975年Phong提出了著名的简单光照模型——Phong模型（至今我们还能在三维软件中看到以Phong命名的光照模型系统）。这些理论或者技术的提出，为三维动画的发展奠定了坚实的理论基础，特别是1984年光线跟踪算法和辐射度算法的提出，标志着真实感图形的显示算法已逐渐成熟。

1975年，出生于英国的早期计算机图表研究员马丁·纽维尔（Martin Newell）用Bezier样条线创建了一个茶壶的线框模型，这就是计算机图形领域里面享誉盛名的“犹他茶壶”。后来吉姆·布林（Jim Blinn，我们同样也能在当前的三维软件中看到以Blinn命名的光照模型系统）为了使图像看起来更宽阔，将这个茶壶模型压缩了一些，并在1987年的SigGraph大会上发表了它，这个压缩了的茶壶于是成为我们今天看到的最后标准模型。作为图形学的标志性物品，这个购买自盐湖城的茶壶被陈列在波士顿计算机博物馆，甚至在现在使用的一些三维软件中，比如3dsmax，仍将这个茶壶作为图像渲染的一个图标。如图1—2。

图1—1 工作人员在操作ENIAC

图1—2 犹他茶壶的实物照片与3dsmax软件里面的渲染图标

80年代中期，以超大规模集成电路为代表的当代计算机技术发展，为计算机图形学特别是三维动画的飞速发展提供了坚实的物质基础，三维动画迎来了一个新的时代。

1.1.1 硬件为王的工作站时代

早期的计算机动画或者说计算机图形（CG）都是个别天才级别的计算机程序开发者通过编写基本程序来实现三维画面的。比如最早出现计算机生成图像技术的电影《未来世界/翡翠窝大阴谋》（Futureworld，1976），里面有后来成为皮克斯（Pixar Animation Studios）创始人之一的爱德华·卡缪（Edwin Catmull）用计算机生出一张人脸和一只人手（如图1-3）。但作为一个行业还远远未达到社会的需求，以至于当乔治·卢卡斯拍摄《星球大战》的时候因为他的想法以当时技术无法实现而不得不成立自己的动画及影视特效公司。

SGI工作站是这个时代的宠儿，成立于1982年的硅图公司是一个生产高性能计算机系统的跨国公司，总部设在美国加州旧金山硅谷，它生产的SGI工作站系统可以称得上是那个年代数字图形领域和高性能计算市场的一面旗帜。

早期的SGI工作站相当昂贵，动辄几十万美元，只有财力雄厚的石油、科研机构或者高度依赖电脑图形的影视企业愿意负担，这也造成SGI工作站是真正的高端硬件，是一般平民可望而不可即的图像制作神话。

《星球大战》之后，从《深渊》到《星际迷航——可汗之怒》，从《终结者》到《侏罗纪公园》（如图1-4），出现在制作场地越来越多的都是这种工作站。1996年，在收购了世界最尖端的巨型机公司——克雷公司(CRAY)之后，SGI在超级计算机领域更是取得了世界上500台最大超级计算机中半数以上的市场份额。在电影《泰坦尼克号》的制作中，世界著名的数字工作室Digital Domain公司用了一年半的时间，动用了300多台SGI超级工作站，并派出50多个特技师一天24小时轮流制作《泰坦尼克号》中的电脑特技，使这部影片成为当时世界上制作费最昂贵的电影。但是这种系统对硬件要求较高，价格昂贵在PC等新技术的冲击之下面临危机。

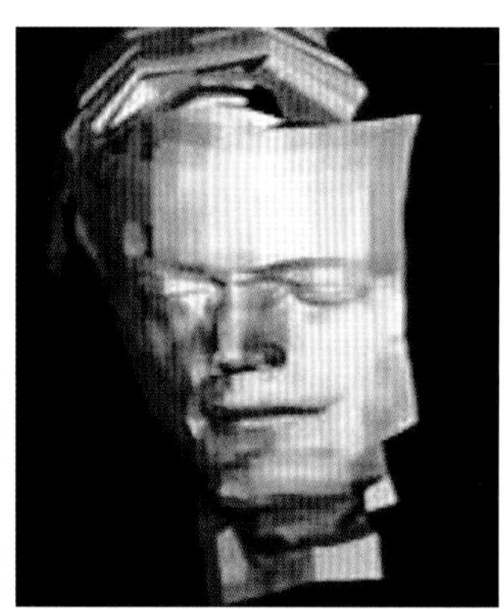

图1-3《Futureworld》里面用计算机生成的人脸

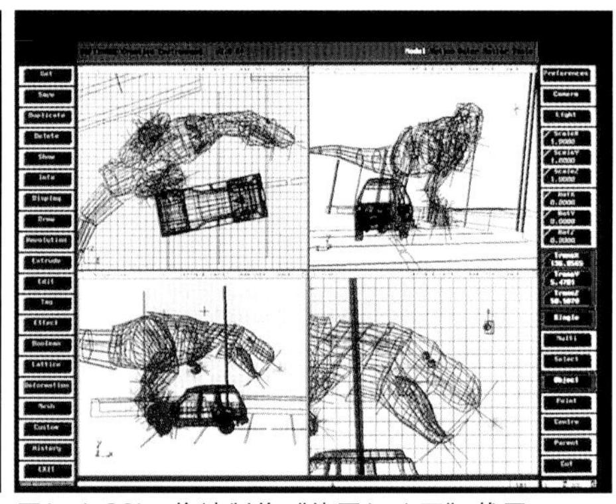

图1-4 SGI工作站制作《侏罗纪公园》截屏

90年代末期，信息产业出现两大趋势，一是发展瓶颈向软件转移，二是硬件的规模向下优化，几乎所有的企业都对此作出反应，但是SGI仍然执著于自己的巨型机发展。SGI忽视的领域给PC机的发展带来了空间，PC机随着性能提升带来硬件的规模向下优化，特别是图形进入桌面系统之后，作为图形处理的鼻祖，SGI在三维动画制作领域逐渐衰落。

1.1.2 PC带来的图形技术革命

在大型机横行的时代，供个人使用的个人电脑（PC）也在逐步发展。1962年11月3日《纽约时报》在相关报道中首次使用“个人电脑”一词，1968年时HP（惠普）公司即把其产品Hewlett-Packard 9100A称为“个人电脑”。世界公认的第一部个人电脑，则为1971年Kenbak

Corporation推出的Kenbak—1，而真正现代意义上的个人电脑则是1981年8月12日，在纽约Waldorf Astoria舞厅的发布会上，IBM推出的IBM5150。如图1—5。

1980年，IBM推出以英特尔x86的硬件架构及微软公司的MS—DOS操作系统的个人电脑，并制定以PC/AT为PC的规格，这是第一个实际应用的16位操作系统，微型计算机进入一个新的纪元。

在个人电脑发展领域有一个著名的摩尔定律，这个定律是由英特尔（Intel）创始人之一戈登·摩尔（Gordon Moore）提出来的。其内容为：当价格不变时，集成电路上可容纳的晶体管数目，约每隔18个月便会增加一倍，性能也将提升一倍。

这个定律是摩尔经过长期观察总结出来的，所阐述的趋势一直延续至今，且仍不同寻常的准确，以微处理器为例，从1979年的8086和8088，到1982年的80286、1985年的80386、1989年的80486、1993年的Pentium、1996年的PentiumPro、1997年的PentiumII，功能越来越强，价格越来越低，每一次更新换代都是摩尔定律的直接结果。

硬件的技术发展带来软件的持续进步，1994年，微软推出了新一代网络操作系统：Windows NT3.5服务器版及工作站版，众多三维技术都是依托Windows NT平台发展起来的，一大批三维软件如雨后春笋般生长起来。

1990年，Autodesk公司成立多媒体部，推出了基于DOS系统的三维软件3D Studio软件，Autodesk 成立Kinetix 分部负责3ds的发行，1996年4月，3D Studio MAX 1.0 诞生了，这是3D Studio系列的第一个Windows版本。1999年Autodesk公司收购Discreet Logic公司，并与Kinetix合并成立了新的Discreet分部，2000年，新奥尔良Siggraph 2000发布4.0版本，从4.0版开始，软件名称改写为小写的3dsmax。max软件今天已经成为业界知名的动画制作软件，版本也不断更新，目前最高版本为3dsmax2012。如图1—6。

在这一时期，另一个重量级三维软件也发展迅猛，早在1983年在数字图形界享有盛誉的史蒂分先生(Stephen Bindham)、奈杰尔先生(NigelMcGrath)、苏珊·麦肯女士(Susan McKenna)和大卫先生（David Springer)就已经在加拿大多伦多创建了数字特技公司， 研发影视后期特技软件。

图1—5 IBM5150型个人电脑

图1—6 3dsmax2012启动界面

他们公司第一次用计算机制作的影视场景是在迪士尼的动画《阿拉丁》中的“岩嘴”，1995年，Alias与Wavefront公司正式合并，成立Alias Wavefront公司，主要研发Alias软件，曾在1997年推出三维工业设计软件Alias Studio 8.5。

1998年，经过长时间研发的一代三维特技软件Maya终于面世，它在角色、动画和特技效果方面都处于业界领先地位。同时，Alias Wavefront停止继续开发以前所有的动画软件，包括曾经在《永远的蝙蝠侠》、《阿甘正传》、《变相怪杰》、《生死时速》、《星际迷航》和《真实的谎言》中大显身手的Alias Power Animator。

ILM公司采购大量Maya软件作为主要的制作软件，由于这款软件对影视制作行业的贡献，Alias Wavefront的研发部门受到奥斯卡的特别奖励。

2005年，Alias公司被Autodesk公司收购，当年发布Maya8.0版本，目前最新版本为Maya2012。如图1—7。

以上所述的三维软件在国内三维动画行业占据主流地位，除此之外还有一些三维软件得到发展，如Light Wave、Blend等，动画制作者也可以进行更多种的方案选择。

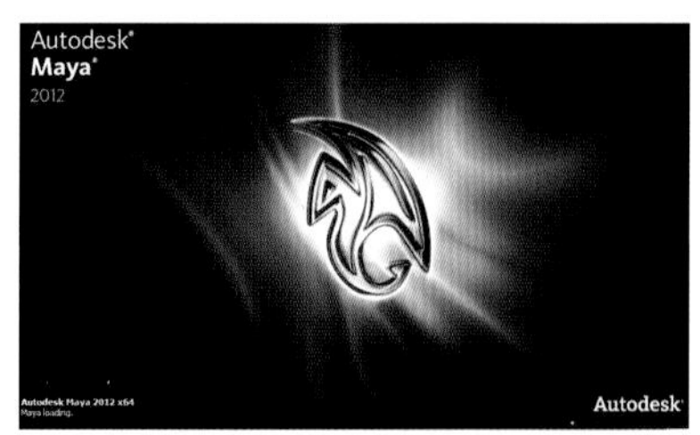

图1–7 Maya2012启动界面

1.1.3 三维动画发展展望

首先动画制作已从二维动画逐步转向三维动画，上世纪80年代中期，斯蒂芬·斯皮尔伯格首先发现了动画市场蕴藏的巨大商机，他旗下的安培林公司特别制作的动画电影《美国鼠谭(An American Tail)》意外地取得了非常好的票房成绩。正是得益于这一提醒，动画巨人迪斯尼精心制作了《小美人鱼(The Little Mermaid)》，在此之后迪斯尼开始大规模雇用二维动画师，直到上世纪90年代，迪斯尼几乎每年都推出一部二维动画大片，《美女与野兽(Beauty and the Beast)》、《阿拉丁(Aladdin)》、《狮子王》和《风中奇缘(Pocahontas)》成为迪斯尼二维动画电影最辉煌时期的代表作。如图1–8。

图1–8 电影《风中奇缘》海报

随着计算机技术的发展，三维制作的动画取得了压倒性的优势，经过一段时间的发展，三维动画已经成为动画电影中的主流，甚至一些电影制作公司开始将二维动画制作工厂关闭。从整个动画电影史上来看，截至2010年，最卖座的10部动画片中有8部都是三维制作，其中《玩具总动员》、《史莱克2》、《海底总动员》等票房都超过3亿美元，成为影片投资商的热宠。如图1–9。

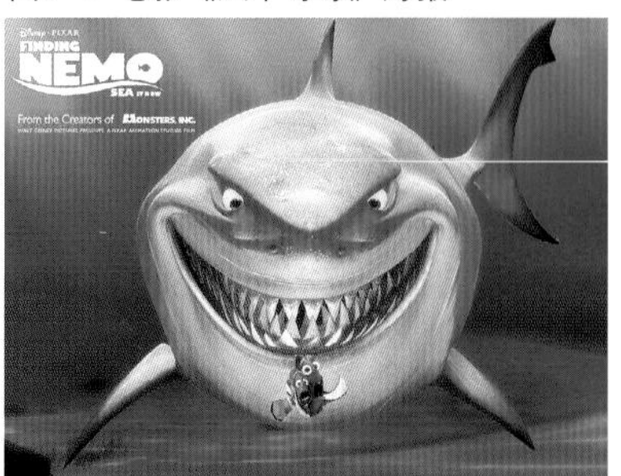

图1–9 电影《海底总动员》 海报

其次，三维动画向立体影视发展。三维动画是从二维动画发展起来的，由于当前三维动画的播放载体还是平面的，如电影屏幕、显示器等等，所以三维动画的“三维”仅仅是一种符合立体世界透视规律的平面画面，在立体视觉的需求之下，技术首先成熟的是“3D影视”。

“3D影视”也称立体影视，是近年来发展较为迅速的影视技术手段，其实立体影视技术早在1839年就已经出现，当时的英国科学家温特斯顿发现了一个奇妙的现象，人的两眼间距约5厘米，看任何物体时，两只眼睛的角度不尽相同，即存在两个视角。这种细微的角度差别经由视网膜传至大脑，就能区分出景物的前后远近，进而产生强烈的立体感。这就是3D的秘密——“偏光原理”。

图1–10 电影《非洲历险记》招贴

1952年，讲述非洲探险的《非洲历险记》被认定为史上第一部真正的3D长片（如图1–10）。1953年，《恐怖蜡像馆》等一批3D恐怖片应运而生，3D片在上世纪50年代进入了黄金时期。1962年，天马电影制片厂拍摄了中国第一部3D立体电影《魔术师的奇遇》（如图1–11），开创了中国本土生产立体电影的先河。

图1–11 电影《魔术师的奇遇》海报

由于早期的立体电影采用的技术不是很先进，长时间观影容易给人体带来不适，再加上观众观影热情的消退，3D立体电影逐渐沉寂，直到电影《阿凡达》的出现。

《阿凡达》是有史以来最昂贵的电影，最终成本超过3亿美元，《纽约时报》更是称其总耗资已超过5亿美元。这部电影号称运用多种新技术来增强电影的立体观感，神秘的潘多拉星球、奇异的动植物、波澜壮阔的战斗场面给3D影视带来了一个新的发展高潮。如图1–12。

图1–12 电影《阿凡达》剧照

受《阿凡达》等3D电影热播的影响，3D电视在近两年快速发展，彩电市场已经掀起一股3D电视普及热潮。从长远角度来看，3D电视已经成为消费者的首选，据尚普咨询发布的《2011～2016年中国背投电视机市场调查报告》显示，随着消费者对3D电子认可度的不断上升，相关技术也在不断完善，3D电视发展势头良好，市场规模在不断扩大，预计2015年可以达到1亿台出货量，根据“十二五”发展规划，中国将开通10个播出3D立体电视节目的频道。

当前技术较为成熟的是要佩戴特殊眼镜的3D电影，由于这种技术使用的眼镜较为笨重、操作繁琐，在一定程度上制约着3D影视的发展。近年出现一种不佩戴眼镜的“裸眼3D”，用裸眼体现立体效果，因其便捷性且不易疲劳，已经成为3D电视发展的重点。

即使“裸眼3D”技术成熟，这种影像的代入感、沉浸感、交互感都无法和人真实的感官相比，将来三维影视的发展必然朝着更高级的虚拟现实影像发展。

虚拟现实（VR）是一项综合集成技术，涉及计算机图形学、人机交互技术、传感技术、人工智能等领域，它用计算机生成逼真的三维视、听、嗅觉等感觉，使人作为参与者通过适当装置，自然地对虚拟世界进行体验和产生交互作用。使用者进行位置移动时，电脑可以立即进行复杂的运算，将精确的3D世界影像传回，以产生临场感。该技术集成了计算机图形(CG)技术、计算机仿真技术、人工智能、传感技术、显示技术、网络并行处理等技术的最新发展成果，是一种由计算机技术辅助生成的高技术模拟系统。

目前的虚拟现实人机界面还比较清晰，主要依靠屏幕或者眼镜来实现临场体验，受硬件的限制，一些效果的实现与真实环境还有较大差距，但这都阻碍不住虚拟现实在朝着实现人类真实感知的方向发展。

就像电影《黑客帝国》所描写的那样，人类真实感受产生的生物电流与虚拟现实世界产生的信号电流完全一致，虚拟出来的世界可以给你完全真实的感受，这个时候，不但是三维动画发展的终结，可能也会是其他多种娱乐形式的终结。如图1–13。

图1–13 电影《黑客帝国》海报

1.2 三维软件介绍

1.2.1 大型主流三维软件介绍

大型主流三维软件的首要特点是功能模块众多，几乎涵盖三维动画全部流程；第二是软件专业化程度较高，需要一定软件基础；第三是对硬件要求较高，更适合在专门的工作站上运行。大型主流三维软件在国内以Autodesk公司出品的Maya、3dsmax、Softimage |XSI为代表，占国内三维动画制作软件使用的95%以上。

（1）Maya

Maya是美国Autodesk公司出品的世界顶级的三维动画软件，应用对象是专业的影视广告、角色动画、电影特技等。Maya功能完善、工作灵活、易学易用、制作效率极高、渲染真实感极强，是电影级别的高端制作软件。

Maya不仅包括一般三维和视觉效果制作的功能，而且还与最先进的建模、数字化布料模拟、毛发渲染、运动匹配技术相结合，软件系统可在Windows NT与SGI IRIX 操作系统上运行。如图1—14。

Maya软件包含模型、动画、渲染等多个模块，是一款极其强大的全能软件，可以胜任任何你想要完成的工作，而且可以用很多种不同的方法来完成，这样复杂的操作有可能给初学者带来一定的困扰，但通过循序渐进的学习最终可以让任何愿意学习它的人熟练掌握，本书的教学主要以Maya软件为例进行讲授。

（2）3dsmax

3dsmax可能是国内用户基础最大、最广为人知的三维动画软件，从早期做室内外效果图的3ds开始，中国最早的三维动画人就开始接触这一软件系统，随着软件的不断升级，目前最高版本为3dsmax2012。如图1—15。

在Windows NT出现以前，工业级的CG制作被SGI图形工作站所垄断，3D Studio Max的出现一下子降低了CG制作的门槛，它首先被运用于电脑游戏中的动画制作，而后，更进一步开始参与影视片的特效制作。

在中国国内，还有一些3dsmax运用最多的领域，那就是建筑效果图及建筑动画领域，在这些领域，3dsmax占到绝对优势。造成这种现象的原因一方面是大部分国内动画人首先接触的就是这个软件，在之后的使用中具有先天的亲近感，另一方面3dsmax众多的插件也给创作者带来多种选择。

以建筑漫游动画里面常见的树木表现为例，3dsmax除了可以选择自身提供实体的模型树之外，还可以选择加装第三方插件来实现树木效果。

A.Forest Pack Pro森林插件，通过创建植物贴图可视面始终能够追随摄像机方向的方式，来建造大面积的树木，是创造森林及背景树林的理想选择，众多的树木类型可以混搭并按照一

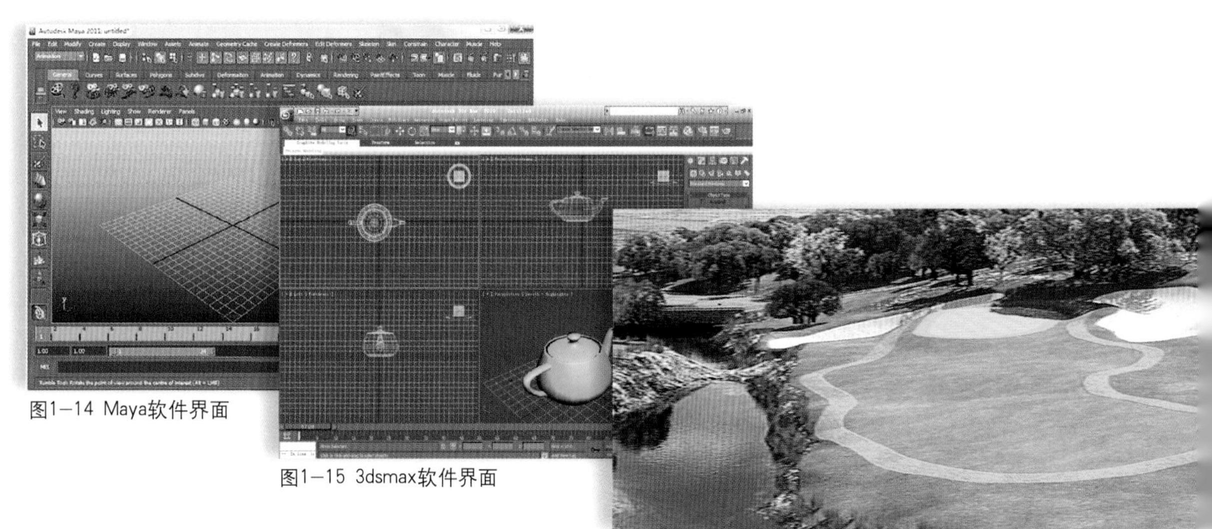

图1—14 Maya软件界面

图1—15 3dsmax软件界面

图1—16 Forest Pack Pro插件创建的树木场景

定形状分布，对多种渲染器支持良好。如图1—16。

B.SpeedTree树木插件，SpeedTree是业内较为专业的植物渲染插件，可以实现树木、植被的建模，动态刮风，平滑细部和多样灯光效果，也可以实现逼真的树木、草地等效果。它通过插件的形式内置于3dsmax之中，也能通过外部的程序实现独特效果的树木造型，当前有很多游戏引擎也在结合使用SpeedTree的技术，来进一步增强游戏的画面效果。如图1—17。

C.TREE STORM树木风暴插件，TREE STORM是运行在3dsmax上的造树插件，由Onyx公司出品，可以自动生成树木，也可以手动进行精确调整，也是建筑动画中植物生成的理想选择。如图1—18。

图1—17 SpeedTree插件创建的树林场景

图1—18 TREE STORM插件生成的植物场景

D.RPC树木模型，RPC模型号称全息模型，是通过软件将运动或者静止物体的图像信息进行采集并制作成即使变换角度也能观看的模型。它功能强大，可以轻松地为三维场景加入人物、动物或植物等有生命的配景以及车辆、动态喷泉和各种生活中常用的设施。操作极其简单，用鼠标拖曳即可完成模型的创建工作，并能在灯光下产生真实的投影和反射效果，动态的模型库甚至可以轻而易举地给人物车辆等创建动作，渲染速度非常快，为建筑动画的制作提供了极大的方便。如图1—19。

图1—19 RPC模型库中的植物

以上这些植物效果的解决方案在3dsmax软件里面有多种选择，而像Maya等软件解决起来就比较单一。

（3）Softimage |XSI

Softimage|XSI软件的前身是业内久负盛名的Softimage ｜ 3D软件，Softimage ｜ 3D软件的前身是Creative Environment软件，1995年，Softimage将产品移植到x86—NT平台， Creative Environment 正式更名为Softimage | 3D，发放版本为3.0。Softimage ｜ 3D一直都是世界上处于主导地位的影视数字工作室，用于制作电影特技、电视系列片、广告和视频游戏的主要工具。

1998年，Avid公司收购Softimage，当年Softimage ｜ 3D v.3.8和SOFTIMAGE ｜ DS v.2.1发布，

1999年，研发代号为“苏门答腊(Sumatra)”的软件系统在业内第一个提出“非线性动画”的概念。为了体现软件的兼容性和交互性，最终以Softimage公司在全球知名的数据交换格式——XSI命名为Softimage | XSI。如图1—20。

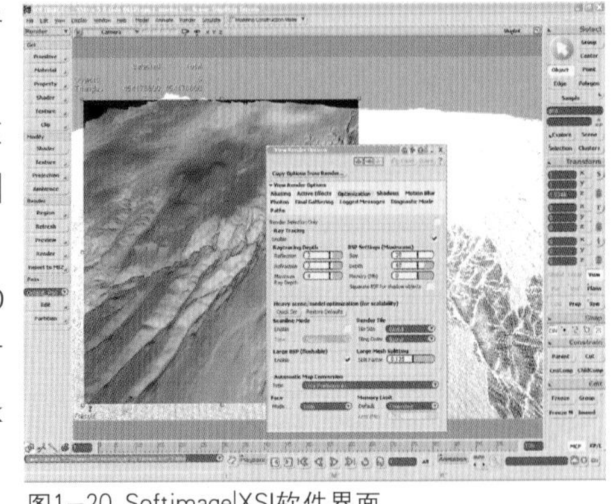
图1—20 Softimage|XSI软件界面

2008年10月23日Softimage | XSI被Autodesk以3500万收购，更名为Autodesk Softimage | XSI，至此前面所讲的Maya、3dsmax、Softimage | XSI全部为Autodesk所有。

（4）LightWave 3D

LightWave 3D由美国NewTek公司开发，是一款高性价比的三维动画制作软件，它的功能非常强大，是业界为数不多的几款重量级三维动画软件之一，被广泛应用在电影、电视、游戏、网页、广告、印刷、动画等领域，由于其操作简便、易学易用，在生物建模和角色动画方面功能异常强大，该软件基于光线跟踪、光能传递等技术渲染模块，令它的渲染品质较为完美，其优异性能备受影视特效制作公司和游戏开发商的青睐。

好莱坞大片《泰坦尼克号（TITANIC）》中细致逼真的船体模型、《红色星球（RED PLANET）》中的电影特效以及《恐龙危机 2》、《生化危机——代号维洛尼卡》等许多经典游戏均由LightWave 3D开发制作完成。

LightWave 3D最新版本为LightWave 10，该版本采用了全新的技术，能够更好地支持艺术家的创作过程。借助LightWave 10，艺术家有能力直接在视窗中交互，看到灯光、纹理和volumetrics等的改变，以及实时观察他们的立体工作更新，从而传递了一种更加真实的工作环境。如图1—21。

（5）Houdini

Houdini在国内的使用者还不多，在业界却有着很高的评价。该软件由著名的三维软件公司Side Effects Software公司研发，这个软件的名字来源于史上最伟大魔术师、脱逃术师及特技表演者哈利·胡迪尼（Harry Houdini），以表现该软件令人赞叹的视觉效果。

这是一个很底层的软件，但保留着很开放的软件架构，掌握它后，我们可以很容易编写出所需要的各种插件。从电影《终结者Ⅱ》中的变形杀手的变形球技术；《独立日》中太空船的战斗场面；《魔戒》中“甘道夫”放的那些“魔法礼花”、“水马”冲垮“戒灵”的场面；《后天》中的龙卷风以及《贝奥武夫》中不少特效中都能看到Houdini的影子。

目前Side Effects Software公司已推出Houdini 11，Houdini 11将重点关注艺术工作者和工作室的实际需求，解决他们渴望在最短时间内完成更多工作的迫切需求。Houdini 11的新FLIP流体解算器，将提供惊人的速度和可控性，能够对FBD对象自动碎裂，对于构建碎裂建筑流程而言，这将使艺术工作者获得巨大的帮助。如图1—22。

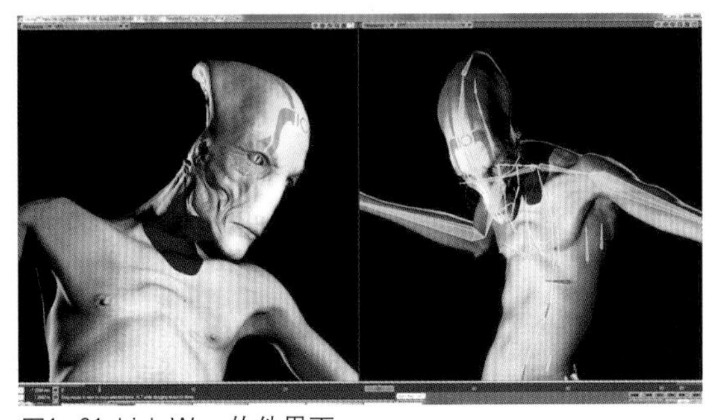
图1—21 LightWave软件界面

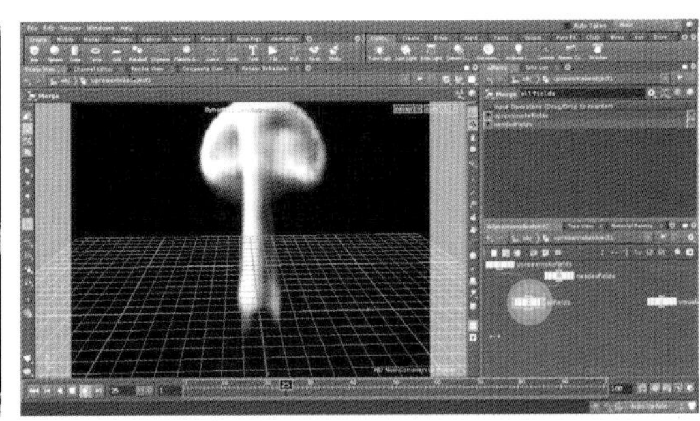
图1—22 Houdini软件界面

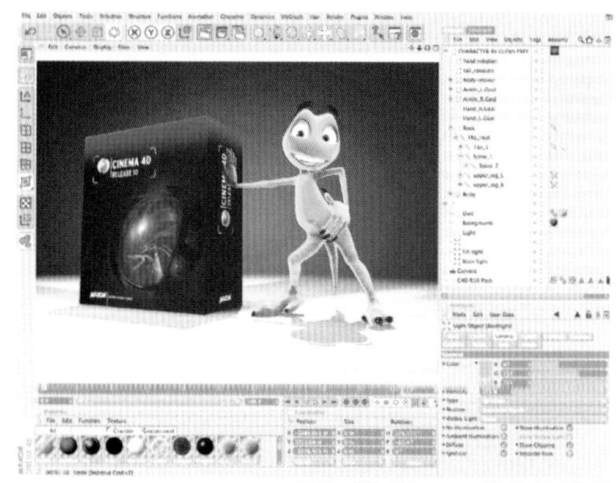

图1—23 Cinema 4D软件界面

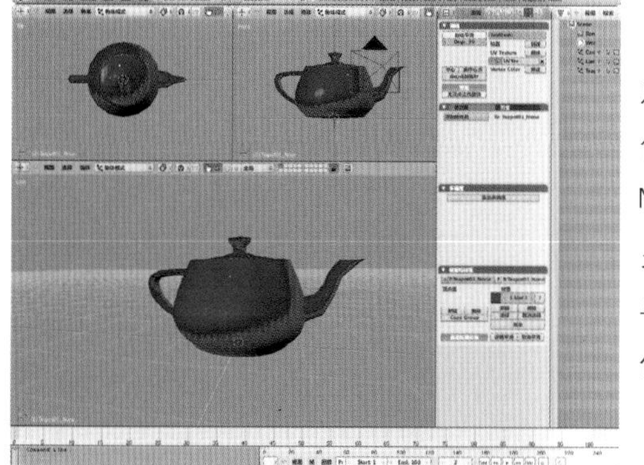

图1—24 Blender界面

图1—25 Blender基金会开源电影《辛特尔》剧照

(6) Cinema 4D

Cinema 4D是一套由德国公司Maxon Computer开发的三维绘图软件，以极高的运算速度和强大的算图外挂著称。Cinema 4D应用广泛，在广告、电影、工业设计等方面都有出色的表现，例如影片《毁灭战士（Doom）》、《范海辛（Van Helsing）》、《蜘蛛侠》以及动画片《极地特快》、《丛林大反攻（Open Season）》等等。它正成为许多一流艺术家和电影公司的首选，Cinema 4D已经走向成熟。

Maxon C4D是市面上对其他软件兼容性最好的产品，它独一无二的3D表面绘画软件既可以作为插件在Cinema 4D中运行，也可以作为独立软件配合Maya，Max，Rhino，LightWave等其他3D软件运行。另外，Cinema 4D也可以支持其他众多软件格式的导入和导出，这都让这款软件赢得越来越多动画制作人的追捧。如图1—23。

(7) Blender

Blender是一个开源的多平台轻量级全能三维动画制作软件，提供从建模、动画、材质、渲染、音频处理、视频剪辑的一系列动画短片制作解决方案。最初，这个程序是被荷兰的一个影片工作组NeoGeo与Not a Number Technologies（NaN)设计为内部使用的程序。但后来其主要程序设计者Ton Roosendaal于1998年6月将其进一步发展，并对外发布这个程序。

2002年7月18日，Roosendaal开始为Blender筹集资金，2002年9月7日，Blender宣布筹集足够资金，并将其源码对外公布。所以，Blender现在是自由软件，并由Blender基金会维护与更新。如图1—24。

Blender基金会是一个为持续开发Blender而成立的非营利性组织，基金会给予了整个社区很多资源来使用和开发Blender。基金会成立至今已经开发了包括《大象之梦（Elephants Dream）》、《大雄兔（Big Buck Bunny）》等一批开源电影。

2010年，Blender基金会在荷兰电影节发布的一部免费开源3D动画短片《辛特尔(Sintel)》，在业界引起轰动。如图1—25。

除了这些三维动画人基本上都熟悉的热门软件之外，还有一些三维软件只在特定的区域流行，比如一款流行于日本的三维软件ETShade，不但应用在3D动画领域，在日本本土更大量应用于工业设计、室内设计、建筑设计、多媒体设计中，但这款软件除了日本、中国台湾之外很少有使用者。

1.2.2 专门化三维软件介绍

专门化三维软件不在乎涵盖整个制作流程，而是在特定的领域或者局部环节加大研究开发力度，形成有自身独特卖点的专门化三维软件。

(1) 模型制作类

模型是三维动画的基础，大型主流软件自身都有建模功能，但在创作者实际操作中也会面

临各种各样的需求，在这种需求之下，大量专注于模型制作的小型专门软件应运而生。

A.Rhino

Rhino中文名称犀牛，是美国Robert McNeel& Assoc公司于1998年推出的一款超强的三维建模工具，它大小只有几十兆，对硬件要求也很低，但通过在NURBS曲面造型领域的潜心研究使之成为一款功能强大的高级建模软件。如图1—26。

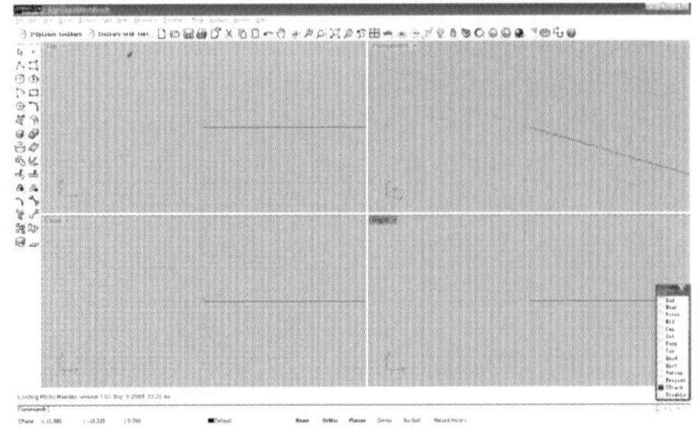
图1—26 Rhino软件界面

B.ZBrush

ZBrush是一个数字雕刻和绘画软件，该软件的特点就是直观的工作流程，创作者可以像做雕塑一样在虚拟物体表面进行塑造，可以算得上世界上第一个让艺术家感到无约束自由创作的3D设计工具。

ZBrush采用比较先进的图形处理技术，有资料显示，它能够雕刻高达10亿多边形的模型，这就为艺术家的创作提供了巨大的空间。

图1—27 ZBrush软件及图标

ZBrush不但可以轻松塑造出各种数字生物的造型和肌理，还可以把这些复杂的细节导出成法线贴图和展好UV的低分辨率模型。这些法线贴图和低模可以被所有的大型三维软件Maya、Max、Softimage|XSI、LightWave等识别和应用，成为专业动画制作领域里面最重要的建模材质的辅助工具。如图1—27。

C.modo

modo是一款高级多边形细分曲面，是一个用于建模、雕刻、3D绘画、动画与渲染的综合性3D软件，由Luxology、LLC设计并维护。该软件具备许多高级技术，诸如N—gons（允许存在边数为4以上的多边形），多层次的3D绘画与边权重工具，可以运行在苹果的Mac OS X与微软的Microsoft Windows操作平台。

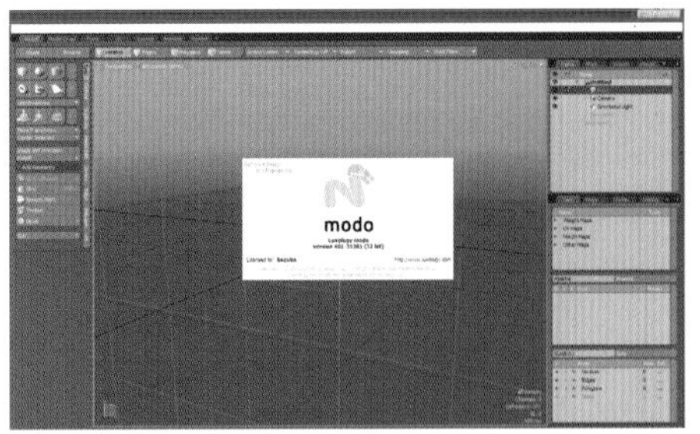

图1—28 modo软件界面及图标

modo首次亮相于Siggraph计算机图形专业组织2004年年会，并于该年度9月发行了第一个版本；2005年，Luxology在modo201中引入了业界最前沿的3D绘画技术；2006年，modo201赢得了Apple Design Awards苹果2006年度的最佳图形应用软件奖；2007年1月，modo赢得了游戏开发者前沿大会（Game Developer Frontline Award）颁发的最佳艺术工具奖；2010年，Luxology发布了他们的最新产品modo501，作为一个独立软件，modo501集3D建模、绘制贴图和渲染于一身，可应用在PC和Mac平台上。如图1—28。

图1—29 Silo软件界面

D.Silo

Silo是一款专注于建模的3D造型软件，它着重于3D设计、动画、游戏制作和概念设计等领域的模型建造和塑形，由Nevercenter公司出品，虽然研发出来的时间还不长，但已经很受3D制作者的欢迎。2.0版本集成雕刻功能和强大的自动UV功能，集成了多项革命性的工具，它优化的建模流程将极大地提升建模的工作效率。如图1—29。

图1—30 Mudbox2012软件图标及界面

E.Mudbox

Mudbox是新西兰Skymatter公司开发的一款独立运行且易于使用的雕刻软件，由三位经验丰富的CG艺术家及一群程序员开发而成，该软件被Autodesk公司收购后更名为Autodesk Mudbox。如图1—30。

该软件致力于角色模型的雕刻与贴图绘制，大大提高了高分辨率贴图的绘制效率，可以直接在三维模型上绘画，从而精确地在所需的地方添加细节，可以直接生成多个散射、凸凹和反射纹理。

F.Poser

Poser是Metacreations公司推出的一款三维动物、人体造型和三维人体动画制作的软件。利用Poser进行角色创作的过程较简单，主要为选择模型、姿态、体态设计三个步骤，内置了丰富的模型，这些模型以库的形式存放在资料板中。

角色造型都有特定的姿态和体态，Poser的模型及构成模型的各组成部分，如人的手、脚、头等，都带有控制参数盘，通过对参数盘的设置，我们可以随意调整模型的姿态、体态，从而创作出所需的角色造型。姿态一般是指人物或动物在现实生活中的移动方式以及位置移动的过程，而体态则是指人物或动物身体及其各部位的比例、大小等，对模型进行弯曲、旋转、扭曲。如图1—31。

此外还有一些专门做角色的小软件或独立运行或以插件的形式存在于大型软件之中，比如一款由Singual Inversions公司开发的小软件—FaceGen就是一款致力于人类头部建模的小软件。它是一个独立运行的软件，操作简单，全部实时交互调节，可调参数上百个，可对头部60多个区域进行调节，调节内容包括人种、性别、年龄、善恶等，还可以调节几十种表情和口型，直接输出标准的多边形模型格式，带有贴图坐标和贴图材质，能够被大多数三维软件直接使用。如图1—32。

图1—31 Poser软件界面

图1—32 FaceGen软件界面

（2）风景制作类

在三维软件中，实现真实的风景效果是有一定难度的，于是一些软件开发者专注于自然景观的程序开发，其中比较著名的有VUE、Bryce、MojoWorld等等。

A.VUE

VUE是E–on Software公司开发的自然景观软件，为CG艺术家们提供了一整套工具，可以制作逼真的自然环境，是建模、动画、渲染等3D自然环境设计中最高级的解决方案之一，目前最高版本为VUE9.5。如图1–33。

它功能强大、富有创造性、动画制作简洁、着色技术先进、图像质量惊人，广泛运用于设计、动画、建筑、插图和网页设计等诸多领域。在好莱坞大片《阿凡达》中，VUE参与大部分环境制作，包括其中的森林、岛屿等自然景观，其逼真的效果给观众留下了深刻的印象。

B.Bryce

DAZ Bryce是由DAZ推出的一款超强3D自然景观制作软件，它包含了大量自然纹理和材质，通过设计与制作能产生极其独特的自然景观。如图1–34。

Bryce能让使用者轻易地做出真实的自然3D动画场景，模拟诡谲多变的大自然景物并融入真实大气效应的天空场景，包含云层的变化、阳光或月亮、星空、彩虹、云雾，甚至于各种自然现象景观互相反射光线后所呈现出的视觉效果，皆可在Bryce 中达到模拟真实环境的能力。

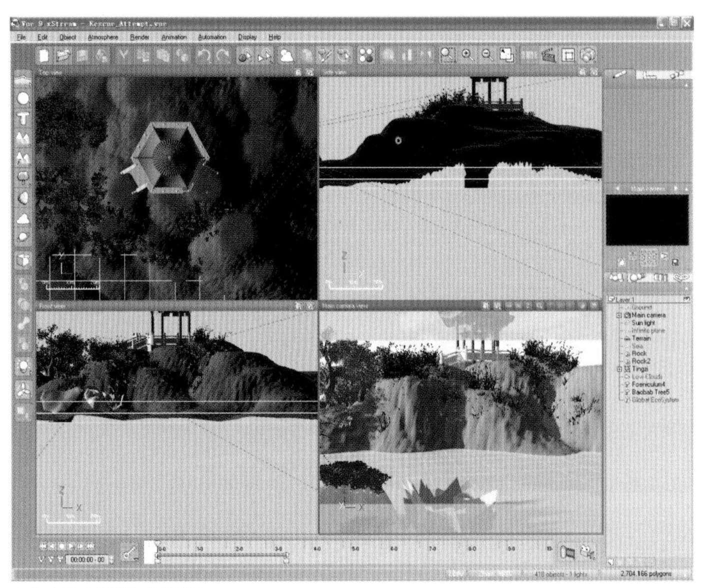

图1–33 VUE软件界面

图1–34 Bryce软件包装

C.MojoWorld

MojoWorld由Pandromeda公司出品，也是一款非常强大的景观软件.使用该软件可以方便地将几何图形组合成完整的三维景观场景，它最大的宣传卖点是号称可以构建一个完整的星球。如图1–35。

MojoWorld是基于“分形数学”的原理而设计的，利用它可以把数学运算得出的结果用极具真实感的3D立体图像表达出来，所以一个星球的完整数据只有200k左右。

从整体上看，分形几何图形是处处不规则的，例如，海岸线和山峰的形状，从远距离观察，其形状是极不规则的。但是，要是从局部看——图形的规则性又是相同的，上述世界轮廓形状，从近距离观察，其局部形状又和整体形态相似——术语叫做“自相似”（指分形的局部和整体相似）。由于分形是“自相似”的，所以分形图像中包含了大量的数据信息，而且这些

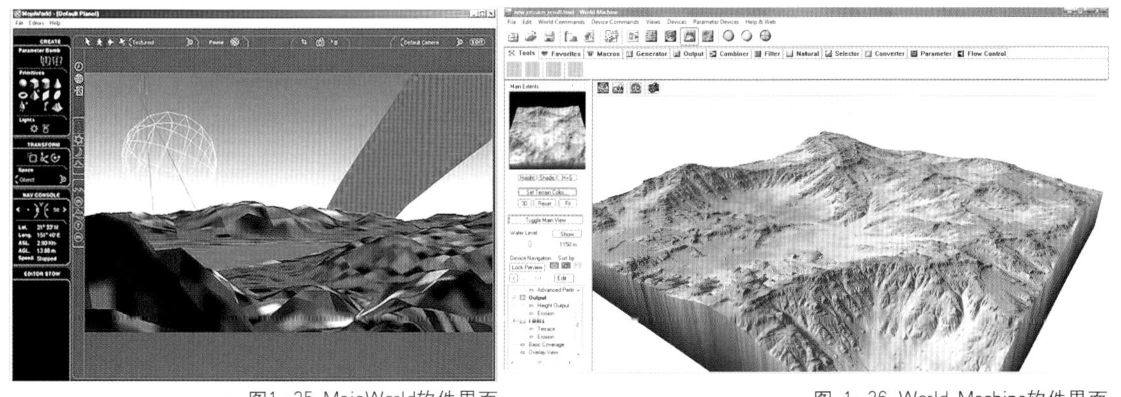

图1—35 MojoWorld软件界面

图 1—36 World Machine软件界面

图像不管你放大多少倍，它们都一样清晰。

除此之外，还有几个很小的独立程序专门做自然环境特别是三维地形的创建，如World Machine（如图1—36）、GeoControl、Terragen等等，操作都很简单，效果也都有独特之处。

（3）UV及贴图类

在三维动画制作中，模型的UV展开及贴图绘制是较为繁琐的一个步骤，为了优化三维制作，也有一些专门的软件来应对这部分工作。

A.UVLayout

Headus UVLayout基于物理算法，对三维模型作实体几何分析，将复杂的3D物体分别展开，最终生成最小变形的UV分块。

该软件的操作步骤是先用其他软件，如Maya或者3dsmax生成obj格式的文件，再导入UVLayout软件之中，选择需要切割的边界将模型分块，然后再自动展开，最后将展开的UV模型再输出成obj格式的文件，在其他软件中使用。如图1—37。

B.Unfold3D

Unfold3D软件工作原理与UVLayout类似，都是通过其他软件输出的obj模型来进行，甚至切割方式都接近，该软件不依赖传统的几种几何体包裹方式，通过计算自动分配理想的UV，是

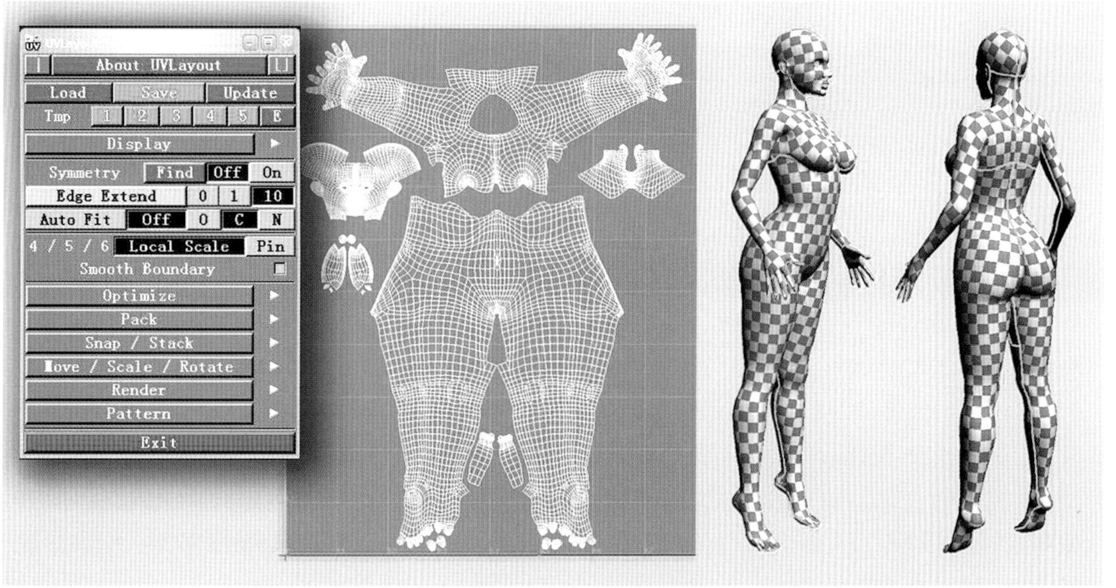

图 1—37 UVLayout 软件界面及其展开的模型UV

一个自动、快速、精准的UV映射处理工具。如图1—38。

C.BodyPaint 3D

BodyPaint 3D一经推出便立刻成为市场上最佳的UV贴图软件，众多好莱坞大制作公司的立刻采纳也充分地证明了这一点（图1—39）。从Cinema 4D R10的版本开始，Maxon Computer公司就将其整合成为Cinema 4D的核心模块。

BodyPaint 3D是三维动画制作者最常用的实时三维纹理绘制以及UV编辑解决工具，艺术家可以在绘制过程中实时观察凹凸贴图、透明贴图和法线贴图等纹理效果，从而大大提高工作效率。

除此之外还有一些软件在功能上与上述软件类似，也主要以解决模型UV展开及贴图绘制为目的，如3D—Brush、DeepPaint等等，工作原理也较为类似。选择哪种工具主要取决于艺术创作者的个人习惯及工作流程需要，软件之间并无太大优劣之分。

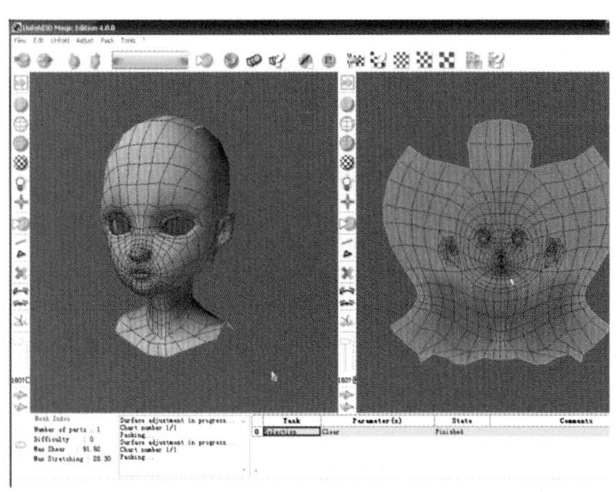

图 1—38 Unfold3D软件界面及其展开的模型UV

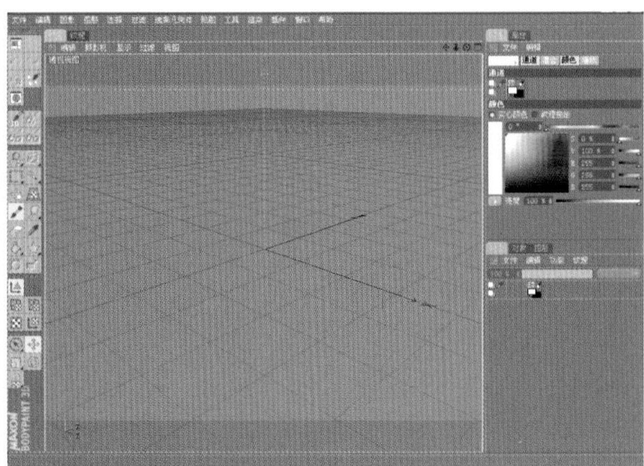

图 1—39 BodyPaint 3D软件界面

第二章 三维模型篇

三维建模就是使用计算机在虚拟空间中创建三维表面的过程。根据计算机技术发展三维模型的创建可以由多种方式来实现，其中比较有影响的建模方式为多边形模型方式及Nurbs模型方式。

2.1 多边形模型（Polygon）

多边形模型是三维动画、游戏制作领域比较常用的一种模型创建方式，也是比较古老的一种建模方法，最早在3ds时代就有Mesh生成方式。Mesh一般被翻译成“网格”，在当前的3dsmax中我们依然可以看到Edit Eesh（编辑网格）及Edit Polygon（编辑多边形）两个选项，但操作方式只有稍许不同，本书讲解以Polygon（多边形）为主。如图2-1。

2.1.1多边形的元素构成

顶点：多边形最基本的构成元素。

边：多边形的一个边是由两个有序顶点定义而成的。在多边形模型上，软件使用两个顶点之间的一条直线来描述它。定义一个面边界的边称为边界边。

面：一个多边形面是由多个多边形顶点定义而成的。一个多边形物体是由一组连接的多边形面构成的。当它闭合时就形成了一个solid（实体），这使以每个面为基础来编辑和绘画多边形成为可能。

坐标系统：在计算机的虚拟空间中，通过X、Y、Z三个方向的设置来定义空间中一个立体位置的点，以此来确定模型的空间位置。

多边形UV：通过UV两个方向来定义物体表面，用于表面映射纹理，在应用贴图或者毛发时都需要使用UV。

法线：垂直于多边形表面的线，用于界定多边形模型的内与外。当前在动画及游戏制作领域还依托法线原理使用一种叫做法线贴图（Normal Map）的技术，它解算了模型表面因为灯光而产生的细节，将具有高细节的模型通过映射烘焙出法线贴图，贴在低端模型的法线贴图通道上，大大降低渲染时需要的面数和计算内容，从而达到优化动画渲染和游戏渲染的效果。

图2-1 使用多边形方式创建的角色模型

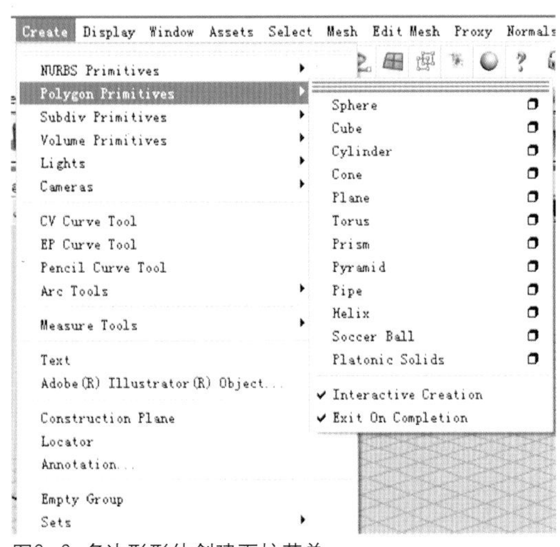

图2-2 多边形形体创建下拉菜单

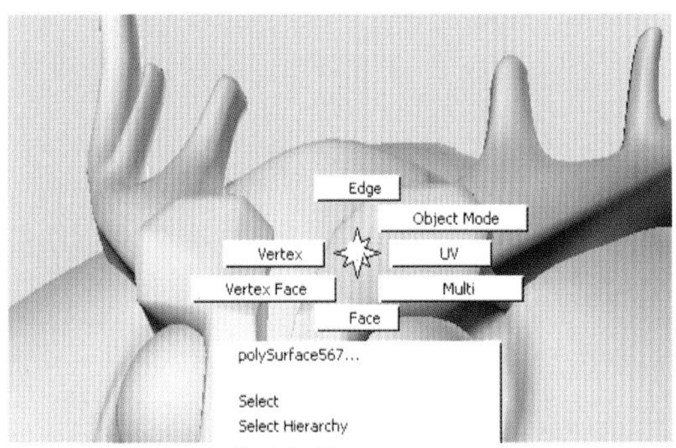

图2-3 多边形右键快捷菜单

Select Mesh Edit Mesh Proxy Normals Color

Object/Component F8
Vertex F9
Edge F10
Face F11
UV F12
Vertex Face Alt+F9

Select Edge Loop Tool
Select Edge Ring Tool
Select Border Edge Tool
Select Shortest Edge Path Tool

Convert Selection

Grow Selection Region >
Shrink Selection Region <
Select Selection Boundary
Select Contiguous Edges

Select Using Constraints...

图2-4 选择菜单下拉列表

2.1.2 Maya多边形模型制作

Maya的多边形模型功能比较强大，能够满足影视、游戏的模型制作，在Maya软件中，多边形的操作主要集中在Polygons（多边形）模块，在此模块中，可以生成多边形并对多边形进行编辑。

Maya的视图切换比较简单，通过键盘【Space】（空格）键来进行；视图操作通过键盘【Alt】结合鼠标左、中、右键来进行；物体移动、缩放、旋转分别通过工具栏图标或者键盘【W】、【E】、【R】来进行。

多边形的生成可以通过创建菜单进行，里面包含了几种基本的几何形体，例如立方体、圆球、圆柱、圆管、圆锥等。如图2–2。

除了在上述菜单中创建多边形之外，还可以通过Mesh（多边形）菜单下的Create Polygon Tool（创建多边形工具）来直接以点的形式创建，这也是角色模型制作中比较常用的方式，多边形的创建与编辑操作主要集中在以下几个菜单中。

（1）Select（选择菜单）

Select主要用于多边形元素级别的选择，也可以进行元素间的相互转换，多种快速选择工具使得精细选择和调整模型变得简单，在Maya软件中，点击鼠标右键就可以显示多边形元素及相关内容。如图2–3、图2–4。

●Object/Component、Vertex、Edge、Face、UV、Vertex Face（元素选择）：分别对应多边形物体、点、边、面、UV的选择。

●Select Edge Loop Tool（横向循环边选择）：快速选择物体横向循环的连续边。使用时先选择命令，再在模型上点击需要选择的一条边，Maya会快速选择物体表面横向循环连续边。

●Select Edge Ring Tool（纵向环形边选择）：快速选择物体表面纵向环形边。

●Select Border Edge Tool（边界边选择）：模型断口处称为边界边，此工具可快速选择物体表面边界边。

●Select Shortest Edge Path Tool（两点间的边）：快速选择物体表面两点间路径最短的连接边。

●Convert Selection（被选择元素之间的切换）：转换工具，可将选择的元素转换为其他元素，如To Vertices（转换为点）。

●Grow Selection Region（扩展选择范围）：将选择的点、边、面的范围增大一圈。

●Shrink Selection Region（收缩选择范围）：将选择的点、边、面的范围缩小一圈。

●Select Using Constraints（选择约束控制面板）：可以对物体上选择元素的限制进行设置。

（2）Mesh（多边形菜单）

对多边形物体级别进行操作，可控制一个或多个多边形物体的命令及工具。如图2-5。

●Combine（合并）：将选中的多个对象合并为一个单独的几何体。Maya中的多边形模型是单个独立的，如果想要将两个独立模型的顶点、边或面进行焊接时，就必须将两个独立的模型进行合并。例如，将分别制作好的头部与手臂进行点的连接就必须进行多边形物体的合并。

●Separate（分离）：合并命令的逆向命令。对于单一、封闭的几何体该命令是无效的，该命令只对各自有独立边界的被合并物体是有效的，合并中还需要注意物体的边、点不能是被合并过的。

Mesh Edit Mesh Proxy Normals Color Creat

Combine
Separate
Extract
Booleans
Smooth
Average Vertices
Transfer Attributes
Paint Transfer Attributes Weights Tool
Clipboard Actions
Reduce
Paint Reduce Weights Tool
Cleanup...
Triangulate
Quadrangulate
Fill Hole
Make Hole Tool
Create Polygon Tool
Sculpt Geometry Tool
Mirror Cut
Mirror Geometry

图2-5 多边形菜单

●Extract（提取面）：在一个多边形表面创建洞并保持原面的命令，被提取出来的面会成为独立的外壳。当提取面时Maya通过复制合适的边和顶点，把选择面从原始的形状中分离出来，这也是另外一种在物体上创建洞并保持原面的捷径。

●Booleans（布尔运算）：布尔操作是个比较流行和直观的建模方法，它使用一个形状来作用于另一个形状，直观地讲就是使用一个物体来修剪另一个物体，将两个原始几何体相交的部分进行并集、差集、交集形式的运算。该命令常用于有切、削结构的造型设计中。Booleans（布尔运算）有Union（并集）、Difference（差集）、Intersection（交集）三种运算形式。

Union（并集）：将两个几何体合并成一个几何体。

Difference（差集）：后选择的几何体减掉先选择的几何体与其相交部分，先后的选择顺序不同保留的物体也不同。

Intersection（交集）：只保留两物体相交的部分。

需要注意的是如果使用多个物体来进行布尔操作，可以事先使用Boolean Union（布尔并集）把它们连接起来，即使它们不是相交的。第二个注意事项是使用布尔运算时两物体表面相交的部分必须是完全闭合的。另外，布尔运算对于相交表面的质量很敏感，有时因为拓扑的原因，可能会失败。还有，布尔运算的三种运算结果可以在通道栏中修改。

●Smooth（光滑命令）：通过修改顶点和连接边来增加多边形的表面精度，表面原有的顶点和边会按设定的倍数（指数或线性）进行增加。

●Average Vertices（均化顶点命令）：在不改变物体拓扑结构的前提下通过均化顶点的值来光滑几何体。选择要均化的顶点执行该命令即可，如果选择整个几何体，则对物体所有顶点进行均化。

●Reduce（精简命令）：按照选项中设置的精简百分比来减少多边形表面的面数，对于不需要或不能拥有太多面数的多边形最终模型可使用此命令进行精简。

●Reduce by（精简）：精简百分比，Triangle compaciness（精简密度）：值为0时，精简后的

模型尽量保持原来的形状；值为1时，以牺牲原模型形状为代价，确保精简后三角面的合理性。

●Cleanup（清除命令）：非常实用的重要命令，在Polygon模型制作过程中，尤其是初学者，很容易由于误操作而在模型表面产生多余的点、线、面或者一些不规则的拓扑表面。Cleanup（清除命令）可以很好地清除这些错误。如图2-6。

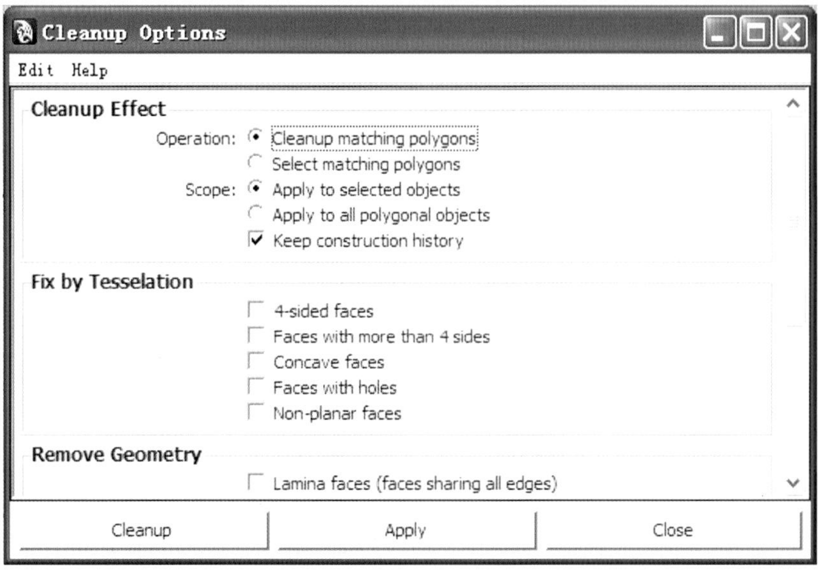

Cleanup Options
Edit Help
Cleanup Effect
Operation: Cleanup matching polygons
Select matching polygons
Scope: Apply to selected objects
Apply to all polygonal objects
Keep construction history
Fix by Tesselation
4-sided faces
Faces with more than 4 sides
Concave faces
Faces with holes
Non-planar faces
Remove Geometry
Lamina faces (faces sharing all edges)
Cleanup Apply Close

图2-6 Cleanup（清除命令）菜单

Cleanup Effect（清除效果）：使用默认选项即可。

Fix by Tesselation（适配类型）选项包括：

4-sided faces（四边面）：把模型表面的四边形面都变成三角面。

Faces with more than 4 sides（四边面转换三角面）：将模型中的大于四边的面都变成三角面。

Concave faces（凹形面转换三角面）：将模型中的凹形面都变成三角面。

Faces with holes（清除洞）：清除模型中有洞的表面。

Non-planar faces（清除非共面的平面）：清除模型中非共面平面。

Remove Geometry（清除不规则几何体）选项包括：

Lamina faces(faces sharing all edges)（清除重叠的面）：多数情况下由于两个重叠的面靠得太近而使肉眼不易察觉。

Nonmanifold geometry（清除不规则几何体）：清除模型中不规则几何体。

Normals and geometry（清除不正确的法线和几何元素）：清除模型中不正确的法线和几何元素。

Geometry only（清除不规则的几何元素）：清除模型中不规则的几何元素。

Edge with zero length（清除长度为零的边）：清除模型中长度为零的边。

Faces with zero geometry area（清除面积为零的几何元素）：清除模型中面积为零的几何元素。

Faces with zero map area（清除贴图面积为零的面）：清除模型中贴图面积为零的面。

●Triangulate（三角面命令）：将选择的面转化为三角面，使用Triangulate（三角面）命令操作可以把多边形物体细分为三角形。三角面化有助于提高渲染的效果，特别当模型中包含有非平面的面时更是如此。

●Quadrangulate（四边面命令）：将选中的三角面转化为四边面，常用于从其他软件如

3dsmax制作的模型导入Maya后使用。

●Fill Hole（填充洞命令）：对有洞的表面进行填充面的命令，如果选择了边界边则只对选择的区域进行面的填充。

●Make Hole Tool（创建洞工具）：在同一物体内点击两个独立的面创建洞的一种方式。

●Create Polygon Tool（创建多边形工具）：通过连续创建“点”的方式最终形成多边形的“面”。如图2–7。

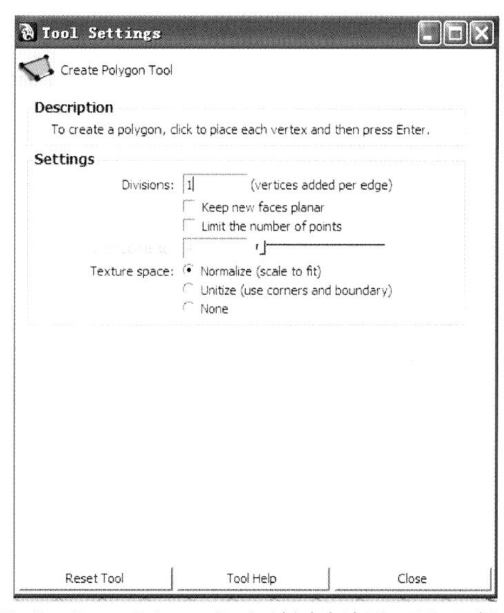

图2–7 Create Polygon Tool（创建多边形工具）面板

Divisions（分割段数）：每条边的分割段数，多余的顶点将沿着边创建。

Keep new faces planar（保持共面）：创建的多边形保持共面。

Limit the number points（创建限制）：创建多边形时点的限制数。

Texture space（纹理坐标放置方式）：创建时形成的UV纹理坐标如何放置。

需要注意的是：如果在工具选项视窗中，选择Keep new faces planar（保持共面）模式，那么用户不能添加点来创建一个非平面的多边形，如果用户需要立即创建其他的多边形，按【Y】键并继续放置点即可。

●Sculpt Geometry Tool（多边形雕刻工具）：通过笔刷方式调节多边形表面的顶点来改变物体的形状。使用笔刷方式直接对表面上的顶点进行推、拉、平滑等操作可以改变物体表面的形状。如图2–8。

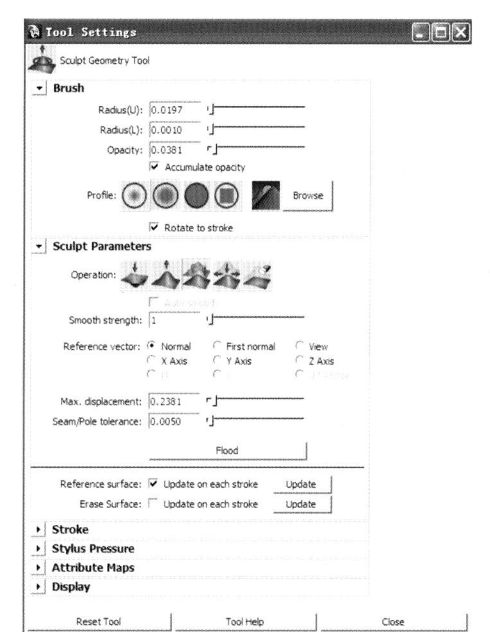

图2–8 Sculpt Geometry Tool（多边形雕刻工具）面板

Radius（U）（半径）：笔刷的半径，快捷键是[B]+鼠标左键。

Radius（L）（半径）：压感笔选项，对鼠标无效。

Opacity（强度）：笔刷的强度值。

Profile（形状）：笔刷的形状。

Operation（方式）：Push（推）、Pull（拉）、Smooth（平滑）、Relax（松弛）、Erase（擦除）。

Auto smooth（自动光滑）：推、拉模式下每画一笔后，系统自动对平面进行平滑处理。

Smooth strength（光滑强度）：每次推、拉操作后平滑曲面的次数。数值越大，平滑的速度越快。

Reference vector（对称笔刷）：当进行推、拉操作时笔刷作用的对称方向。

Max displacement（最大笔刷强度）：设置笔刷的最大深度或强度值。

Seam／Pole tolerance（容差）：容差值。

Flood（填充）：对曲面上的所有点进行填充。

Reference surface、Erase surface（参考曲面和擦除曲面）：这两个曲面是进行笔刷操作后系统自动创建的两个曲面，可以使笔刷效果和擦除效果得到实时更新。

●Mirror Cut（镜像切割工具）：对于一些非标准状态的几何体可以应用此命令进行切割。

●Mirror Geometry（镜像复制几何体命令）：在按规定的轴向对称复制几何体的同时能与原几何体进行合并边界上的点、边的操作，用于制作对称结构的模型。

（3）Edit Mesh（编辑多边形面）

对多边形元素级别进行操作，只能编辑在当前选中的多边形物体的点、边、面的命令。如图2—9。

●Keep Faces Together（保持共面）：从多边形物体中挤压、提取或复制面时是否要保持各个面或边的连接。如果此项是关闭的，则挤压出的每个边都形成一个间隔面，这些面都是互不连接的并且都使用自己的中心进行缩放。

在实际制作中来确定各个选项是否打开，如在制作手及手指模型的时候，关闭此项可以同时挤出多根手指。

●Extrude（挤压边面命令）：多边形建模中最常用的命令，用户可以交互地或者直接在选项视窗中挤出面。具体操作为选择多边形物体的某个面执行Edlit Mesh（编辑多边形）→Extrude Face（挤压面）命令，并按需要设置各参数，然后单击Extrude（挤压）按钮。如图2—10。

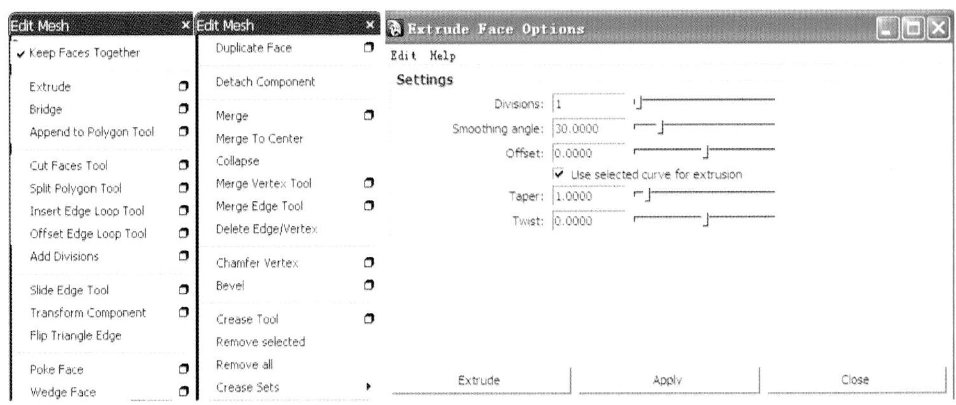

图2—9 编辑多边形菜单　　图2—10 Extrude（挤压边面命令）面板

Divisions（挤压段数）：挤压出的面的侧面的分段数。

Smoothing angle（光滑）：光滑角度。

Offset（偏移值）：决定挤压出的面是向内或向外收缩。

Use selected curve for extrusion（曲线挤压）：选择的面可以沿着一条NURBS曲线进行挤压。

Taper（锥角化）：沿曲线挤压时产生缩放而形成锥化效果。

Twist（扭曲）：挤压出的面沿着一定轴向发生扭曲效果。

在使用了Extrude（挤压）命令之后工作区上会显示一个操纵器。操纵器的手柄对应X、Y、Z的方向拖动操纵器手柄进行挤压命令，当关闭Keep Faces Together（保持共面）选项时，面的挤压方式也将改变。如图2—11。

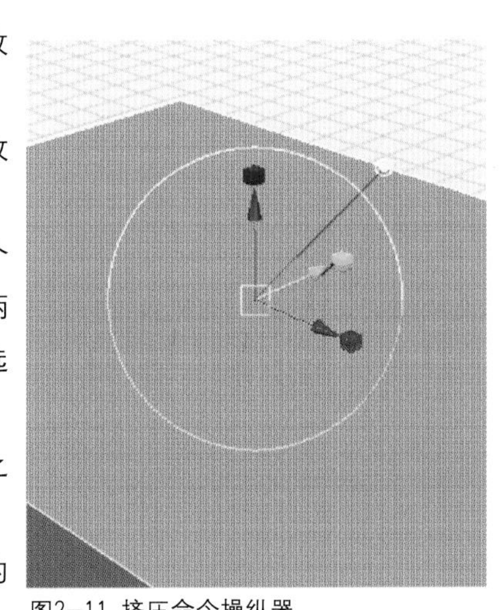
图2—11 挤压命令操纵器

●Bridge（桥接）：在单几何体内的两条相对的边界之间构造过渡平面。

●Append to Polygon Tool（添加面工具）：为已形成的

多边形的边界继续添加面的工具。具体方法为选中一条边界然后通过连续单击添加面，选项设置与Create Polygon Tool（创建多边形）工具相同。

●Cut Faces Tool（切割面工具）：快速“加线”工具的一种，可实现交互式的调节。

●Split Polygon Tool（多边形加线工具）：使用Split Polygon Tool（多边形加线工具）可以创建新的面、顶点和边，是Maya建模中最常用的工具之一，可以把现有的面分割为多个面。

使用分割多边形工具的方法如下：

首先执行Edit Mesh（编辑多边形）→Split Polygon Tool（切割面工具）命令。然后单击要分割的第一个边，如果想要在释放鼠标之前来移动第一个分割的点，则沿边拖动鼠标，之后单击其他的边来放置第二个顶点，最后按【Enter】键来结束操作。需要注意的是切割工具须在至少两个边上放置顶点才能结束操作。

● Insert Edge Loop Tool（插入循环边）：主要用于复杂的造型时加一条循环边操作，在模型上使用此命令单击选择需要添加一圈循环边的边线。

●Offset Edge Loop Tool（偏移边工具）：在边的两侧添加两条平行的边。

●Add Divisions to Edge Options（细分面／边命令）：指定绝对值来划分多边形面／边或者用指数值来重新连接细分面／边，选择模型的一个或多个面使用细分命令。

●Transform Component（移动元素工具）：对Polygon物体中的点、边、面等元素进行多功能、交互式调节的操纵器工具。

●Duplicate Face（复制面命令）：复制多边形物体上所选定的表面部分，进入元素级别选定要复制的面执行该命令。

●Detach Component（清除共享元素）：该命令可以分离指定的点、边、面中的元素的共享性，也可以看作是Merge（合并）命令的逆向命令。

●Merge（合并点、边命令）：将选定的同一几何体内的多个点或多条边合并在一起，其中选项Threshold（容差）表示合并区域的范围值；选项Always merge for two vertices（忽略容差）表示当只有两个点被选择时Threshold（容差）值被忽略。

●Merge to Center（合并到中心位置）：与合并点命令非常类似，只是将所选择的点、边等元素级别合并到所选区域的中心位置，此命令须先选择需要合并的点后再使用。

●Merge Edge Tool（手动合并边工具）：先选择该命令，然后选择要合并的边按【Enler】键执行。

●Delete Edge/Vertex（删除点、边命令）：对于需要删除的多边形表面有共享属性的点、边而言，只能用此命令而不能直接使用键盘中的【Delete】键。

●Chamfer Vertex（切割点命令）：实际上是对选择点进行倒角操作，如果选择整个几何体将对整个几何体范围内的所有点进行切割。

●Bevel（倒角）：可以对整个物体的所有边或选定的边进行倒角操作，其中Width（段度）选项表示倒角的宽度值。

●Proxy（光滑代理）：光滑代理意味着可以一边操作多边形模型，一边实时观看模型光滑后的效果。如图2—12。

Subdiv Proxy（光滑代理）：选中物体后执行该命令即可出现代理物体，原始物体变为半透明状态，调整原始物体的结构就可以立即看到光滑后的效果。这样所见即所得的效果，在建造角色模型时非常实用。

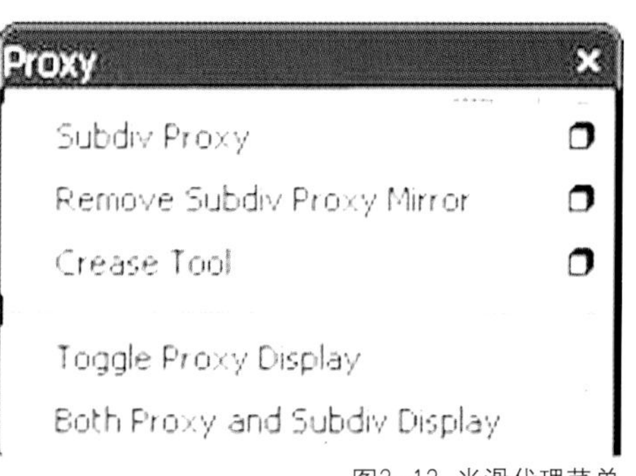

图2—12 光滑代理菜单

Remove Subdiv Proxy Mirror（将代理物体转换为镜像物体）：将代理物体通过轴向的设定直接转换为原物体的另一半。

Crease Tool（褶皱边工具）：选中该工具点，选原物体的边用鼠标中键进行拖动可以看到代理物体相应位置会出现硬边现象或反向的光滑现象，前提是代理物体的级别足够高，否则在低级别下很难看清物体的变化程度。

Toggle Proxy Display（单独显示代理）：开关型命令可单独显示代理物体或原物体的开关命令。

（4）Normals（法线命令菜单）

法线命令是Polygon中极为重要的一个命令，因为在Maya中模型的正面和反面的区分方法就是看法线的方向，它与材质贴图甚至和动画都有着紧密的关系。如图2－13。

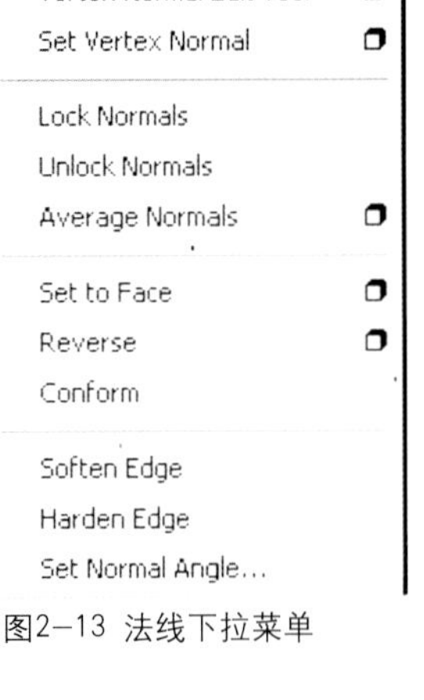

图2－13 法线下拉菜单

●法线的显示

通过Display（显示）→Polygons（多边形）→Face Normals（面法线）命令可以显示出面的法线从而确定法线的方向。

●Vertex Normal Edit Tool（调整”点法线”工具）：可以通过调整点法线的方向来改变与之共享的边的软、硬化效果。

●Reverse（反转法线方向）：可以将选择的面的法线反转。

●Conform（统一法线命令）：使选择范围内的面的法线方向统一。

●Soften Edge（软化边）：将模型的边软化，使模型显示得比较光滑。

●Harden Edge（硬化边）：将模型的边硬化，使模型具有坚硬的棱角效果，也用于从其他软件中导入的模型。

使用Soften（软化）或Harden（硬化）命令可以设置多边形物体在Smooth Shaded（光滑显示）模式显示时多边形物体被平滑的角度。

●Set Normal Angle（设置法线角度）：对点、边、面等元素进行选择后执行该命令。当设置的角度较小时会有软化效果，值越大硬化效果越明显。

（5）Maya多边形的转换

在Maya软件中，也可以进行各种模型方式对多边形之间的转换，与其他软件之间也可以使用obj文件格式进行转换。

在软件内部的模型转换中比较常用的有NURBS模型转换成Polygons（多边形）模型；Subdiv（细分）模型转换为Polygons（多边形）模型；Paint Effects（笔刷）模型转换为Polygons（多边形）模型等等。如图2－14。

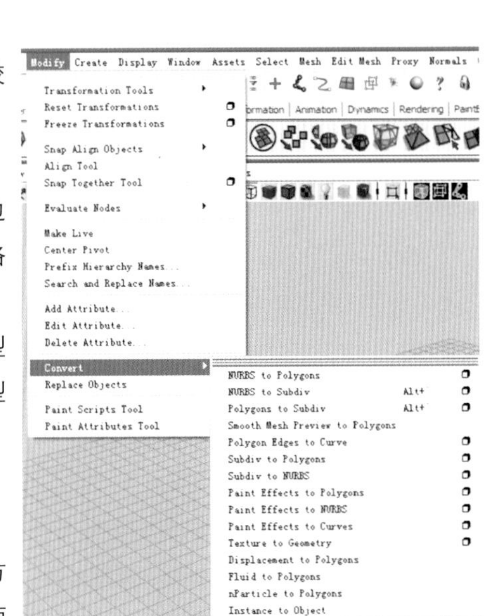

图2－14 模型转换菜单

2.1.3 Max多边形模型制作

3dsmax作为一个大型三维动画软件，模型创建方面也积累了很多的成熟经验，特别是游戏模型制作领域，Max的多边形建模方式占据主流地位。

Max的视图切换通过屏幕右下角的Maximize Viewport Toggle按钮来进行；视图缩放通过鼠标中键与键盘【Alt】键结合进行；物体移动、缩放、旋转通过工具栏图标或者键盘【W】、【E】、【R】键来进行，这与Maya是相同的。

（1）多边形模型创建

在3dsmax中多边形的创建主要通过Create（创建）面板来进行，主要集中在Standard Primitives（标准基本形体）、Extened Primitives（扩展基本形体）、Compound Objects（复合物体）等菜单。如图2—15、图2—16。

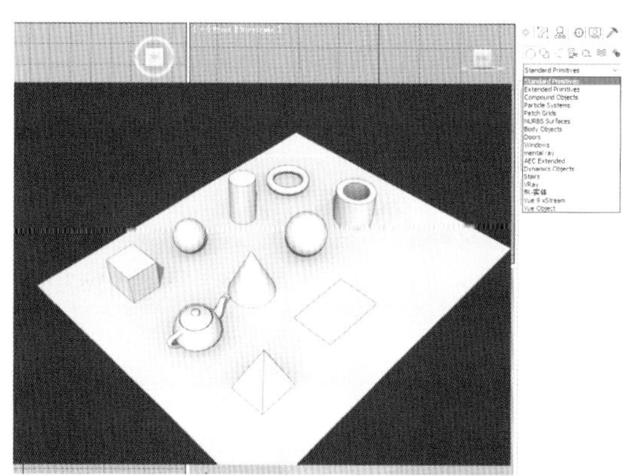

图2—15 3dsmax创建面板及其创建的基本形体

图2—16 3dsmax创建面板及其创建的扩展基本形体

3dsmax除了基本的几何形体创建之外，还能创建平面形状，并利用平面的二维线条生成多边形实体。

●样条线（Spline）编辑

样条线（Spline）是3dsmax中经常用的二维平面绘制工具，它与大多数二维软件中的贝塞尔曲线（Bezier curve)相似，不过更好调节，可以是直线，也可以是光滑曲线或者贝塞尔曲线。

样条线的编辑分为顶点（Vertex）、线段（Segment）、样条线（Spline）三种层次的编辑，需要在绘制好样条线后，进入Modify（修改）面板，对其进行Edit Spline（编辑样条线）命令才能进行。

样条线中的顶点（Vertex）可以分为贝塞尔点、曲线点、直线角点等类型，这些类型可以在一条样条线上综合使用来应对复杂的图形制作。如图2—17。

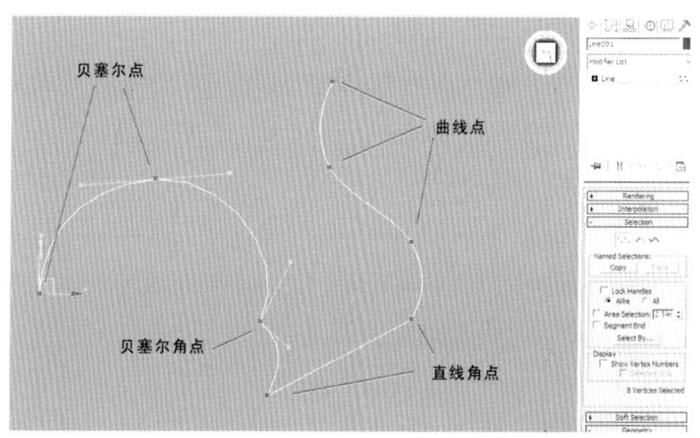

图2—17 3dsmax样条线顶点的类型

在顶点的层级比较常用的操作包括：

Create Line（创建线）：向所选对象添加更多样条线。这些线是独立的样条线子对象；创建它们的方式与创建线形样条线的方式相同。

Break（断开）：在选定的一个或多个顶点拆分样条线。选择一个或多个顶点，然后单击“断裂”以创建拆分。

Attach（附加）：将场景中的其他样条线附加到所选样条线。单击要附加到当前选定的样条线对象的对象。要附加的对象也必须是样条线。

Attach Mult（附加多个）：单击此按钮可以显示“附加多个”对话框，它包含场景中所有其他图形的列表。选择要附加到当前可编辑样条线的形状，然后单击“确定”。

Reorient（重定向）：启用后，将重定向附加的样条线，使每个样条线的创建局部坐标系与所选样条线的创建局部坐标系对齐。

Refine（优化）组：

Refine（优化）：允许添加顶点，而不更改样条线的曲率值。另外还可以在优化操作过程中单击现有的顶点，此时会显示一个对话框，询问是否要Refine（优化）或Connect Only（仅连接）到顶点。如果选择“仅连接”，3dsmax将不会创建顶点，而是连接到现有的顶点。

Connect（连接）：通过连接新顶点创建一个新的样条线子对象。

Closed（闭合）：连接新样条线中的第一个和最后一个顶点，创建一个闭合样条线。如果禁用“关闭”，“连接”将始终创建一个开口样条线。

Bind Last（绑定末点）：可以使在优化操作中创建的最后一个顶点绑定到所选线段的中心。

End Point Auto-Welding（端点自动焊接）组：

Automatic Welding（自动焊接）：自动焊接在与同一样条线的另一个端点的阈值距离内放置和移动端点顶点。

Weld（焊接）：将两个端点顶点或同一样条线中的两个相邻顶点转化为一个顶点。

Connect（连接）：连接两个端点顶点以生成一个线性线段，而无论端点顶点的切线值是多少。

Fuse（熔合）：将所有选定顶点移至它们的平均中心位置。“熔合”不会连接顶点，它只是将它们移至同一位置。

Fillet（圆角）：允许在线段会合的地方设置圆角，添加新的控制点。可以交互地应用，也可以通过使用数字（使用“圆角”微调器）来应用此效果。

Chamfer（切角）：允许使用“切角”功能设置形状角部的倒角。可以交互式地（通过拖动顶点）或者在数字上（通过使用“切角”微调器）应用此效果。单击“切角”按钮，然后在活动对象中拖动顶点。“切角”微调器更新显示拖动的切角量。

线段是样条线曲线的一部分，在两个顶点之间。如图2-18。

在“可编辑样条线（线段）”层级，可以选择一条或多条线段，并使用标准方法移动、旋转、缩放或克隆它们，在线段的层级中比较常用的操作包括：

Create Line（创建线）：向所选对象添加更多样条线。这些线是独立的样条线子对象，创建它们的方式与创建线形样条线的方式相同。

Break（断开）：允许在形状的任意线段上指定破裂点。单击的位置将成为两个重叠顶点，线

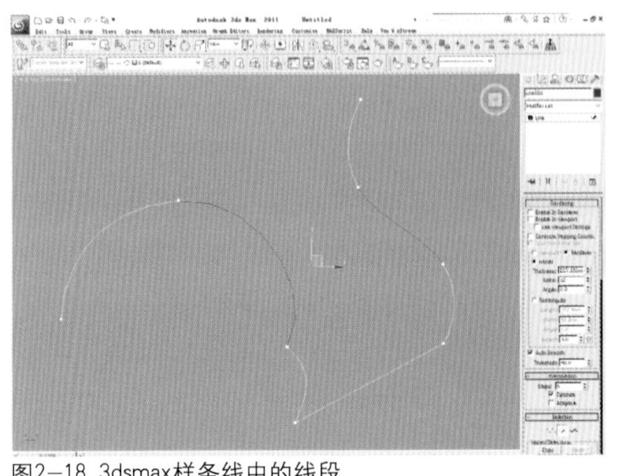

图2-18 3dsmax样条线中的线段

段将拆分为两部分。

Attach（附加）：将场景中的其他样条线附加到所选样条线。单击要附加到当前选定的样条线的对象。要附加的对象也必须是样条线。

Attach Mult（附加多个）：单击此按钮可以显示“附加多个”对话框，它包含场景中所有其他图形的列表。选择要附加到当前可编辑样条线的形状，然后单击“确定”。

Reorient（重定向）：重定向附加的样条线，使它的创建局部坐标系与所选样条线的创建局部坐标系对齐。

Cross Section（横截面）：在横截面形状外面创建样条线框架。单击“横截面”，选择一个形状，然后选择第二个形状，将创建连接这两个形状的样条线。继续单击形状将其添加到架。此功能与“横截面”修改器相似，但您可以在此确定横截面的顺序。可以通过在“新顶点类型”组中选择“线性”、“Bezier”、“Bezier 角点”或“平滑”来定义样条线框架切线。

Refine（优化）组：

Refine（优化）：允许添加顶点，而不更改样条线的曲率值。

Connect（连接）：启用时，通过连接新顶点创建一个新的样条线子对象。使用“优化”添加顶点完成后，“连接”会为每个新顶点创建一个单独的副本，然后将所有副本与一个新样条线相连。在启用“连接”之后、开始优化进程之前，启用以下选项的任何组合：

Delete（删除）：删除当前形状中任何选定的线段。

Divide（拆分）：通过添加由微调器指定的顶点数来细分所选线段。顶点之间的距离取决于线段的相对曲率，曲率越高的区域得到的顶点越多。

Detach（分离）：允许选择不同样条线中的几个线段，然后拆分（或复制）它们，以构成一个新图形。

Material（材质）组：

Set ID（设置 ID）：允许将特殊材质ID编号指定给所选线段，用于多维/子对象材质和其他应用程序。

Select ID（选择 ID）：根据相邻ID字段中指定的材质ID来选择线段或样条线。键入或使用该微调器指定ID，然后单击“选择ID”按钮。

Select By Name（按名称选择）：如果向对象指定了多维/子对象材质，此下拉列表将显示材质的名称。单击下拉箭头，然后从列表中选择材质。将选定指定了该材质的线段或样条线。如果没有为某个形状指定多维/子对象材质，名称列表将不可用。同样，如果选择了多个应用了“编辑样条线”修改器的形状，名称列表也被禁用。

在样条线的层级比较常用的操作包括：

Create Line（创建线）：将更多样条线添加到所选样条线。这些线是独立的样条线子对象；创建它们的方式与创建线形样条线的方式相同。

Attach（附加）：将场景中的其他样条线附加到所选样条线。单击要附加到当前选定的样条线对象的对象。要附加的对象也必须是样条线。

Attach Mult（附加多个）：单击此按钮可以显示“附加多个”对话框，它包含场景中所有其他图形的列表。选择要附加到当前可编辑样条线的形状，然后单击“确定”。

Reorient（重定向）：重定向附加的样条线，使它的创建局部坐标系与所选样条线的创建局部坐标系对齐。

Connect Copy（连接复制）组：

Connect（连接）：使用键盘【Shift】键克隆线段的操作将创建一个新的样条线子对象，以及将新线段的顶点连接到原始线段顶点的其他样条线。

Reverse（反转）：反转所选样条线的方向。

Outline（轮廓）：制作样条线的副本，所有侧边上的距离偏移量由“轮廓宽度”微调器指定。如果样条线是开口的，生成的样条线及其轮廓将生成一个闭合的样条线。

Center（中心）：如果禁用（默认设置），原始样条线将保持静止，而仅仅一侧的轮廓偏移到“轮廓宽度”指定的距离。如果启用了“中心”，原始样条线和轮廓将从一个不可见的中心线向外移动到“轮廓宽度”指定的距离。

Boolean（布尔）：通过执行更改选择的第一个样条线并删除第二个样条线的2D 布尔操作，将两个闭合多边形组合在一起。有三种布尔操作。如图2—19。

Union（并集）：将两个重叠样条线组合成一个样条线，在该样条线中，重叠的部分被删除，保留两个样条线不重叠的部分，构成一个样条线。

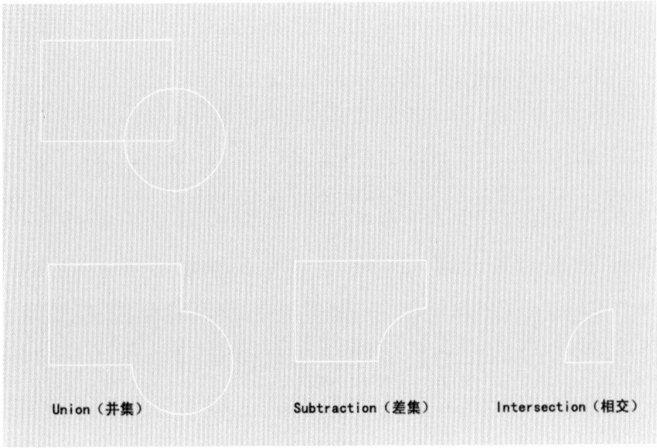

Subtraction（差集）：从第一个样条线中减去与第二个样条线重叠的部分，并删除第二个样条线中剩余的部分。

Intersection（相交）：仅保留两个样条线的重叠部分，删除两者的不重叠部分。

需要注意的是，样条线的布尔运算必须同属于一个物体才能进行，这个物体可以是单个形状（Shape）附加（Attach）其他形状而成的，也可以是通过创建样条线（Create Line）而成的。如果只是成组（Group）或者单独的物体则无法完成样条线的布尔运算。

图2—19 3dsmax中样条线的布尔运算

Mirror（镜像）：沿长、宽或对角方向镜像样条线。

Copy（复制）：选择后，在镜像样条线时复制样条线。

Trim（修剪）：使用修剪可以清理形状中的重叠部分，使端点接合在一个点上。要进行修剪，需要将样条线相交。如果截面未相交或者如果样条线是闭合的并且只找到了一个相交点，则不会发生任何操作。

Extend（延伸）：使用延伸可以清理形状中的开口部分，使端点接合在一个点上。要进行延伸操作，需要一条开口样条线。如果没有相交样条线，则不进行任何处理。

Infinite Bounds（无限边界）：为了计算相交，启用此选项将开口样条线视为无穷长。

Delete（删除）：删除选定的样条线。

Close（关闭）：通过将所选样条线的端点与新线段相连，来关闭该样条线。

Detach（分离）：将所选样条线复制到新的样条线对象，并从当前所选样条线中删除复制的样条线。

Copy（复制）：选择后，在分离样条线时复制样条线。

Explode（炸开）：通过将每个线段转化为一个独立的样条线或对象，来分裂任何所选样条线。

●Extrude（挤出）：将一条样条线（Spline）或者线段组成的图形（Shape）沿一定方向增加厚度，形成实体，适合制作外形固定又有一定厚度的物体。如图2—20。

具体操作为选择图形（Shape）后进入Modify（修改）面板，对其进行Extrude（挤出）命令，得到一个实体，可以通过控制它的Amount（数量）及Segments（段数）进行调节。

图2—20 3dsmax样条线及其挤出的实体

●Bevel（倒角）：倒角命令常用在做三维文字上面，具体操作为选择图形（Shape）后进入Modify（修改）面板，对其进行Bevel（倒角）命令，得到一个实体，可以通过控制它的三个级别的数据进行调节。如图2—21。

●Lathe（车削）：车削命令主要用在旋转对称形式的模型制作上，具体操作为选择绘制好的旋转剖面图形后进入Modify（修改）面板，对其进行Lathe（车削）命令，得到一个实体，可以通过控制它的多个选项进行调节。如图2—22。

图2—21 倒角命令生成的文字实体

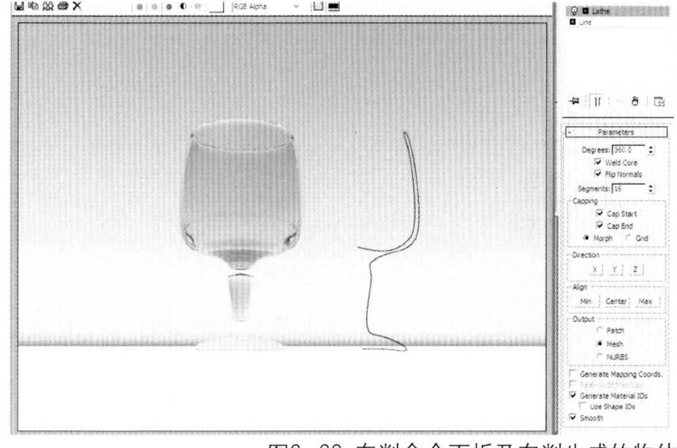

图2—22 车削命令面板及车削生成的物体

Degrees（度数）：控制车削旋转的完整度，默认是360°，也就是完整车削。

Weld Core（焊接顶点核心）：由于一些形体是由样条线来进行车削，车削后完成的核心点有可能会出现无法闭合的情况，选择该项可以将顶点核心进行焊接，形成完整实体。

Flip Normals（翻转法线）：有些情况下的车削模型可能出现错误，该命令可以翻转车削后的模型法线，区别出模型的内外面。

Segments（段数）：控制模型面数的参数。

Direction（方向）：控制车削造型的方向是沿着X、Y、Z中任意一个进行，随着方向的不同，车削的最终效果会有很大的变化。如图2—23。

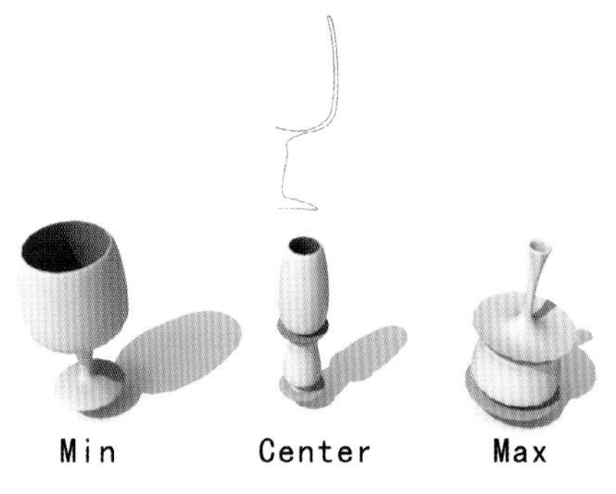

图2—23 对齐方式不同对车削效果的影响

Align（对齐）：确定形状按照Min（小）、Center（中心）、Max（最大）的方式进行，随着对齐的轴心不同，车削形状也会发生很大变化。

●Loft（放样）：将一定形状（Shape）作为横截面沿着一定路径（Path）生成实体的一种建模方式，在3dsmax中是作为复合物体出现的。如图2—24、图2—25。

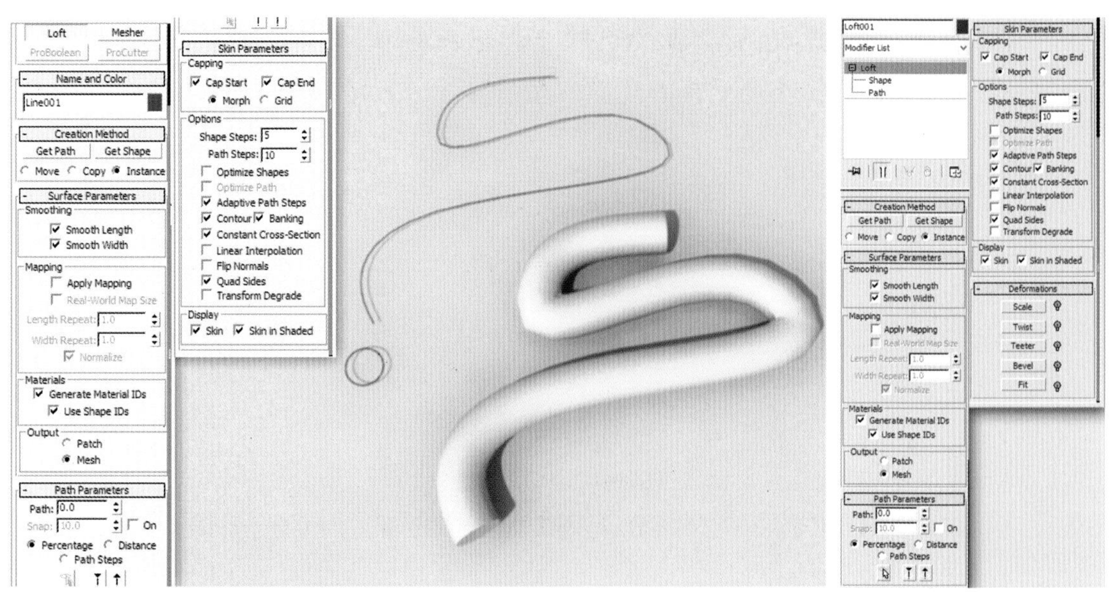

图2—24 放样操作面板及放样生成的物体

图2—25 放样物体编辑面板

放样操作首先要求有两种物体，第一是作为横截面的形状，可以是闭合的，也可以是不闭合的，甚至可以是成组的图形（Shape），但需要注意的是，图形上的线不要有交叉缠绕现象，否则会出现错误；第二是作为路径（Path）的样条线，可以是闭合的，也可以是不闭合的。

放样的第二步操作可以是先选择作为路径（Path）的样条线，进入创建（Create）面板，进入复合物体（Compound Objects）面板，点取放样（Loft）命令，接着点取获取图形（Get Shape）命令；也可以是先选择作为横截面图形（Shape）的样条线，进入创建（Create）面板，进入复合物体（Compound Objects）面板，点取放样（Loft）命令，接着点取获取路径（Get Path）命令。以上两种生成的模型完全一样，只是位置与方向会有所变化。

放样后的物体可以进入Modify（修改）面板进行修改参数。如图2—25。

Creation Method（创建方法）卷展栏：

Get Path（获取路径）：将路径指定给选定图形或更改当前指定的路径。

Get Shape（获取图形）：将图形指定给选定路径或更改当前指定的图形。

Move/Copy/Instance（移动/复制/实例）：用于指定路径或图形转换为放样对象的方式。

Surface Parameters（曲面参数）卷展栏：可以控制放样曲面的平滑以及指定是否沿着放样对象应用纹理贴图。

Smoothing（平滑）组：

Smooth Length（平滑长度）：沿着路径的长度提供平滑曲面。

Smooth Width（平滑宽度）：围绕横截面图形的周界提供平滑曲面。

Mapping（贴图）组：

Apply Mapping（应用贴图）：启用和禁用放样贴图坐标。

Real—World Map Size（真实世界贴图大小）：控制应用于该对象的纹理贴图材质所使用的缩放方法。缩放值由位于应用材质的“坐标”卷展栏中的“使用真实世界比例”设置控制。默认设置为禁用状态。

Length Repeat（长度重复）：设置沿着路径的长度重复贴图的次数。贴图的底部放置在路径的第一个顶点处。

Width Repeat（宽度重复）：设置围绕横截面图形的周界重复贴图的次数。贴图的左边缘将与每个图形的第一个顶点对齐。

Normalize（规格化）：决定沿着路径长度和图形宽度路径顶点间距如何影响贴图。启用该选项后，将忽略顶点。将沿着路径长度并围绕图形平均应用贴图坐标和重复值。如果禁用，主要路径划分和图形顶点间距将影响贴图坐标间距。将按照路径划分间距或图形顶点间距成比例应用贴图坐标和重复值。

Materials（材质）组：

Generate Material IDs（生成材质 ID）：在放样期间生成材质ID。

Use Shape IDs（使用图形 ID）：提供使用样条线材质ID来定义材质ID的选择。

Output（输出）组：

Patch（面片）：放样过程可生成面片对象。

Mesh（网格）：放样过程可生成网格对象。

Path Parameters（路径参数）卷展栏：

可以控制沿着放样对象路径在各个间隔期间的图形位置。

Path（路径）：通过输入值或拖动微调器来设置路径的级别。该路径值依赖于所选择的测量方法。更改测量方法将导致路径值的改变。

Snap（捕捉）：用于设置沿着路径图形之间的恒定距离。该捕捉值依赖于所选择的测量方法。更改测量方法也会更改捕捉值以保持捕捉间距不变。

On（启用）：启用或关闭捕捉。

Percentage（百分比）：将路径级别表示为路径总长度的百分比。

Distance（距离）：将路径级别表示为路径第一个顶点的绝对距离。

Path Steps（路径步数）：将图形置于路径步数和顶点上，而不是作为沿着路径的一个百分比或距离。

Pick Shape（拾取图形）：将路径上的所有图形设置为当前级别。当在路径上拾取一个图形时，将禁用“捕捉”，且路径设置为拾取图形的级别，会出现黄色的 X。“拾取图形”仅在“修改”面板中可用。

Previous Shape（上一个图形）：从路径级别的当前位置上沿路径跳至上一个图形上。黄色 X 出现在当前级别上。单击此按钮可以禁用“捕捉”。

Next Shape（下一个图形）：从路径层级的当前位置上沿路径跳至下一个图形上。黄色 X 出现在当前级别上。单击此按钮可以禁用“捕捉”。

Skin Parameters（蒙皮参数）卷展栏：可以调整放样对象网格的复杂性。还可以通过控制面数来优化网格。

Capping（封口）组：

Cap Start（封口始端）：如果启用，则路径第一个顶点处的放样端被封口。如果禁用，则放样端为打开或不封口状态。

Cap End（封口末端）：如果启用，则路径最后一个顶点处的放样端被封口。如果禁用，则放样端为打开或不封口状态。

Morph（变形）：按照创建变形目标所需的可预见且可重复的模式排列封口面。变形封口能产生细长的面，与那些采用栅格封口创建的面一样，这些面也不进行渲染或变形。

Grid（栅格）：在图形边界处修剪的矩形栅格中排列封口面。此方法将产生一个由大小均等的面构成的表面，这些面可以被其他修改器很容易地变形。

Options（选项）组：

Shape Steps（图形步数）：设置横截面图形的每个顶点之间的步数。该值会影响围绕放样周界的边的数目。

Path Steps（路径步数）：设置路径的每个主分段之间的步数。该值会影响沿放样长度方向的分段的数目。

Optimize Shapes（优化图形）：如果启用，则对于横截面图形的直分段，忽略"图形步数"。如果路径上有多个图形，则只优化在所有图形上都匹配的直分段。默认设置为禁用状态。

Optimize Path（优化路径）：如果启用，则对于路径的直分段，忽略"路径步数"。"路径步数"设置仅适用于弯曲截面。仅在"路径步数"模式下才可用。默认设置为禁用状态。

Adaptive Path Steps（自适应路径步数）：如果启用，则分析放样，并调整路径分段的数目，以生成最佳蒙皮。主分段将沿路径出现在路径顶点、图形位置和变形曲线顶点处。如果禁用，则主分段将沿路径只出现在路径顶点处。默认设置为启用。

Contour（轮廓）：如果启用，则每个图形都将遵循路径的曲率。每个图形的正Z轴与形状层级中路径的切线对齐。如果禁用，则图形保持平行，且其方向与放置在层级0中的图形相同。默认设置为启用。

Banking（倾斜）：如果启用，则只要路径弯曲并改变其局部Z轴的高度，图形便围绕路径旋转。倾斜量由3dsmax控制。如果该路径为2D，则忽略倾斜。如果禁用，则图形在穿越3D路径时不会围绕其Z轴旋转。默认设置为启用。

Constant Cross-Section（恒定横截面）：如果启用，则在路径中的角处缩放横截面，以保持路径宽度一致。如果禁用，则横截面保持其原来的局部尺寸，从而在路径角处产生收缩。

Linear Interpolation（线性插值）：如果启用，则使用每个图形之间的直边生成放样蒙皮。如果禁用，则使用每个图形之间的平滑曲线生成放样蒙皮。默认设置为禁用状态。

Flip Normals（翻转法线）：如果启用，则将法线翻转180°。可使用此选项来修正内部外翻的对象。默认设置为禁用状态。

Quad sides（四边形的边）：如果启用该选项，且放样对象的两部分具有相同数目的边，则将两部分缝合到一起的面显示为四方形。具有不同边数的两部分之间的边将不受影响，仍与三角形连接。默认设置为禁用状态。

Transform Degrade（变换降级）：使放样蒙皮在子对象图形/路径变换过程中消失。例如，移动路径上的顶点使放样消失。如果禁用，则在子对象变换过程中可以看到蒙皮。默认设置为禁用状态。

Display（显示）组：

Skin（蒙皮）：如果启用，则使用任意着色层在所有视图中显示放样的蒙皮，并忽略"着色视图中的蒙皮"设置。如果禁用，则只显示放样子对象。默认设置为启用。

Skin in Shaded（着色视图中的蒙皮）：如果启用，则忽略"蒙皮"设置，在着色视图中显示放样的蒙皮。如果禁用，则根据"蒙皮"设置来控制蒙皮的显示。默认设置为启用。

Deformations（变形）：变形控件用于沿着路径缩放、扭曲、倾斜、倒角或拟合形状。所有变形的界面都是图形。图形上带有控制点的线条代表沿着路径变形。为了建模或生成各种特殊效果，图形上的控制点可以移动或设置动画。

"变形"在"创建"面板上不可用。必须在放样之后打开"修改"面板才能访问"变形"卷展栏，这些变形通过曲线控制，能够实现Twist（扭曲）、Teeter（倾斜）、Bevel（倒角）、

Fit（拟合）等效果。

Path Commands（路径命令）：只有在修改现有放样对象并从“子对象”列表中选择“Path（路径）”时，才出现“路径命令”卷展栏。

Put（输出）组：

Put（输出）：将路径作为单独的对象输出到场景中（作为副本或实例）。

Shape Commands（图形命令）卷展栏：

Path Level（路径级别）：调整图形在路径上的位置。

Compare（比较）：显示“比较”对话框，在此可以比较任何数量的横截面图形。

Reset（重置）：撤消使用“选择并旋转”或“选择并缩放”执行的图形旋转和缩放。

Delete（删除）：从放样对象中删除图形。

Align（对齐组）：使用该组中的六个按钮可针对路径对齐选定图形。

Center（居中）：基于图形的边界框，使图形在路径上居中。

Default（默认）：将图形返回到初次放置在放样路径上的位置。

Left（左）：将图形的左边缘与路径对齐。

Right（右）：将图形的右边缘与路径对齐。

Top（顶）：将图形的上边缘与路径对齐。

Bottom（底）：将图形的下边缘与路径对齐。

Put（输出）组：将图形作为独立的对象输出到场景中。

●Boolean（布尔运算）：两个实体模型之间的运算造型，与Maya及二维图形软件的运算相同，包含Union（并集）、Subtraction（减算）、Intersection（交集）三种运算形式。与Maya操作稍微不同的是，3dsmax的布尔运算在Subtraction（减算）运算中，有A物体减B物体和B物体减A物体两种模式。如图2–26。

3dsmax的布尔运算还提供切除（Cut）功能，当Cut（切除）单选按钮被选中时，它将激活其下方的4个单选按钮让用户选择不同的切除类型。

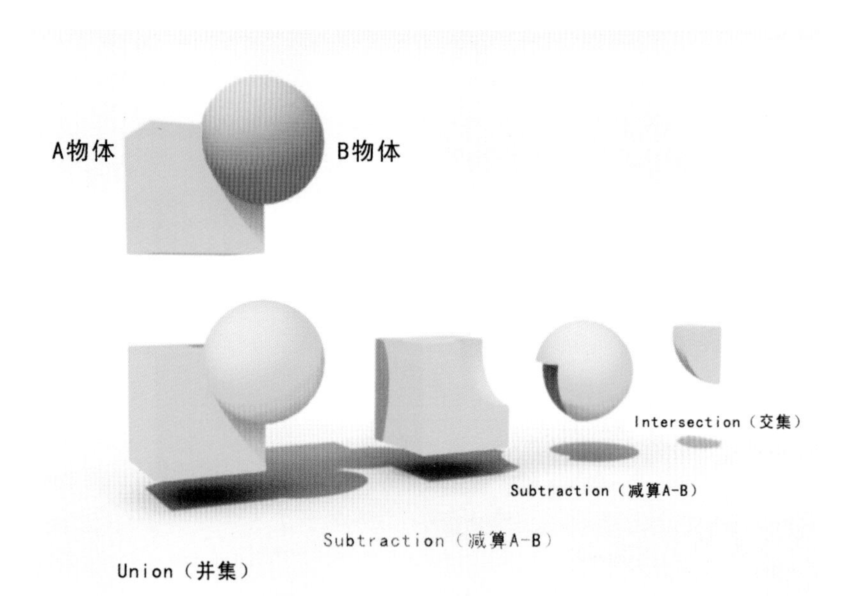

图2–26 3dsmax中的布尔运算

Refine（细化）：在A物体上沿着B物体与A物体相交的面增加顶点和边数以细化A物体的表面。也就是说，根据B物体的外形将A物体的表面重新细分。

Split（劈裂）：其工作方法与Refine（细化）类似。只不过在B物体切割A物体部分的边缘多加了一排顶点。利用这种方法可以根据其他物体的外形将一个物体分成两部分。

Remove Inside（移除内部）：删除A物体中所有在B物体内部的片段面。其工作方法和Subtraction（A—B）（A—B部分）类似，只是同时也切除了B物体的表面。

Remove Outside（移除外部）：删除A物体中所有在B物体外部的片段面。其工作方法和Intersection（交集）类似，只是同时也切除了B物体的表面。

（2）多边形模型编辑

在3dsmax中，进行多边形物体的编辑可以进入Modify（修改）面板，执行Edit Poly（编辑多边形）进行修改，也可以直接在物体上单击鼠标右键将物体转换成多边形（Convert to Editable Poly）然后再进入Modify（修改）面板修改。如图2—27。

图2—27 3dsmax的多边形编辑面板

在3dsmax中，多边形被分为Vertex（顶点）、Edge（边）、Border（边界）、Polygon（多边形面）、Element（元素）五个层级，当进入Polygon（多边形面）、Element（元素）等次对象层级后，命令面板中出现该命令的卷展栏。多边形编辑操作针对这五个层级进行，常用的多边形编辑操作命令如下：

●Cut（切割）：五个层级都可进行，是3dsmax多边形编辑的主要工具，主要工作是在模型上加线。

●QuickSlice(快速切片)：五个层级都可进行，能够在模型上进行切片式地加线。

●Remove（移除）：针对顶点级别，在多边形上清除顶点。与删除（Delete）不同的是，移除只会清除线上多余的点而不会影响到模型本身，删除（Delete）将会把顶点与所在的面等子物体一起清除掉。

●Break（断开）：将选定的顶点断开，并根据与其相连的面生成新的顶点。如果顶点是孤立的或者只有一个面使用，则顶点将不受影响。如图2—28。

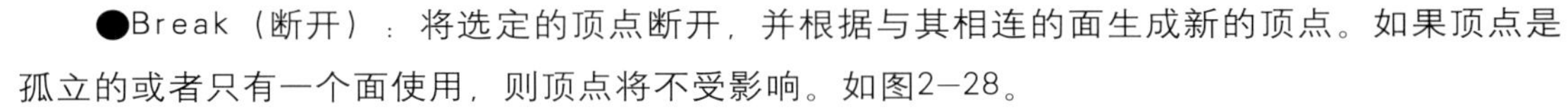

●Weld（焊接）：针对顶点级别，将分离的顶点焊接在一起，可以看作是断开（Break）的反过程。需要注意的是将要焊接的点必须属于同一物体。如图2—29。

●Extrude（挤出）：主要是针对多边形面的操作，该命令能通过和外移动选择面，并连接选择面和其周边的侧面来创建面。选择面后，在“挤出”按钮右侧的数值框中键入数值，即可将该面挤压生成新的面。用户也可激活“挤出”按钮，然后将光标放在选择的面上，它会变成一个“挤出”光标，单击并拖动鼠标即可挤出一个新的面。如图2—30。

在挤出操作中有三种方式可供选择，Group（组）、Local Normal（局部法线）、By Ploygon（按多边形），这三种方式的效果。如图2—31。

●Bevel（倒角）：该命令能够使选择面生成斜角，它通常与“挤出”命令配合使用。选择要

图2—28 断开顶点操作

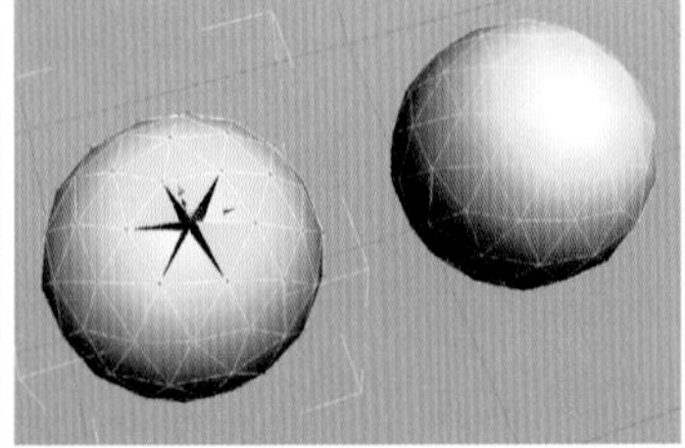

图2—29 焊接顶点操作

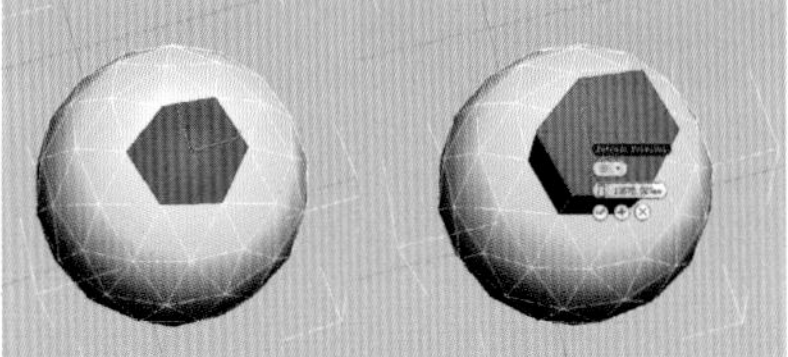

图2—30 多边形面的挤出操作

图2—31 挤出方式的不同效果

进行倒角的面，如果直接在"倒角"按钮右侧的数值框中输入数值，将只对选择面进行放大或缩小操作。用户可单击"倒角"按钮后，在选择的面上拖动鼠标，指定倒角的高度，然后松开鼠标继续移动鼠标，即可定义倒角。

●Detach（分离）：将选中的子对象物体进行分离，形成单个物体。

2.1.4 多边形模型制作实例

本文通过创建一个角色模型的实例进行多边形模型制作的讲解，软件为Maya。角色最终效果，如图2-32。

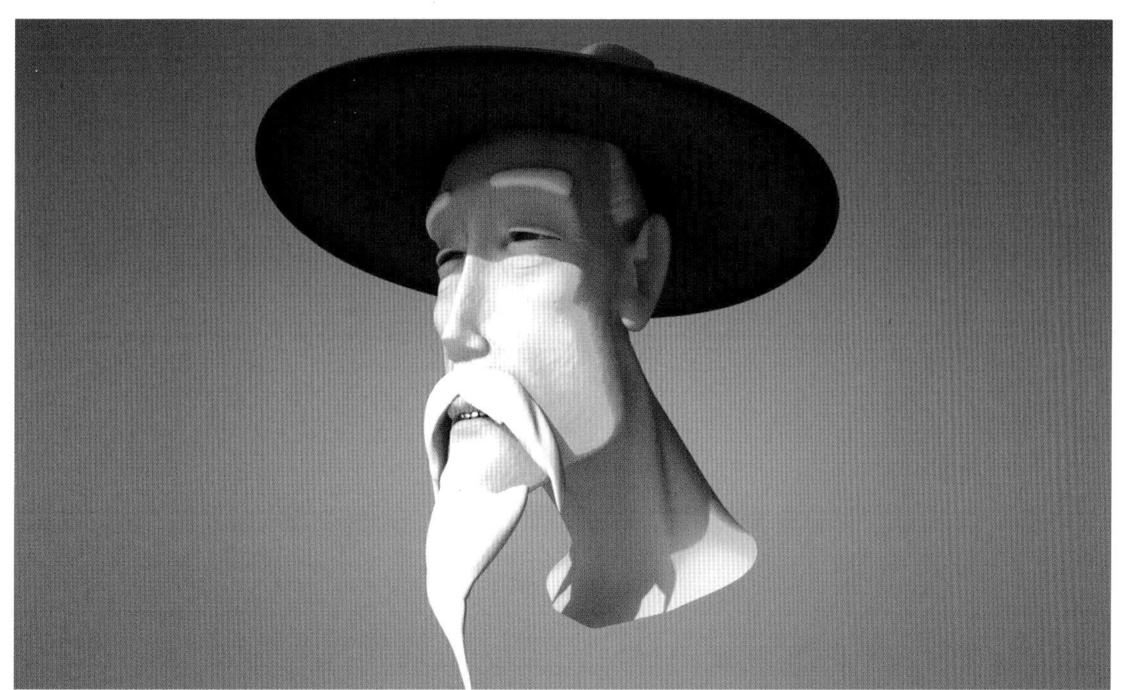

图2-32 多边形建模最终效果

步骤01：打开Maya，确认进入Polygons（多边形）模块，进入Mesh（多边形）模块，点击Create Polygon Tool（创建多边形工具），在侧视（side）图描绘角色头部轮廓。在这一过程中注意不要太关注角色的细节，只要求大的轮廓与设计图吻合即可。如图2-33。

步骤02：利用Split Polyon Tool（切割工具），在轮廓内画出切割线。注意需要先打开Split Polyon Tool（切割工具）的工具设置（Tool Settings），将其中两项的选择取消。如图2-34。

步骤03：在透视图（Persp）中使用移动工具，将中间的面（Face）拖动一定距离。如图2-35。

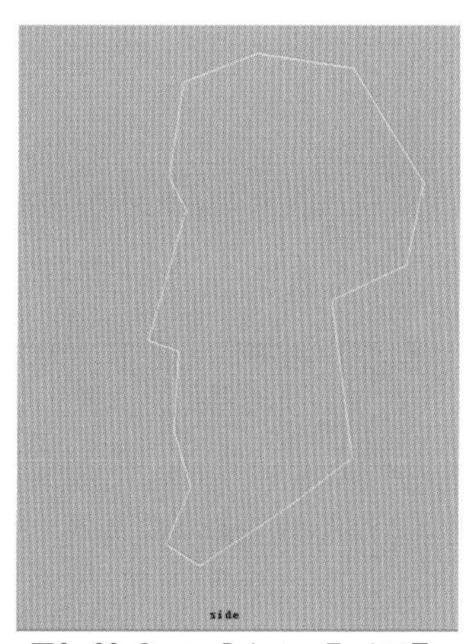

图2-33 Create Polygon Tool工具描绘的侧面轮廓

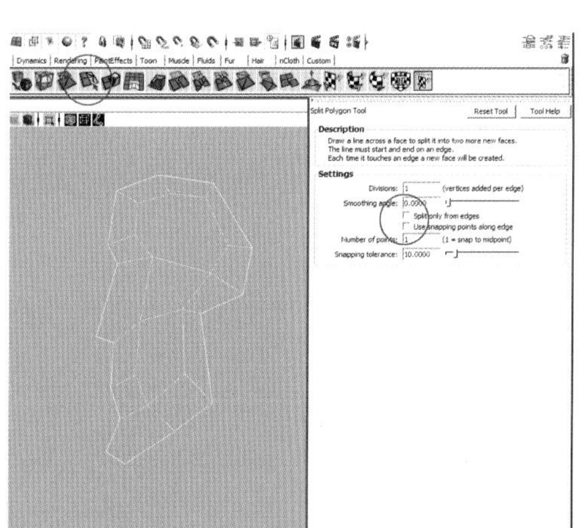

图2-34 切割工具设置及切割后的多边形

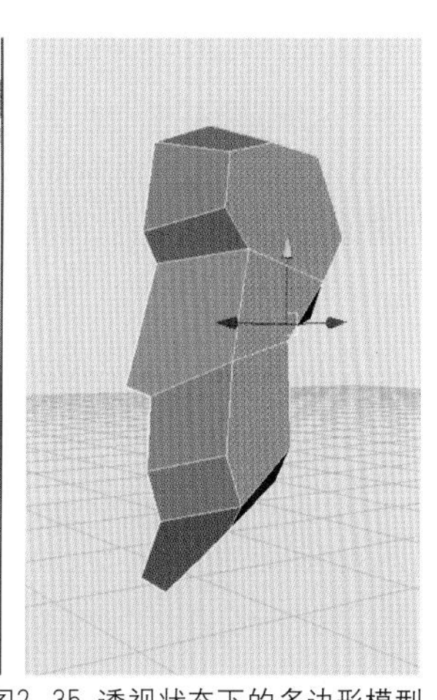

图2-35 透视状态下的多边形模型

步骤04：保持物体在Select（选择）状态（物体表面的线呈绿色），进入Edit（编辑）下拉菜单，进入Duplicate Special的参数控制。如图2—36。

此时物体已经呈现立体效果，而且操作一边的时候另一边会跟随变化，方便制作对称物体。

步骤05：使用Split Polyon Tool（切割工具），继续在物体表面画出切割线，逐渐添加细节。如图2—37。

步骤06：使用Extrude（挤出）、Split Polyon Tool（切割工具）调整出耳朵、脖子的位置，并继续细化。如图2—38。

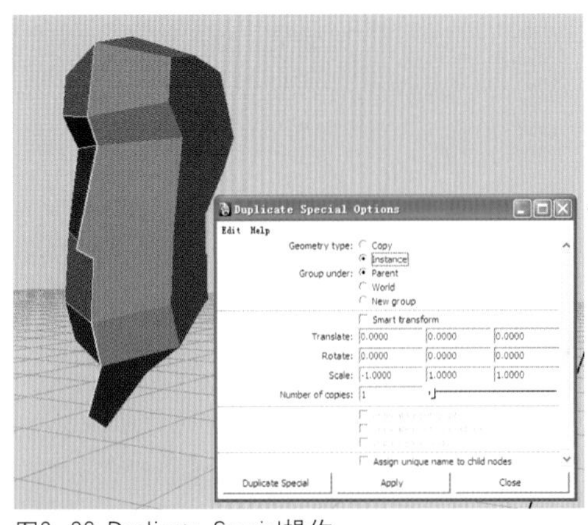

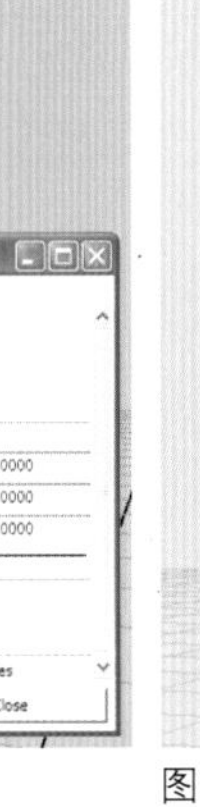

图2—36 Duplicate Special操作

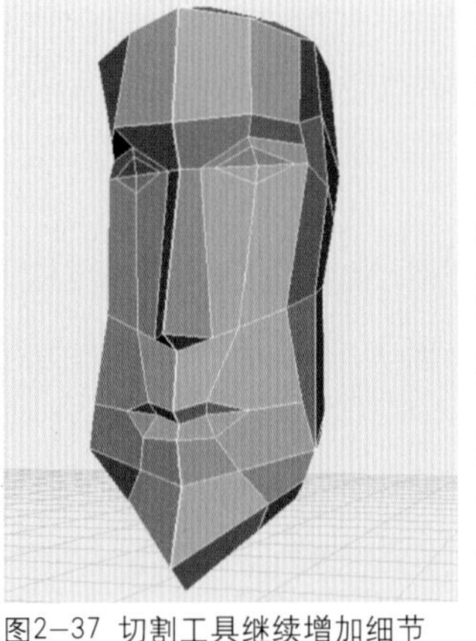

图2—37 切割工具继续增加细节

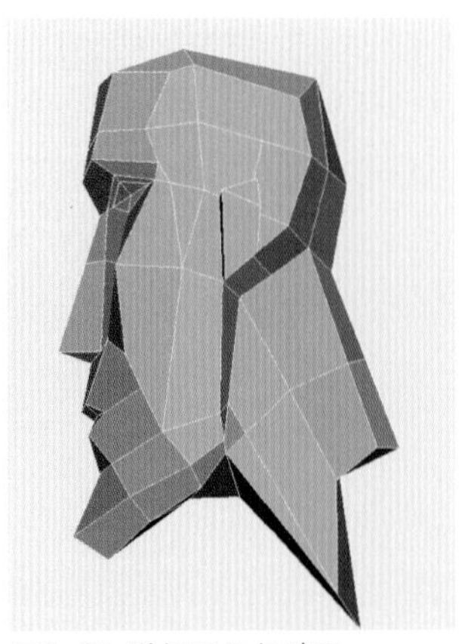

图2—38 增加耳朵与脖子

步骤07：继续添加细节，注意整体布线要符合四边形原则，即新增加的面尽可能的是四边形，尽量避免三角形。如图2—39。

步骤08：完成模型布线，按键盘数字【3】进行光滑显示，模拟模型被光滑后的效果。如图2—40。

步骤09：完成半边的模型制作后，进入Mesh（多边形）下拉菜单，选取Mirror Geometry（镜像几何体），完成整体模型的制作。如图2—41。

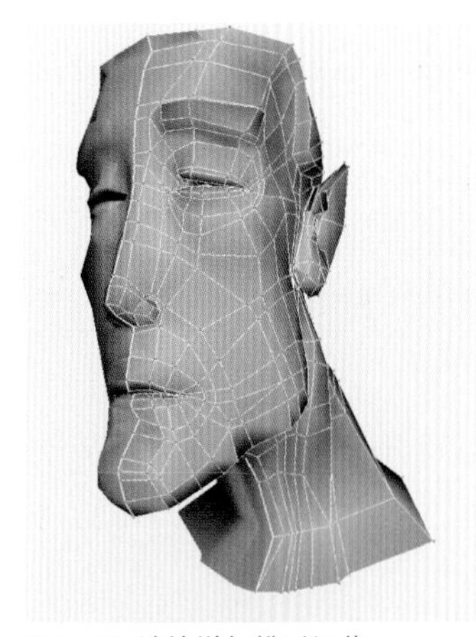

图2—39 继续增加模型细节

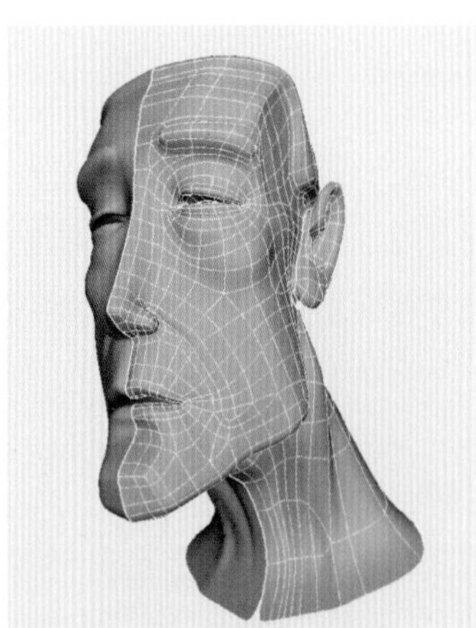

图2—40 模型光滑显示的效果

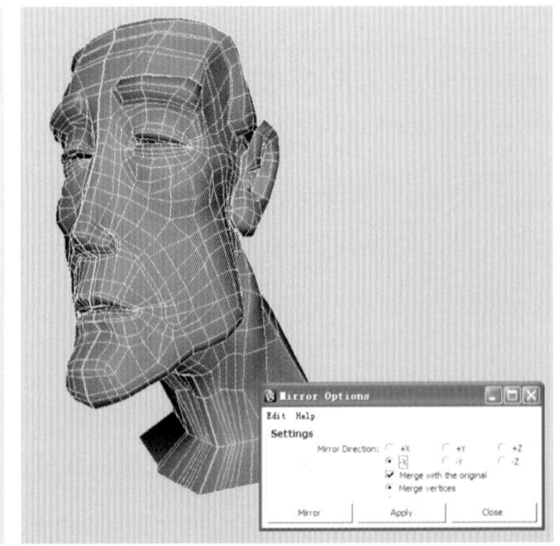

图2—41 镜像完成的模型及Mirror Geometry选项

步骤10：模型制作完成后，应及时清除历史记录，为下面环节的制作做好准备。完成的角色模型。如图2—42。

人物的头部模型建模是较为专业的操作，除了需要制作者熟练掌握软件之外，对人体结构也要有一定的了解。如果不了解人物结构，只是稍微掌握了软件操作，对于角色建模的工作来说是远远不够的，即使能够拼凑出来，对后面的绑定与动画也会带来一定的干扰。

其中，对人物头部结构的了解最为重要，曾国藩在《冰鉴》中说过："一身精神，具乎两目；一身骨相，具乎面部"。在角色模型的创建中，一定要通过写生、临摹等手段，不断积累人物结构，特别是头部骨骼肌肉的特点，不断总结，终究能创造出形神兼备的艺术作品。如图2—43。

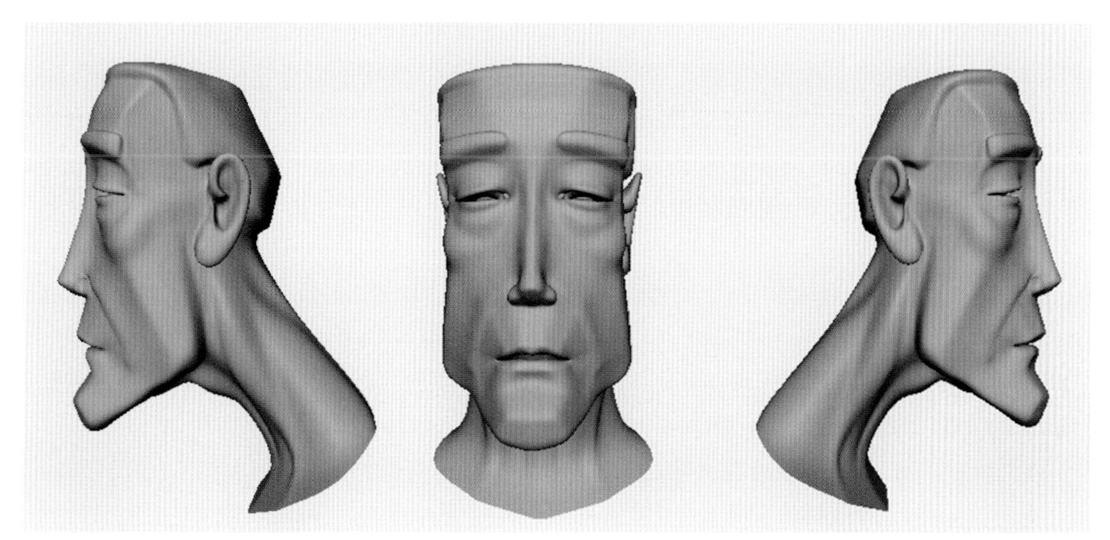

图2—42 完成好的角色模型头部

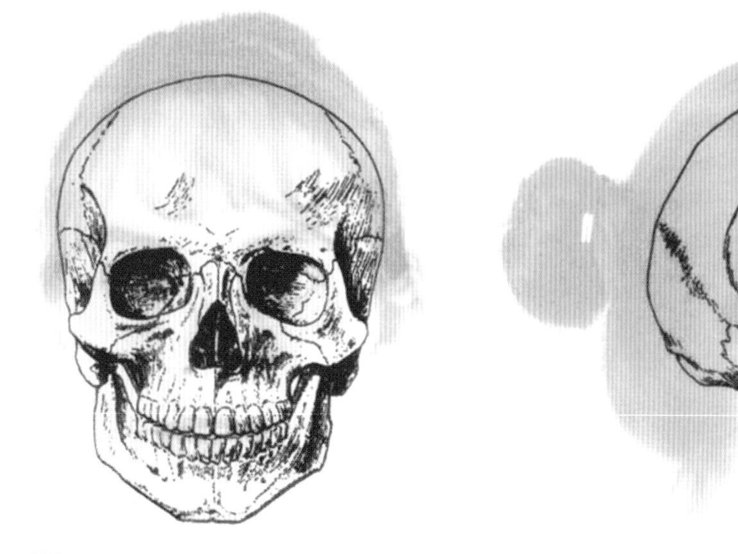

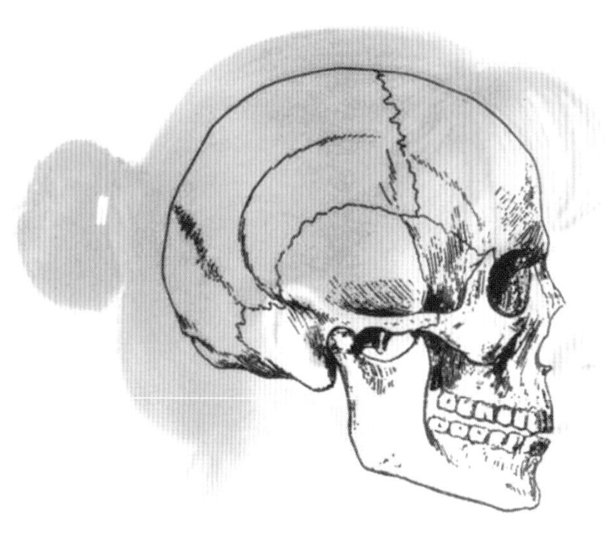

图2—43 人物头部骨骼

2.2 NURBS模型

NURBS模型制作也是一项比较成熟的技术，特别是在工业产品设计领域，占有绝对的优势。NURBS能够比传统的网格建模方式更好地控制物体表面的曲线度，从而能够创建出更逼真、生动的造型。

NURBS是非均匀有理样条曲线（Non—Uniform Rational B—Splines）的缩写，NURBS由Versprille在其博士学位论文中提出，1991年，国际标准化组织（ISO）颁布的工业产品数据交换标准STEP中，把NURBS作为定义工业产品几何形状的唯一数学方法。1992年，国际标准化组织又将NURBS纳入规定独立于设备的交互图形编程接口的国际标准PHIGS（程序员层次交互图形系统）中，作为PHIGS Plus的扩充部分。目前，Bezier、有理Bezier、均匀B样条和非均匀B样条都被统一到NURBS中。

NURBS曲线和NURBS曲面在传统的制图领域是不存在的，是为使用计算机进行3D建模而专门建立的，它是在3D建模的内部空间以数学表达式建立起来的曲线和曲面来表现轮廓和外形。

NURBS在动画制作的过程中并不是特别常用的建模方式，本书只作为常识对Maya和3dsmax的NURBS建模方式进行简单了解。

2.2.1 Maya的NURBS模型制作

NURBS曲面的基础是NURBS曲线，要想有效地建立NURBS曲面就要了解NURBS曲线。对NURBS曲面来说，NURBS曲线的定律也同样适用，两者是相互关联的。

Maya中控制NURBS曲线形态的点有两种点。一种叫编辑点(Edit Poiru，EP)；另一种叫控制点(Control Vertex，CV)。在此基础上有两种创建NURBS曲线的工具EP Curve Tool（EP曲线创建工具）和CV Curve Tool（CV曲线创建工具）。

（1）创建曲线

执行Create（创建）→EP Curve Tool（EP曲线）命令，启动EP曲线创建工具。在右侧设置EP Curve Settings（EP曲线设置）中的Curve degree（曲线精度）为3 Cubic（3次光滑）（如图2—44）。随便创建一条Curve（曲线）只要在视图中单击3次以上，曲线可以按照操作者的意愿自由弯曲创建任何形状的自由曲线。按键盘【Enter】键结束创建。

CV Curve Tool（CV曲线画线工具）与EP工具参数完全一致。

Curve degree（曲线精度设置）：1 Linear（一次线性曲线），依此类推，其中最常用的是3 Cubic。曲线的数值越高，曲线越平滑，但对于多数情况而言3 Cubic已经足够了。

需要注意的是，EP画线工具与CV画线工具的不同是：EP点在曲线上，CV点在曲线外，一个精确，一个利于控制曲线的形状。在线外围的黄色点，就是CV控制点。线上的黄色点是EP控制点。棕黄色的直线叫“壳”，壳是一种快速选择CV的方式。

在画线过程中，可以按【Insert】键改变曲线的形态。再次按【Insert】键结束操作，继续画线。

（2）Edit Curves（编辑曲线）

使用NURBS制作时首先是画线，在Maya中就需要用到画线命令和编辑曲线的命令来实现对曲线的控制。如图2—45。

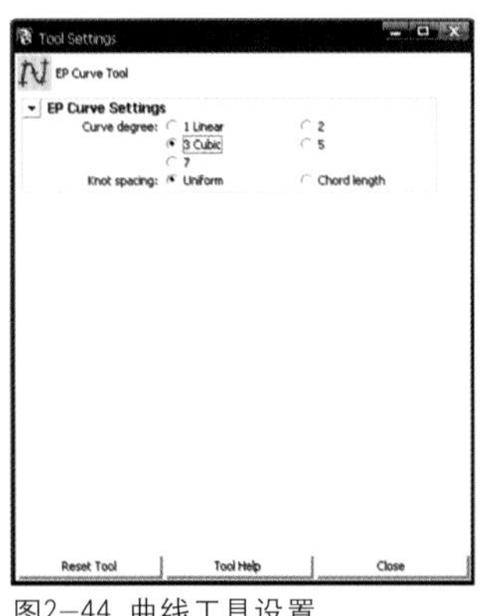

图2—44 曲线工具设置

图2—45 编辑曲线菜单

●Duplicate Surface Curves（复制曲面的上曲线）：可以复制曲面上的ISO线、曲面曲线或边界曲线。用法是选中参数线然后执行该命令即可。默认状态下复制出的曲线是场景中的新对象，是独立于曲面单独存在的。

●Attach Curves（连接曲线）：可以将一条曲线与另一条曲线的最近端的点相连。

●Detach Curves（断开曲线）：可以把一条曲线分成两条或者断开一条封闭的曲线。用法是：用曲线点标示要断开的位置。如果想断开多个点，在按住【Shift】的同时选择其他的点然后执行该命令。用该方法也可以移动曲线的起始点。

●Align Curves（对齐曲线）：一条独立的曲线只能与另一条独立的曲线对齐，曲面上的曲线也只能与另一个曲面上的曲线对齐。

●Move Seam（移动接缝）：可以移动周期曲线的接合处。例如，对齐两条曲线的接合处放样时就不会出现扭曲。用法是：在编辑点或靠近编辑点的位置选择曲线点，然后执行该命令。

●Open/Close Curves（开放曲线和闭合曲线）：NURBS曲面或曲线有Periodic（周期）、Close（闭合）或Open（开放）几种形式。当改变对象开头时，这些形式影响对象变形的方式。

开放曲线通常有始编辑点和末编辑点，且两个编辑点的位置不同通常不会形成一个环。如果将开放曲线的始编辑点和末编辑点捕捉到同一位置，它仍是一个开放曲线。用户可以拖动始编辑点或末编辑点使它们分开。

闭合曲线是一个环，它的始编辑点和末编辑点互相重合。始编辑点和末编辑点相交处的点称为接合点，末编辑点会随着一同移动。

周期曲线也是一个有接合点的环，但其在曲线末端有两个不可见的跨度与曲线首端的两个跨度相重合。

●Cut Curve（剪切曲线）：在与另一条独立曲线相互接触交叉的点上剪切自由曲线。

●Intersect Curves（相交曲线）：在两条或多条独立曲线接触处或相变处创建曲线点定位器。该命令常与Cut Curve（剪切曲线）、Detach Curve（断开曲线）、Snap to Poim（点捕捉）等命令一起使用。

●Curve Fillet（曲线倒角）：可以在两条相交曲线间创建一段圆角曲线。可创建两种类型的倒角：Circular（圆形）和Freeform（自由）。圆形倒角可创建一段圆弧，自由倒角可提供多种定位和形状控制方法。

●Insert Knot（插入节）：在选择的曲线点的位置上使用该命令可插个人可控点。

●Extend Curve（扩展曲线）：扩展曲线即"延伸"曲线。如果要延长独立曲线的长度，使用Extend Curve （扩展曲线）命令可以将起始、末端或两端共同延长。

●Offset Curve（偏移曲线）：创建一条与所选曲线平行的曲线或ISO线，可以在原曲线与偏移曲线间形成一个轮廓面。

●Offset Curve On Surface（偏移曲面上的曲线）：创建一条曲线，让它平行于指定方向上原曲面上的曲线。

●Reverse Curve Direction（反转曲线的方向）：用于反转曲线的方向。默认状态下CV在U方向上被反转。

●Rebuild Curve（重建曲线）：可以重建一条NURBS曲线或曲面上的曲线，从而对曲线进行平滑处理或降低其复杂性。也为制作NURBS高精度无缝模型而使用。

●Fit B-spine（将三次几何体转换为线性几何体）：该命令可以为一次曲线转化为三次曲线。适用于从其他系统中导入模型时使用。

●Smooth Curves（平滑曲线）：可以使曲线变得平滑。作用于独立曲线，不能作用在周期曲线、封闭曲线、ISO线或者是曲面上的曲线。该命令不改变可控点的数目。选项中的Smoothness（平滑度）：接近0平滑程度小，反之则大。

●CV Hardness（调整CV硬度）：可以调整可控点创建较平滑的或较尖锐的曲线。

●Add Points Tool（为曲线添加点）：创建曲线完成后，如果想继续在末点延长曲线执行该命令。选择CV点，延长出CV点。如果是在EP编辑模式下，则可延长出EP点。

●Curve Editing Tool（曲线编辑工具）：可以产生"操作手柄"使用该手柄交互式地改变曲线上某点的切线方向。

●Project Tangent（投射曲线的切线）：可以在曲线的终点投射曲线的切线使它和睦面的切线或者其他两条相交曲线的切线一致。可以用该方法调整曲线的曲率以匹配曲面的曲率或者两条曲线相交处的曲率。

Tangent（切线）：通过在曲线与曲面的切线平面相交处投射切线矢量来实现对曲线的修改。即仅对曲线和曲面相交的起点或终点进行修改。

Curvature（曲率）：让曲线的切线和曲率与在切线矢量方向上的曲面相一致。

（3）Surfaces（曲面成型）

●Revolve（旋转曲面命令）如图2—46。

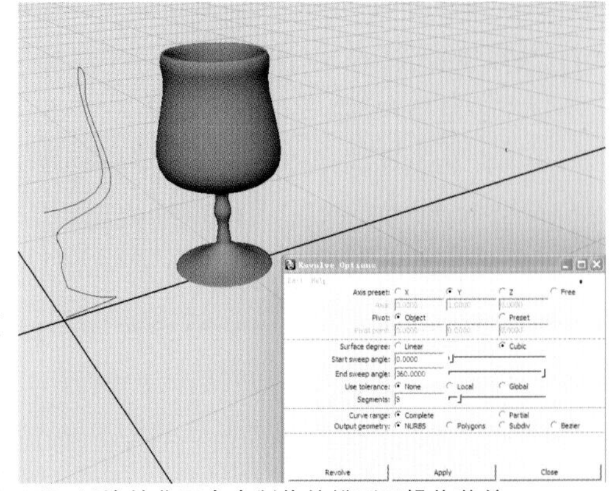

图2—46旋转曲面命令制作的模型及操作菜单

旋转命令可以将一个轮廓线绕一个轴旋转而创建一个曲面。默认状况下所有选中曲线将沿Y轴旋转360°。

Axis Preset（轴预置）：选项设置旋转的轴，默认为Y轴。如果将其设置为Free（自由），可以在AxisX、Y、Z框中输入数值设定轮廓曲线旋转所围绕的轴，也可在Channel Box（通道盒）中改变这些值。

Pivot（轴心点）：如果设置为Object（对象），旋转操作将使用默认的（0.0.0）。如果选取Preset（预置），则可通过在Pivot Point（轴心点位置）框中输入数值来改变轴心点的位置。

Surface degree（曲面次数或精度）：Linear（一次线性）、Cubic（三次光滑）。

Start（End）sweep angle（开始或结束扫描角度）：使用Start sweep angle（开始扫描角度）和End sweap angle（结束扫描角度）值设置以度表示的旋转角，默认为360°，即范围是0°～360°。也可在通道盒或者属性编辑器中改变这个旋转角。

Use tolerance（容差值）：此项控制着旋转结果的正确率，可以使用Global（全局坐标）或者Local（自身坐标）。

Segments（分割段）：决定将使用多少段来生成这个旋转曲面。对于360°的旋转曲面通常6个或者8个段就足够了。

如果未把Use tolerance（容差）设置成None（没有）Segments（分割段），值将自动地计算，这样结果会与由默认值得到的旋转曲面有所不同。如果将容差值设为Local（局部坐标），那么旋转曲面的容差值将与真实旋转曲面十分相近。

Output geometry（输出几何体类型）：设置创建几何体的类型。

●Loft（放样曲面）如图2—47。

创建一系列的曲线定义物体的形状然后一起放样这些曲线，就像在一个存在的框架上蒙上画布一样。这些曲线可以是表面上的曲线、表面等位结构线或修剪曲线。如工业中经常用到画线放样，将曲线与曲线间生成面。

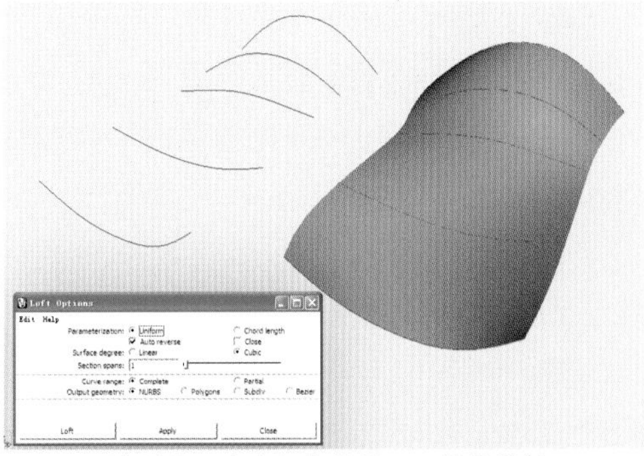

图2—47 放样曲面命令制作的模型及操作菜单

Parameterization（参数化法）：修改放样曲面的参数。

Uniform（统一节间距）：曲线或曲面上的每个点都有一个位置参数。在曲面或曲线上对这些位置进行标记的操作称为参数化。曲线或曲面的位置数值取决于所用的参数化方法。如果用统一节间距创建曲线，曲线点U值的范围是从开始值到曲线上的总跨度数。例如开始点是0，下一个编辑点是1，再下一个编辑点是2，依此类推，直到最后一个点。1和2间的U值的一半为

1.5。以此方法可以确定U、V坐标上任一点如（1，1.5）。因为用统一的节间距预测U参数值很简单，因此，一般应首选统一节间距。

Chord length（弦长节间距）：如果用弦长节间距创建曲线，曲线上的U参数值决定于编辑点间的距离而不是编辑点的数目。曲线初始点的U参数值是0。末端点的U参数值取决于编辑点的位置。数值可以是有小数的数值。用户不能确切地预知曲线上任一点的U参数值。具有弦长节间距的曲面在U方向和V方向上具有各自的参数。它可以更好地分配曲率。对于曲面而言应当用纹理时弦长节间距，可以产生更好的均匀性。

Auto reverse（自动反向）：如果该选项被关闭，曲线将以原有状态使用，这会导致生成一个曲面，开启后曲线则自动被反转。

Close（闭合）：决定生成的曲线在U或V方向是否闭合。默认为关闭。

Section spans（放样曲线的段数）：此参数可设置放样段数。用户通过右侧滑块调整参数大小，参数越大放样精度越高，参数越小放样精度越低。默认值为1。

Curve range（曲线延伸）：设为Partial（不完整类型）放样后可以手动改变曲面的长度。

●Planar（创建平面）：可以由一条或者多条曲线创建一个修剪平面。用于平坦修剪操作的曲线必须是一条封闭的曲线、一条在同平面上的自闭合区域的多条曲线。

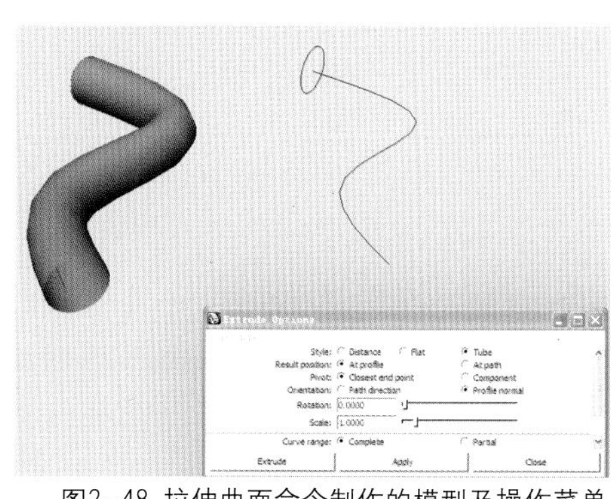
图2-48 拉伸曲面命令制作的模型及操作菜单

●Extrude（拉伸曲面）：可以沿着一条路径曲线移动一个横截面的轮廓曲线从而创建一个曲面。步骤是：首先选择轮廓曲线然后按住【Shift】键选择路径曲线，如果选择的是两条以上的轮廓曲线，再最后选择路径曲线然后执行Extrude（拉伸）命令。如图2-48。

如果拉伸曲面时路径有突然的方向改变，围绕路径可能会出现不正常的交叉扭曲，如果发生这种情况，向路径曲线中添加可控点，可以使路径曲线的方向逐渐改变。

●Birail Tool（轨道工具命令）：可以沿两条轨道曲线刮扫一条或多条轮廓曲线创建一个表面，菜单名中的数目是可以沿轨道曲线席卷的轮廓曲线的数目，Birail 1指席卷一条轮廓曲线，Birail 2指席卷两条轮廓曲线，Birail 3+指席卷三条或多条轮廓曲线。

Transform Control（控制位移变换）：Proportional（比例）、Non proportional（无比例）。可以确定沿轨道缩放轮廓曲线的方式。

Continuity（连续性）：曲面切线保持连续。

Rebuild（重建）：选中该复选框可以在创建曲面时重建轮廓或轨道曲线。

Tool behavior（工具方式）：用于在创建完轨道曲面后，停止工具的使用。如果关闭此选项可以不必再次选择工具进行另一个创建轨道曲面的操作。

Auto completion（自动完成）：在每一步操作完成后都显示提示。如关闭则必须以正确顺序选择曲线——先轮廓后轨道。

●Square（方形工具命令）：与边界成形命令类似，都可以创建三边形或四边形曲面边界，曲面的相邻边保持连续性。必须选择四条边界曲线来定义曲面边界。表面曲线可以是等位结构线、表面曲线、剪切边或自由曲线。自由曲线不能赋予切线，它们创建的结果表面与边界表面的特点类似。所选的曲线都必须是交叉的。选择曲线，使下一条选择的曲线与当前曲线相交，所生成的曲线根据所选的第一条曲线的不同而不同，因为第一条曲线设置表面的U方向。相应的，第二条曲线设置表面的V方向。

●Bevel（倒角成形命令）：可以通过任一曲线生成一个带有倒角的拉伸曲面。这些曲线包括文本曲线和剪切边。

●Bevel Plus（倒角插件）：Bevel Plus（倒角插件）与Bevel（倒角）命令类似，是更强大的倒角命令。

2.2.2 Max的NURBS模型制作

在3dsmax中，NURBS与其他软件中的操作基本形同，一个NURBS模型也能集合多个NURBS物体。例如，一个NURBS物体可能包含两个曲面，而它们在空间里是相互独立的，没有依附关系。无论是NURBS曲线还是NURBS曲面都是可以进入其次物体级别，用点或者可控点来调节。

NURBS模型的父物体如果是一个NURBS曲面，下面列出了NURBS Sub-Objects(次物体）有可能包含的所有项目：

●Surfaces(曲面）：在3dsmax中有两种NURBS曲面。一种是用点来控制的Point Surface(点曲面），这些点总是在曲面上。另一种是使用CV（可控点）来控制的CV Surface(可控曲面），这些点可以在曲面的外部来控制曲面的形态，调节起来更加灵活。

●Curves(曲线）：在3dsmax中也有两种NURBS曲线。这两种是完全符合上面提到的那两种曲面的。Point Curve(点曲线）是由曲线上的点来控制的，这些点总在曲线上。CV Curve(可控曲线）是由可控点来控制的，这些点不一定在曲线上。

●Points(点）：点曲面和点曲线的Sub-Objects(次物体）里有这个项目。能建立一个点次物体，可以不是曲线或曲面的一部分。

●CV(可控点）：可控曲面和可控曲线有CV（可控点）次物体。不像点那样，CV（可控点）总是曲线或曲面的一部分。

●Import(引入）：引入是NURBS物体把其他3dsmax物体引入自身造型内的一个过程。在NURBS造型内部，被引入的物体会被当作NURBS造型来渲染，但是保持最初的参数和变动修改。

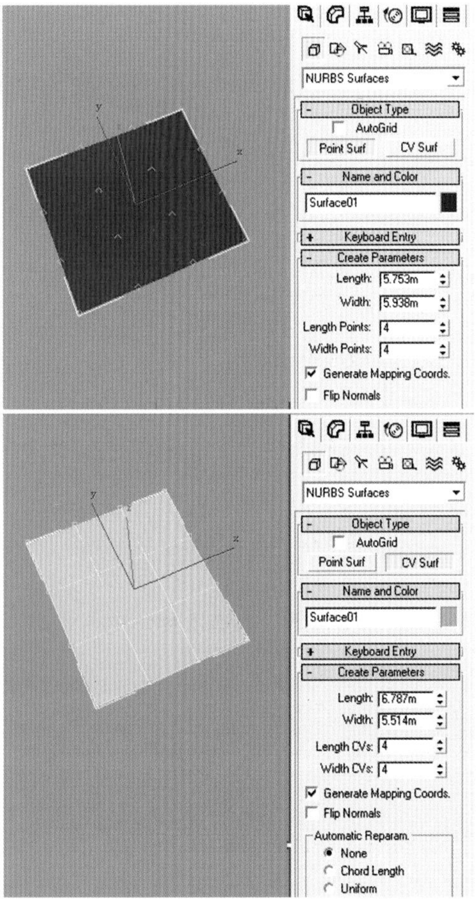

（1）建立NURBS模型

3dsmax通过多种途径来建立NURBS曲面。下面是建立NURBS物体的几种方法：

可以在Create(创建）命令面板的Shape(图形）面板中建立NURBS Curves(曲线）。

可以在Create(创建）命令面板的Geometry(几何体）面板中建立NURBS Surfaces(曲面）。如图2-49。

可以使用NURBS曲线建立NURBS曲面模型。

可以使用Modify(修改）命令面板的Edit Stack(编辑堆栈层）按钮，把一个原始几何体转化为NURBS物体。

可以把Loft放样物体转化为NURBS物体。

可以把Spline样条曲线转化为NURBS物体。

可以把Patch Gird物体转化为NURBS物体。

对一个NURBS进行编辑的时候，进入Modify(修改)面板，会自动打开NURBS工具箱，工具箱是对NURBS进行进一步调整修改的工具汇总。如图2-50。

图2-49 创建命令面板的NURBS曲面

在点（Points）层级，图标自左到右分别为：创建轴点、创建位移轴点、创建曲线轴点、创建曲线一曲线轴点、创建海浪轴点、创建外观一曲线轴点。

在曲线（Curves）层级，第一排图标自左到右分别为：创建CV曲线、创建轴点曲线、创建适合曲线、创建转换曲线、创建混合曲线、创建位移曲线；第二排图标自左到右分别为：创建镜像曲线、创建槽曲线、创建带子曲线、创建外观一外观横断曲线、创建UIso曲线、创建VIso曲线；第三排图标自左到右分别为：创建正常的方案曲线、创建矢量映射曲线、创建CV曲线外观曲线、创建位移曲线、创建外观边缘曲线。

在曲面（Surface）层级，第一排图标自左到右分别为：创建CV外观、创建轴点外观、创建转换外观、创建混合外观、创建位移外观、创建镜像外观；第二排图标自左到右分别为：创建挤出外观、创建旋转外观、创建统制外观、创建盖外观、创建U阁楼外观、创建UV阁楼外观；第三排图标自左到右分别为：创建一维放样、创建二维放样、创建Multisided混合外观、创建Multicurve整齐外观、创建带子外观。

（2）修改NURBS模型

使用3dsmax的一些常用命令是可以对NURBS模型进行修改的，如Bend（弯曲）、Twist（扭曲）。如图2—51。

图2—50 NURBS工具箱

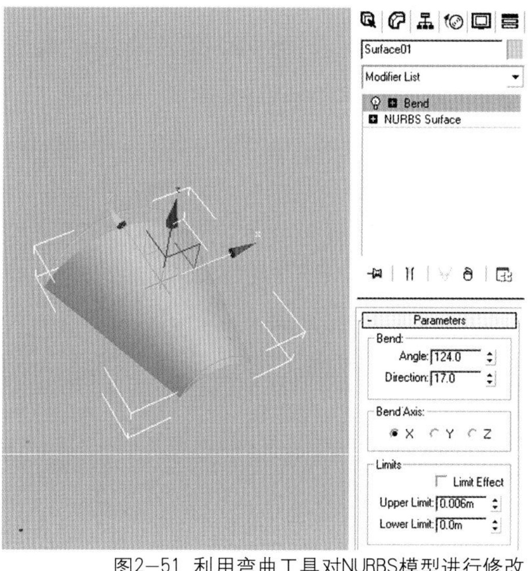

图2—51 利用弯曲工具对NURBS模型进行修改

●Blend Surface（融合曲面）：融合曲面是连接一个曲面到另一个曲面的，融合的曲率是以在两个父曲面之间建立光滑的曲面为准。

●Offset Surface（偏移曲面）：偏移曲面是沿着原始父曲面的法线方向，偏移出一个指定距离的一种曲面。

●Mirror Surface（镜像曲面）：镜像曲面是原始曲面的一个镜像图。

●Extrude Surface（挤压曲面）：挤压曲面是从一条曲线物体挤压出来的一个曲面，此功能与挤压变动修改命令十分类似。该功能的优点是可以单独挤压 NURBS 模型次物体的一部分，也可以用来建造其他的曲线和曲面次物体。

●Lathe Surface（旋转曲面）：旋转曲面是从一条曲线次物体产生出来的，此功能与旋转变动修改命令十分类似。这个功能的优点是可以单独旋转 NURBS 模型次物体的一部分，也可以用来建造其他的曲线和曲面次物体。

●Cap Surface（盖子曲面）：盖子曲面是把一条封闭的曲线加上盖或把封闭曲面的一条边加上盖，此功能通常与挤压曲面连用。

2.2.3 NURBS模型制作实例

曲面球鞋模型的制作（如图2—52）。我们在制作中将学习如何利用Extrude（挤出）、Duplicate Surface Curves（复制曲面上的曲线）、Birail（双轨）等命令制作出精确造型的工业产品。

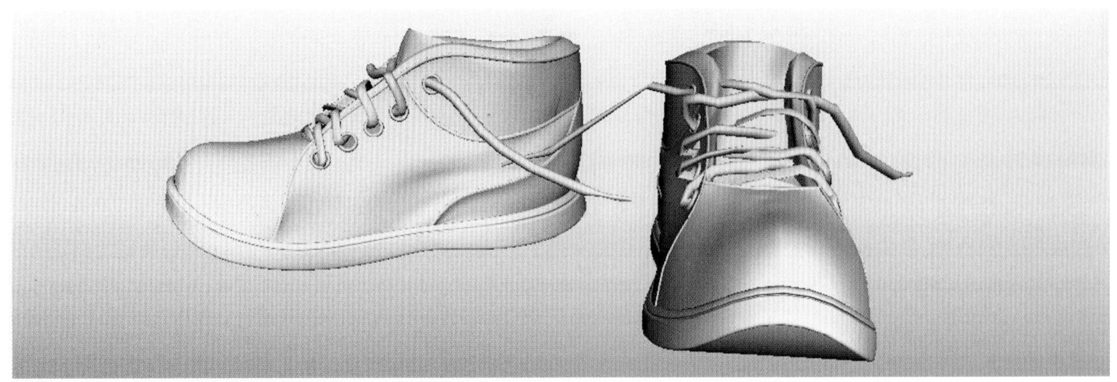

图2—52 鞋子NURBS最终模型

（1）首先制作鞋底部分。在Create（创建）菜单中创建Circle（圆形）曲线，调整曲线与模型鞋底相符合，改变线条的点的数目和分布（Edit Curves→Rebuild Curve），再创建一条圆形曲线作为鞋底的厚度，按住[Shift]键加选鞋子轮廓曲线进行挤出（Surfaces→Extrude）。进入物体的ISOparm模式下创建三到四条线，进入Hull（壳）模式，用中间的两条线向内拖动制作鞋的凹凸。如图2—53。

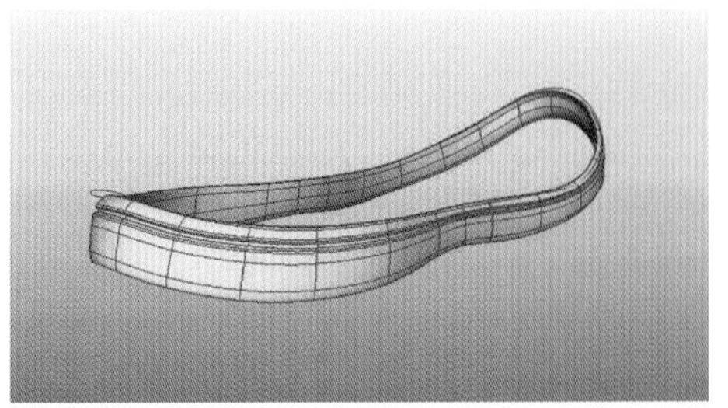

图2—53 鞋底模型制作

（2）制作鞋底底面模型。右键选择ISOparm模式，选择鞋子最底端的结构线进行复制，Edit Curves（编辑曲线）→Duplicate Surface Curves （复制曲面曲线），在曲线上添加两个点把曲线对半拆分，Edit Curves→Insert Knot（插入节点），Edit Curves（编辑曲线）→Detach Curves（分离曲线）选中拆分两半的曲线进行放样Surfaces→Loft（放样），右键进入ISOparm编辑模式，在鞋底曲面上添加结构线。如图2—54。

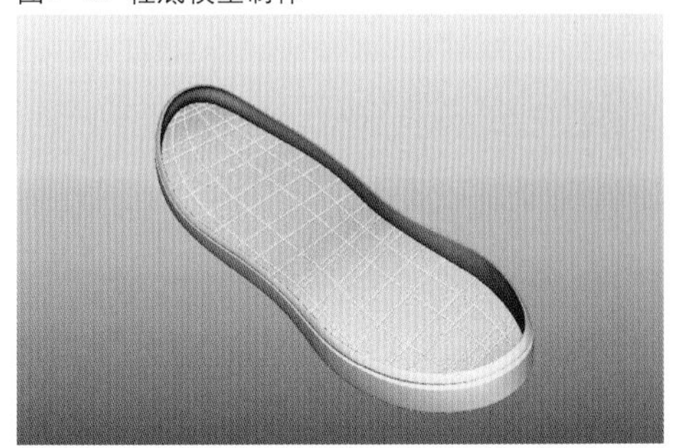

图2—54 整个鞋底完成

（3）鞋面建模。用同样的方法选中鞋底的最上方的一条线复制，创建鞋面的曲线Create（创建）→CV Curve Tool（CV曲线工具），按住键盘【C】键不放可以进行捕捉(注：后面要用到双轨，因为用双轨线条之间必须合并在一起，不能有空隙）。如图2—55。

创建好鞋面所有的边界线，选中进行打断Edit Curves（编辑曲线）→Cut Curve（打断曲线）。然后进行双轨或是放样Surfaces（曲面）→Birail（双轨），调出双轨工具，先点击Birail工具；或者是Surfaces（曲面）→Loft（放样）等工具生成面。如图2—56。

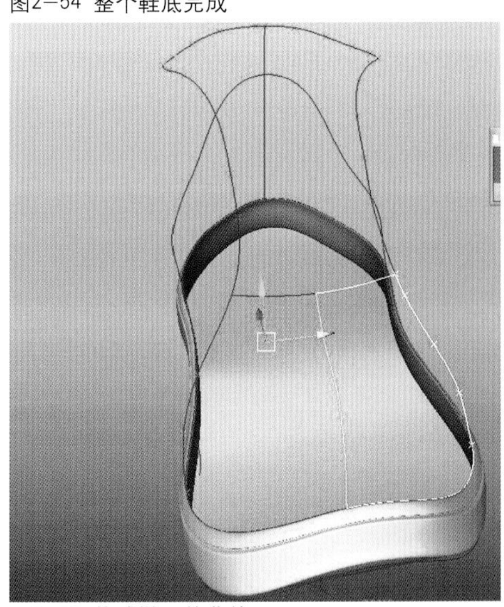

图2—55 构成鞋面的曲线

（4）制作鞋子里面。选择鞋最上面的曲线，因为之前被打断过，所以先进行缝合Edit Curves（编辑曲线）→Attach（缝合曲线），向下复制三条曲线，进行放样（Surfaces）曲面→Loft（放样），选择Hull模式。进行调整，得到鞋子里侧面的曲面形状。如图2—57。

（5）制作鞋的舌头。复制或是创建两条曲线，进行放样。得到鞋子的舌头曲面模型。如图2—58。

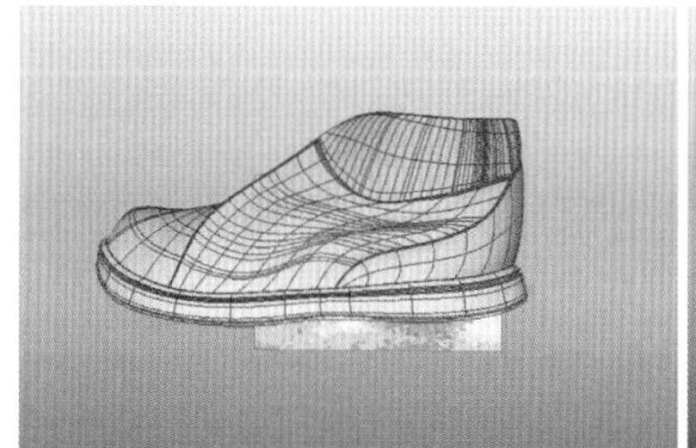

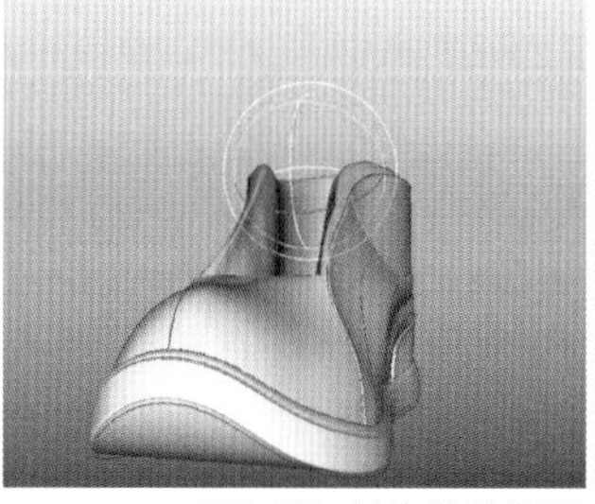

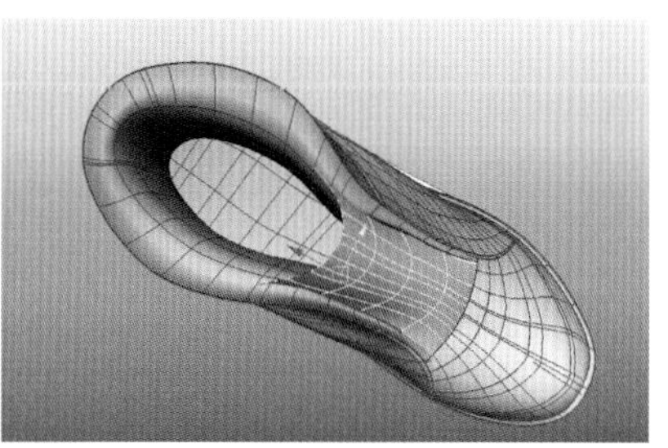

图2—56 切面曲面生成

图2—57 制作鞋子侧面的曲面形状

图2—58 制作鞋子舌头曲面形状

（6）制作鞋面的厚度。创建一个圆环曲线，加选之前绘制的CV曲线，进入进行Surfaces（曲面）→Extrude（挤出），之后调整圆环的形状。如图2—59。

（7）制作鞋带孔。创建一条圆形曲线，把曲线位置移动到参考视图的相应位置，激活透视图并把摄像机调整到与鞋面垂直状态，选择圆形曲线并加选鞋面，执行Maya菜单中的Edit Nurbs（编辑Nurbs）→Project Curve on Surface（投影曲线在曲面上）命令，设置其属性：

Project Along为Surface Normal；

Use Tolerance为Local；

此时曲面上会出现一个投影出的圆形，移动坐标便能移动曲线在曲面上的位置，按键盘上的【R】键调整大小。

选择鞋面的曲面，执行Maya菜单中的Edit Nurbs（编辑Nurbs）→Trim Tool （修整工具）命令。然后选择所需要保留的面（被选择的面会以实线显示）并按键盘上的回车键，将鞋面上的圆形部分裁剪掉挖空。其余的鞋子孔用相同方法制作即可。

制作鞋带小孔的金属环厚度。先在透视图中创建一条Circle（圆形）曲线，再建一个小圆，然后进行挤出。其他鞋带孔的制作用相同的方法。如图2—60。

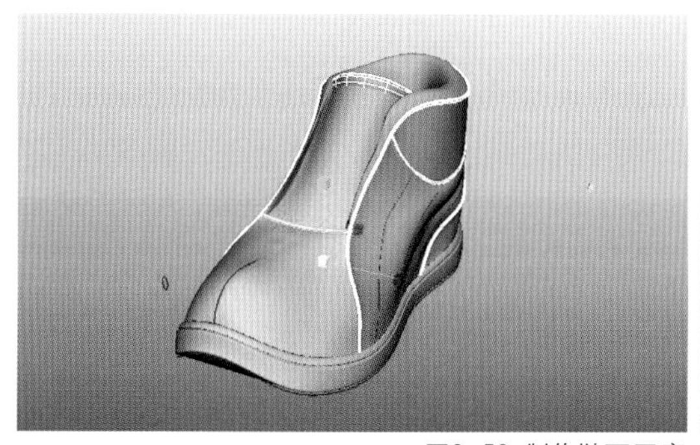

图2—59 制作鞋面厚度

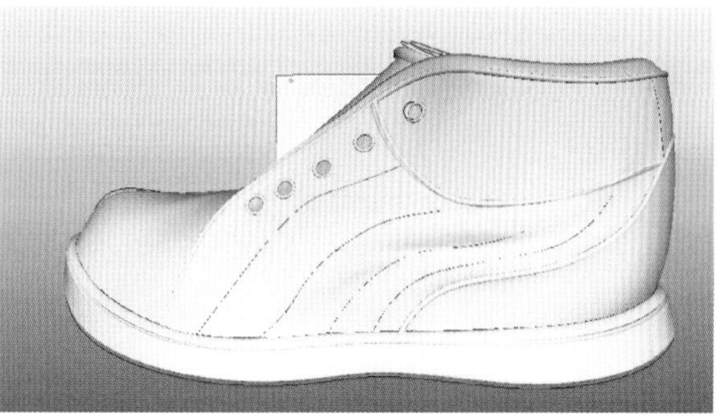

图2—60 制作鞋带孔

（8）制作鞋带部分。激活Create（创建）→CV Curve Tool（曲线工具）创建鞋带曲线，然后根据鞋带的前后位置调整曲线状态。

创建一个Circle圆形曲线，选择圆形并加选鞋带曲线，执行Maya菜单中的Surfaces（曲面）→Extrude（挤出）命令，挤出鞋带的大形，右键进入Hull（壳）模式细调转折位的鞋带形状效果。如图2–61。

（9）复制另外一双鞋。选择全部曲面，执行Maya菜单中的Edit（编辑）→Delete All by Tybe→History（删除物体的历史），然后按键盘中的组合键【Ctrl+GR】给所选物体建立一个组，【Ctrl+D】复制，调整位置，完成最终效果。如图2–62。

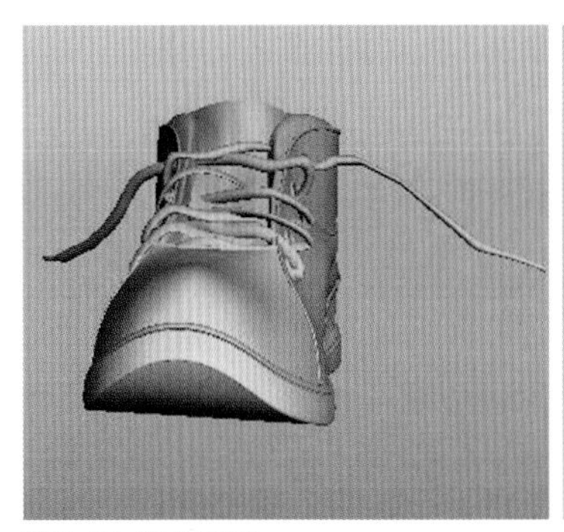

图2–61 制作鞋带

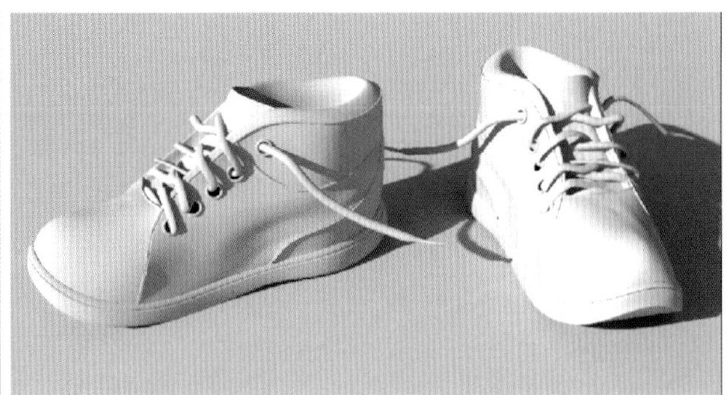

图2–62 鞋子最终效果

2.3 其他方式模型制作

三维模型的创建在三维动画的制作中最常见的是多边形模型、NURBS模型制作，了解即可，除了以上两种模型创建方式之外还有很多的建模手段，比如细分建模、黏土建模等等，以下就对雕刻建模方法及模型数据扫描进行简单介绍。

2.3.1 雕刻模型制作

目前数字雕塑软件主要有三个类别：一是以ZBrush为代表的数字雕塑软件，这类软件的主要功能是雕塑模型，它制作模型的功能强大，并且对多边形面数的支持高。

二是带有数字雕塑功能的三维软件。例如modo、Silo等，这类软件的功能更多，由于雕塑模型并不是它的主要功能，所以在雕塑功能和面数支持上都比不上前一类软件。但使用这类软件可以避免在不同的软件中频繁切换。另外现在也有越来越多的软件集成了数字雕塑功能，例如3dsmax和Maya。

第三类是一些工业设计方面的软件，比较著名的有FreeForm等，一些浮雕软件也可以归在这个类别里，这些软件相对于前两类软件应用的范围更专一，使用的用户也少很多。本书主要以ZBrush为例介绍雕刻模型的操作方法。

在ZBrush中，可以在ZBrush自带的球体上进行雕刻，也可以在其他软件如Maya、3dsmax中先生成简单模型再输入ZBrush中进行雕刻，后面一种方法在业界比较常用，以下范例以Maya生成模型结合在ZBrush作为范例。

（1）Maya中导出obj格式的模型（图2–63）。obj文件格式是一种常见的三维模型格式，主要支持多边形，它是Wavefront公司为它的一套基于工作站的3D建模和动画软件“Advanced Visualizer”开发的一种文件格式，这种文件以纯文本的形式存储了模型的顶点、法线、纹理坐标和材质使用信息。

obj作为一种3D模型文件，不包含动画、材质特性、贴图路径、动力学、粒子等信息，不包含面的颜色定义信息，对于一些特别形状的多边形（比如有孔的多边形面）也不支持。但是作为动画软件之间的模型转换，obj文件被使用得非常广泛。

（2）打开ZBrush软件，在Tool（工具）下拉菜单中，选择Import（导入），找到从Maya软件导出的obj文

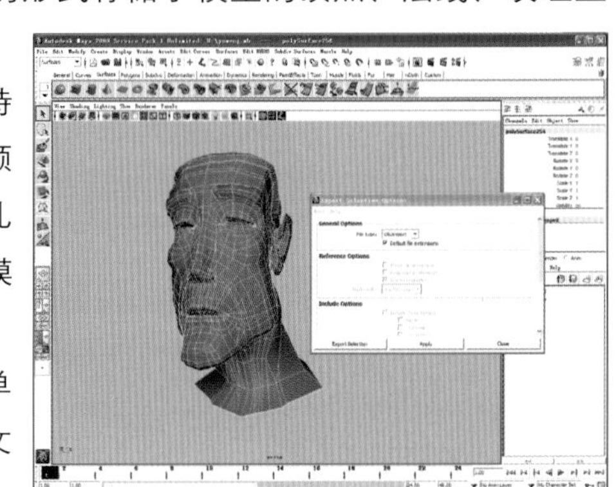

图2–63 Maya导出obj格式的模型

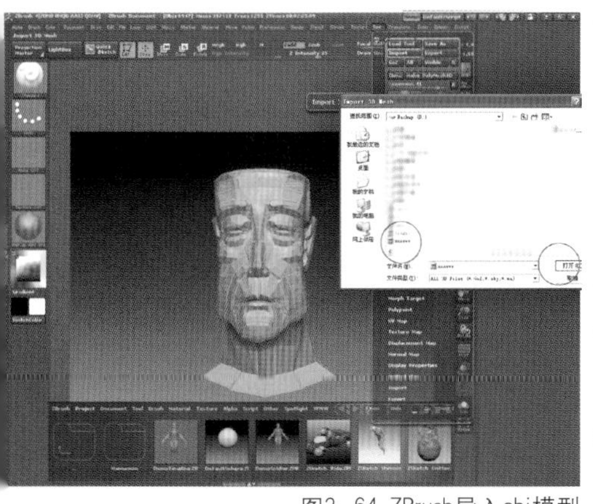
图2-64 ZBrush导入obj模型

图2-65 细分模型

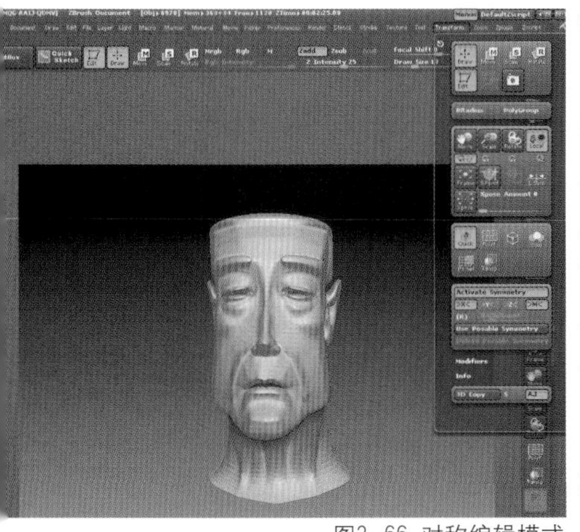
图2-66 对称编辑模式

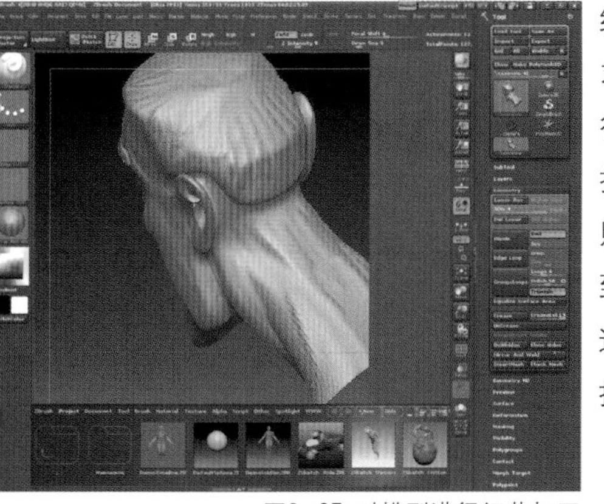
图2-67 对模型进行细节加工

件，选择打开，在工作窗口拖动鼠标左键释放到空间中。如图2-64。

（3）在Tool（工具）下拉菜单中，选择Divide（细分），细分级别在4级左右。如图2-65。

（4）在TransForm（变化）下拉菜单，选取Activate Symmetry（对称性）中的X轴对称，确认软件工作模式在Edit（编辑）模式下。如图2-66。

（5）调节笔刷大小，利用各种笔刷效果对模型进行精细地雕刻加工，肌肤的纹理可以用带不同纹样的Alpha笔刷。如图2-67。

（6）加工完成后将这些加工后的细节导出为置换贴图和法线贴图，在其他软件（Maya、3dsmax）中使用较简单的低面数模型渲染出ZBrush雕刻后的效果。当然也可以将雕刻后的细分文件直接导出，但这样会增加太多的面数。

其他的雕刻软件工作流程基本相同，例如modo、Silo等等，模型制作者可以根据自己的工作流程和个人喜好来选择不同的雕刻软件。

2.3.2 模型扫描

三维扫描仪(3D scanner)是一种科学仪器，用来侦测并分析现实世界中物体或环境的形状（几何构造）与外观数据（如颜色、表面反照率等性质），搜集到的数据常被用来进行三维重建计算，在虚拟世界中创建实际物体的数字模型。这些模型具有相当广泛的用途，包括工业设计、瑕疵检测、逆向工程、机器人导引、地貌测量、医学信息、生物信息、刑事鉴定、数字文物典藏、电影制片、游戏创作素材等等都可见其应用。三维扫描仪的制作并非依赖单一技术，各种不同的重建技术都有其优缺点，成本与售价也有高低之分，目前并无一体通用之重建技术。

在三维动画及影视制作领域，主要用到三维激光扫描仪和照相式三维扫描仪。激光式扫描仪是老式产品，它发出一狭缝光，照射到物体表面上形成一条线，利用CMOS相机检测到该线和利用三角测距原理求出该线上全部点的距离。通过移动关节臂来一行一行地扫描物体表面，可以达到5000～20000点/秒的扫描速度，但组合后的面阵3D图像精度低，范围小。而照相式三维扫描仪则采用有128条光线的平面光照射到物体表面，一秒钟内就可以获取5百万个测量点。速度快、精度高，更加实用，是未来非接触式三维扫描仪的主要发展趋势。

图2-68 正在工作中的三维扫描仪

以德国博尔科曼的三维扫描仪为例，它配备其专利技术的微结构光物理光栅，光线边缘和光线间距非常精确，其中波尔科曼的StereoSCAN最高测量精度可达0.004mm。博尔科曼的扫描仪采用非对称结构，一次拍照利用10°、20°和30°三个角度计算距离。这种非对称结构部分克服了反光问题，同一个点通常对三个角度反光效果不同，来获取更多点云。另外三个角度还可以扫描到更多其他系统扫描不到的死角或用更少的扫描次数就获取整个物体的3D点云。加上对同一位置可以采取4种不同曝光时间来测量，不同曝光时间在CCD里成像时图形亮度就不同，这也部分克服了反光问题，一次扫描便可获取更多的点云数据，特别是表面形状变化大的物体。如图2-68。

2.4 UV相关知识

UV全称为UVW坐标系统，是三维软件中区别于XYZ笛卡尔坐标(Cartesian coordinates) 系统的一种坐标系，主要运用于三维物体的贴图，它决定了贴图以什么样的形态附着于物体表面之上。

根据三维动画制作的一般流程，特别是角色模型，在完成模型之后，必须进行UV的展开，没有展开UV的模型无法正确进行贴图设置，整个动画制作链也就会中断，所以掌握模型UV的展开在整个三维动画的制作流程中显得较为重要。

2.4.1 Maya的UV展开

Maya的UV全称UVs，它是驻留在多边形网格顶点上的两维纹理坐标点，它们定义了一个两维纹理坐标系统，称为UV纹理空间，这个空间用U和V两个字母定义坐标轴。用于确定如何将一个纹理图像放置在三维的模型表面。

UVs提供了一种模型表面与纹理图像之间的连接关系，UVs负责确定纹理图像上的一个点（像素）应该放置在模型表面的哪一个顶点上，由此可将整个纹理都铺盖到模型上。如果没有UVs，多边形网格将不能被渲染出纹理。

Maya的UV包括三个主要部分，一是在Polygons(多边形）模块之下的Create UVs（创建UVs），二是Polygons（多边形）模块之下的Edit UVs（编辑UVs），三是Window（视窗）下拉菜单中的UV Txture Editor（UV贴图编辑），这个命令在Edit UVs（编辑UVs）下拉菜单中也存在。

Create UVs（创建UV）菜单，是Maya能够提供的UV展开方式，其中比较常用的命令如下：

（1）Planar Mapping（平面映射）：将贴图以平面方式映射到模型表面。如图2-69。

（2）Cylindrical Mapping（圆柱映射）：将贴图以圆柱方式映射到模型表面，模型最好没有突出物或者空洞。在角色头部的UV展开中，这是一种比较常见的方式。如图2-70。

（3）Spherical Mapping（球形映射）：将贴图以圆球形方式映射到模型表面，使用球形，沿着模型网格周围进行包裹，而产生UV布局，模型最好没有突出物或者空洞。如图2-71。

（4）Automatic Mapping（自动映射）：由系统针对模型的形状，自动查找和确定UV布局，可能会使用多个映射平面（产生多个UV壳）。对复杂的模型和有空洞的

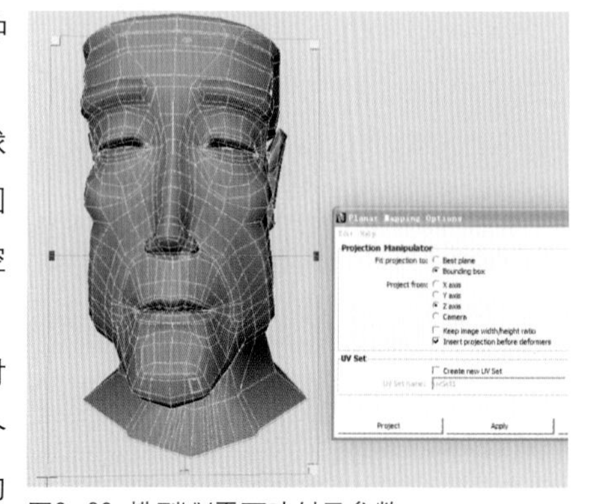
图2-69 模型UV平面映射及参数

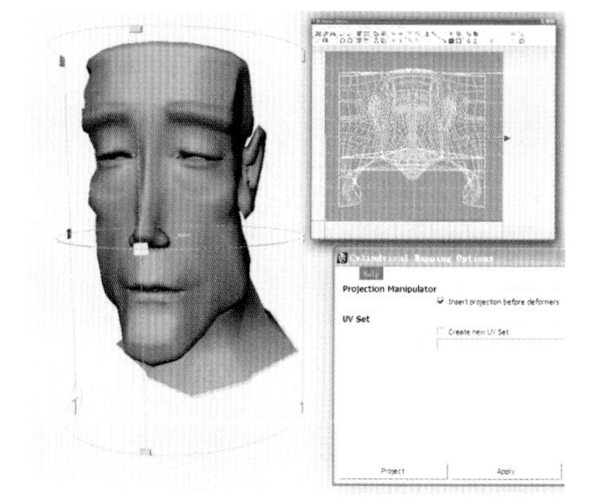

图2-70 模型UV圆柱映射及在UV贴图编辑的展开形状

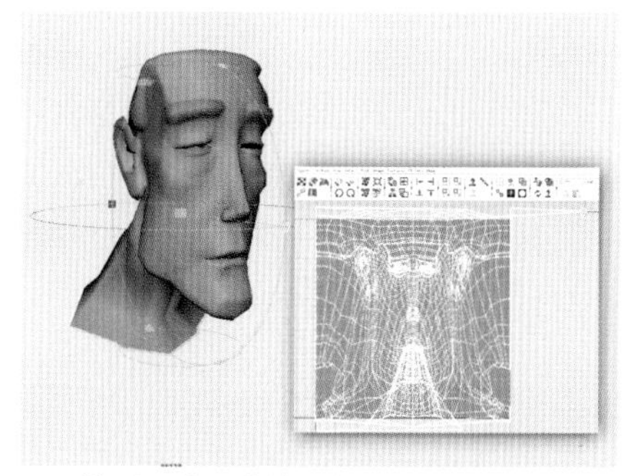

图2-71 模型UV球形映射及在UV贴图编辑的展开形状

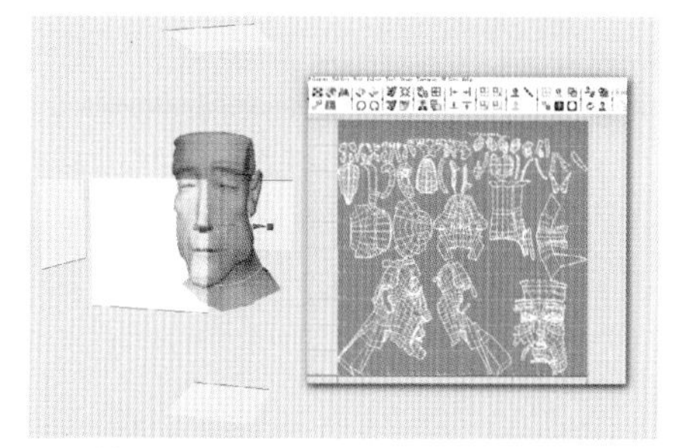

图2-72 模型UV自动映射及在UV贴图编辑的展开形状

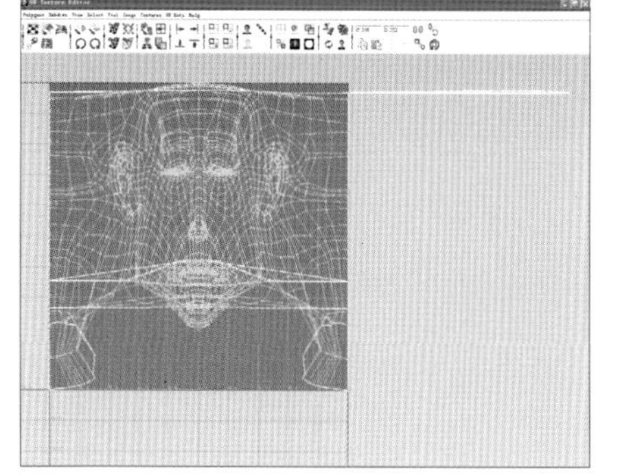

图2-73 UV Txture Editor（UV贴图编辑）面板

模型，使用自动UV贴图非常有效。这种展开方式在进一步的操作中，可能需要对分离的壳进行缝合。如图2-72。

（5）其他相关的命令及解释：

●Create UVs Based On Camera（基于摄影机创建UVs）；

●Best Plane Texturing Tool（贝斯平面纹理工具）；

●Assign Shader to Each Projection（分配到每一个投射材质）；

●Create Empty UV Set（创建空的UV）；

●Copy UVs to UV Set（复制UVs至UV）；

●Set Current UV Set（通用UV）；

●Rename Current UV Set（通用UV重命名）；

●Delete Current UV Set（删除通用UV）；

●UV Set Editor（编辑UV）；

●Per Instance Sharing（分配每一个实例）。

Edit UVs（编辑UVs）菜单上的命令大多包含在UV Txture Editor（UV贴图编辑）面板上，而且UV贴图编辑面板更图标化也更全面，在此我们通过一个角色头部展开实例对UV Txture Editor（UV贴图编辑）进行讲解。

步骤一：在Maya中打开角色模型，对其添加圆柱形UV映射。如图2-70。

步骤二：在确认角色被选择的状态下，进入UV Txture Editor（UV贴图编辑）面板。如图2-73。

步骤三：在Face（面）的级别上将头发所在的面选择，并进行Planar Mapping（平面映射），可以选择将映射平面进行一定角度的旋转，使之能对齐大部分的头发模型。如图2-74。

步骤四：将颈部及下巴位置的面选择，进行Cylindrical Mapping（圆柱映射），可以将映射圆柱进行一定角度的旋转。如图2-75。

步骤五：打开UV Txture Editor（UV贴图编辑）面板，以Shell（壳）的形式将三块UV分开移开一定距离。如图2-76。

步骤六：将模型的耳朵部分单独取出，进行Planar Mapping（平面映射），并选择三个UV块，进行Relax（放松）处理。如图2-77。

步骤七：将分开的边利用移动和缝合命令(Edit Polygons—Textures—Move and Sew)将部分分开的边界合并在一起，再对UV点进行微调，直到互不重合而且拉伸不严重为止。如图2-78。

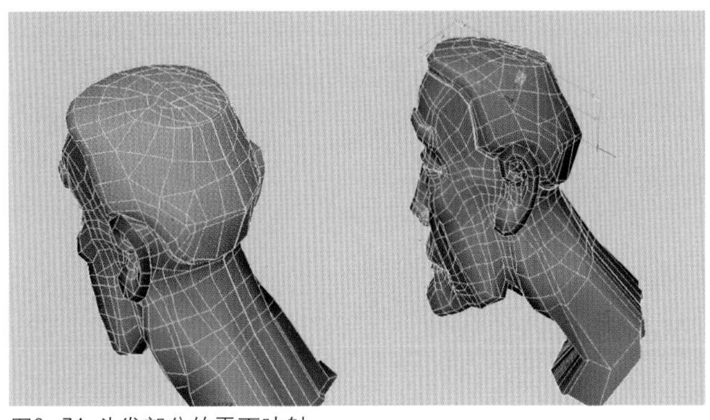

图2-74 头发部分的平面映射

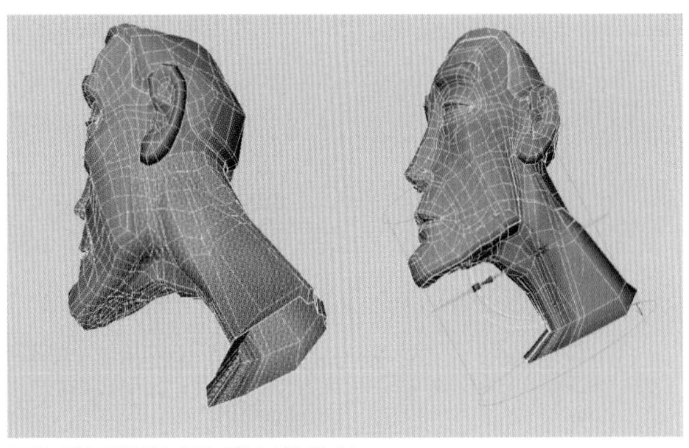

图2-75 颈部与下巴的圆柱映射

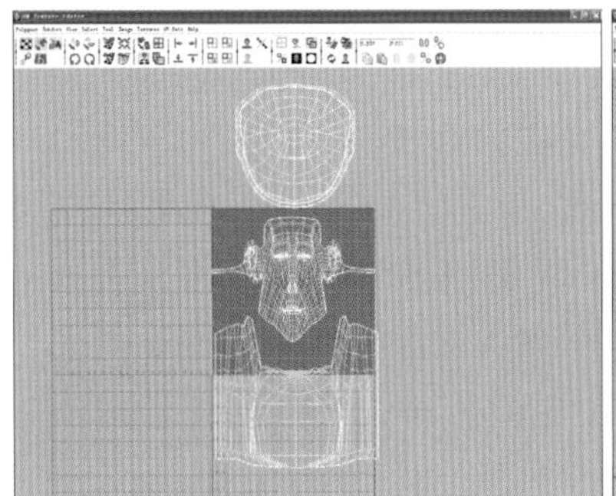

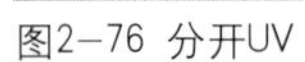

图2-76 分开UV

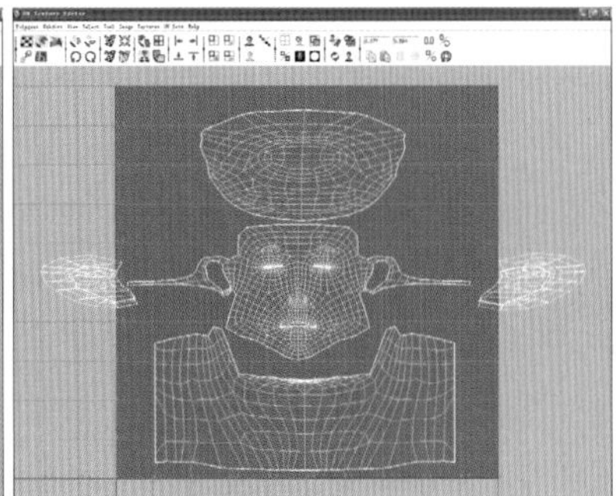

图2-77 放松UV

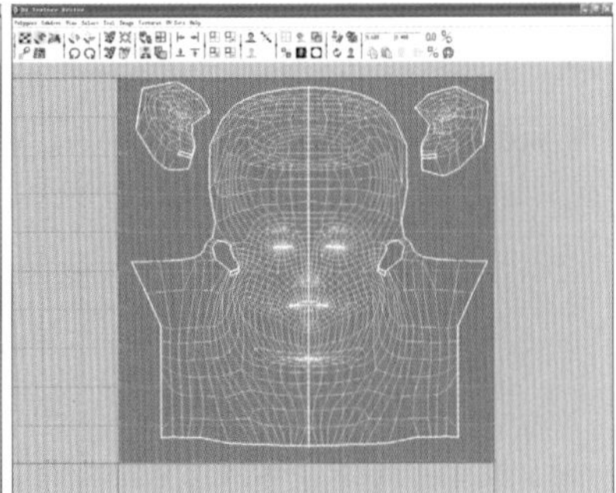

图2-78 缝合并调整UV

步骤八：检查展开的UV，Maya提供了一个快速观察纹理的方法，打开Create UVs （创建UVs），选择Assign Shader to Each Projection，Maya会自动创建一个叫“Default Polygon Shader”的材质（它包含棋盘格纹理），指定给正在创建UV的模型。

步骤九：在纹理编辑器中选择模型并执行快照命令（Polygons—UV Snapshot），选择存储地址，设置所制作的纹理的大小（Size X/Y），改变UV网格的颜色（Color Value）以及图像的格式（Image Format）。完成后可以将这张图片导入Photoshop或其他的图像编辑软件开始绘制材质。

上述方法并不是最合适的方法，在局部仍然存在贴图大小的不平均，创作者可以根据个人习惯来进行分块，并测试出最均衡的UV比例。

2.4.2 Max的UV展开

3dsmax的UV设置与Maya的区别不大，本书只作简单介绍。

在3dsmax中对物体进行UVW展开时必须添加UVWMap命令，该命令位于Modify（修改）面板，UVWMap提供了7种贴图方式，并可进行多项参数设置。如图2-79。

（1）Planar（平面）：将贴图沿平面镜射到物体表面，适用于平面的贴图，可以保证大小、比例不变。

（2）Cylindrical（柱面）：将贴图沿圆柱侧面镜射到物体表面，适用于柱体的贴图。右项用于控制柱体两端面的贴图方式，如果不选择，两端面会形成扭曲撕裂的效果，将它选择，即为两端面单独指定一个平面贴图。

（3）Spherical（球面）：将贴图沿球体内表面镜射到物体表面，适用于球体或类球体贴图。

（4）Shrink Wrap（收缩包裹）：将整个图像从上向下包裹住整个物

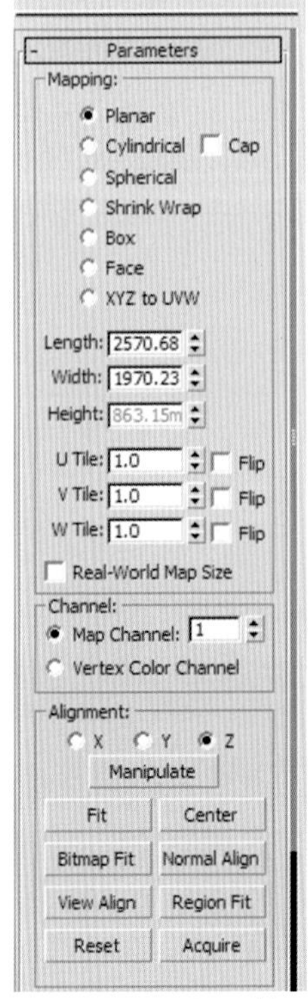

图2-79 UVWMap面板

体表面，它适用于球体或不规则物体贴图，优点是不产生接缝和中央裂隙。

（5）Box（立方体）：按六个垂直空间平面将贴图分别镜射到物体表面，适用于立方体类物体，尤其适用建筑物的快速贴图。

（6）Face（面）：按物体表面划分进行贴图。

（7）XYZ to UVW：将坐标转换为UVW坐标。

对物体进行UVW展开需要执行Modify（修改）面板下的Unwrap UVW命令，在此面板下执行Edit（编辑）命令进入Edit UVs面板，该面板是3dsmax进行UV展开的主要工作模块。如图2—80。

2.4.3其他UV展开方式

三维模型的UV展开是比较繁琐的工作，特别是在Maya或者Max中使用纯手工展开，从这个需求出发，一些研发人员就针对这个流程开发出专门用于展开模型UV的软件或者程序，比如我们前面提到过的Headus UVLayout、Unfold3D等，在此我们以UVLayout为例子进行简单讲解。

作为一款专门用来拆UV的软件，UVLayout对三维模型做分析后，可将其分解成数个曲面，然后对曲面进行平面展开，最终导入其他软件继续编辑。UVLayout可以作为软件单独运行，也可以作为其他软件的第三方插件程序加载运行，本例以加载UVLayout的Maya软件为例。

（1）首先在Maya中打开建好的模型，确认已经被加载。如图2—81。

（2）点击Info，打开UVLayout。如图2—82。

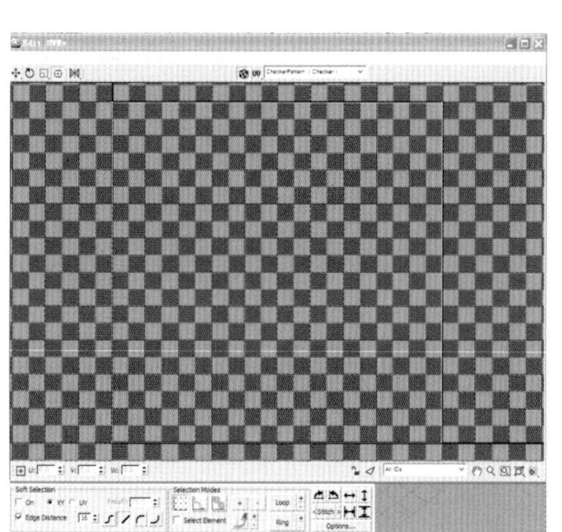
图2—80 Edit UVs模块

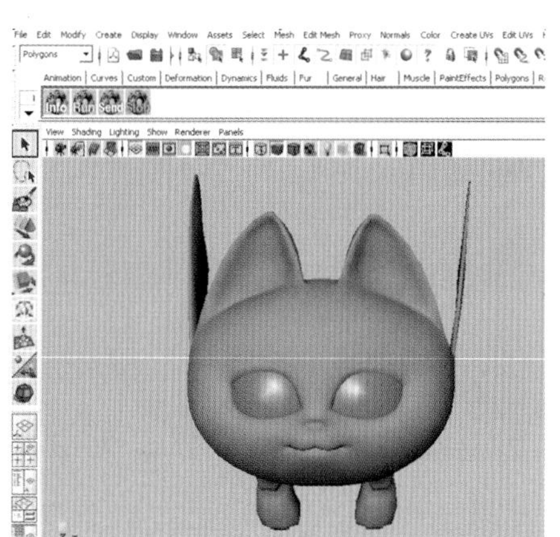
图2—81 Maya中的模型

图2—82 运行UVLayout

（3）点击Run UVLayout，进入UVLayout操作界面。对话框Load Options（读取选项）中的三个选项分别是：

Weld UVs（焊接UVs）：把未合并的UV合并。

Clean（清除）：清除原有的UV。

Detach Flipped UVs（断开法线相反的相邻UV）：修正法线翻转的问题，如果模型本身没有问题的话，也可以不用勾选。如图2—83。

（4）选中模型，点击Send Mesh，模型被导入UVLayout模块中。如图2—84。

（5）点击Display，此栏是选择视图的中心轴，一般情况下选择Y轴（可以根据视线的角度对中心轴进行自由切换），旋转和拖动视图的操作由鼠标的3个按键拖动完成。如图2—85。

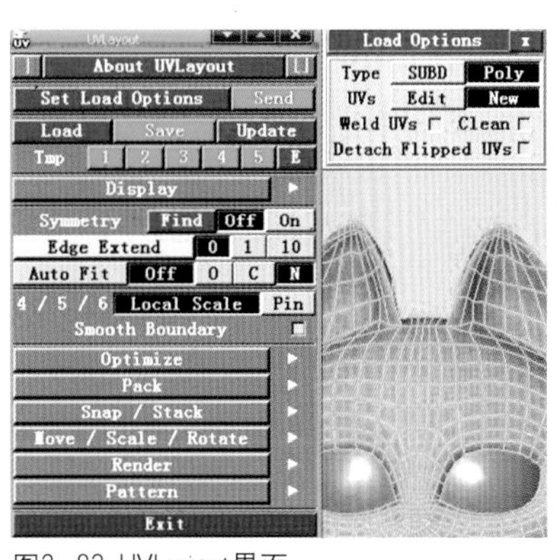

图2-83 UVLayout界面

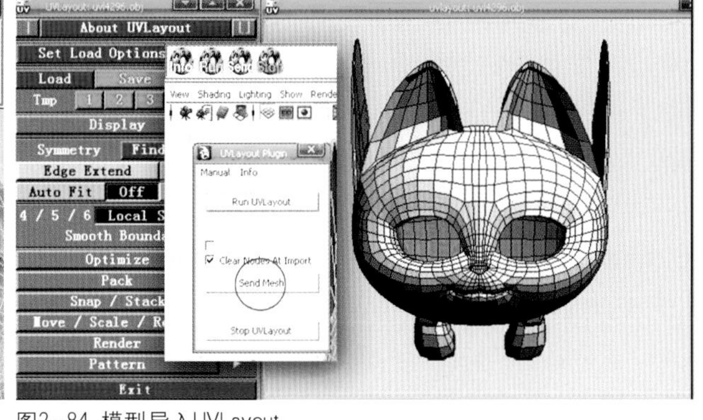

图2-84 模型导入UVLayout

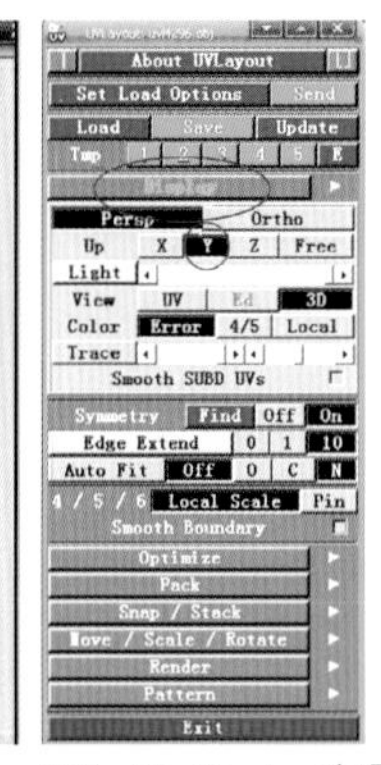

图2-85 Display选项

（6）设置好之后可以开始切割模型。如果模型是左右对称的，可以查找一个镜像中心。具体操作是：点击面板上的Find选项，鼠标中键在模型中轴上的线上选一条线段，所选线段变为蓝色，之后点击鼠标左键，所选线段颜色变为红色，按空格键，模型就从刚才所选的中间部分被镜像分为左右两部分，这样只需要在一侧切割UV，镜像的另一侧就会自动进行相同动作。如图2-86。

（7）正式切割模型：模型的正确切割对UV的正确展开非常重要，UV的切口尽量都在隐蔽的部位。具体操作是将鼠标移动到需要切割的线上，按键盘【C】键，鼠标所选择的线会变成红色，而与它关联的线会呈现黄色。如图2-87。

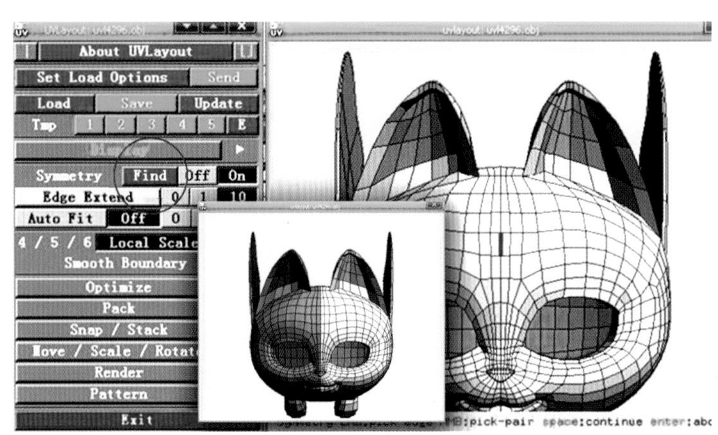

图2-86 镜像模型

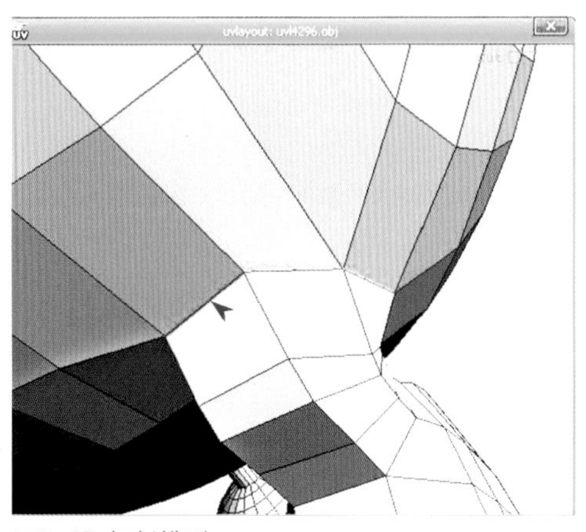
图2-87 切割模型

（8）红色线条是所选择的线，而黄色线条是软件按照模型的布线智能推算的线条。如果选择错了线，可以将鼠标移动到错误的线上按键盘【W】键，取消选择。

由于黄色的线是电脑自动推算的，所以在删除黄线的时候，软件会把与之相关联的黄线一起删除。

当想保留2条相交的色线时，应在已选择过的黄线上再按一下键盘【C】键，原本的黄线就变成红色的了，此时就可以将红色下面的多余的黄线删除了，而红色的为用户主动选择的线，所以删除的话需要一根根删除，而不像黄色的线可以关联删除。

当选择完一圈线段时候，比如在腿与身体相交的部分选择一圈线，按键盘【回车】键，将模型脱离。如图2-88。

（9）如果模型的位置不好，在操作时互相遮挡，可以按住键盘【空格】键（按住不放），结合鼠标中键拖动模型移动模型位置。按照以上模式，将模型角色的脚、翅膀、尾巴、耳朵分别切割开来。

遇到筒状物，若想把模型切开的话，在选择好要切开的线后，按键盘【Shift+S】键，就可以将模型切开。如图2-89所示。

（10）完整切开的模型。如图2-90。

（11）把切好的模型转到UV面板中去需要用鼠标对准要进行UV展开的模型，在键盘上按【D】键，被选择的模型从当前视图中消失，已经转移到UV面板中，按键盘数字键【1】，被选择的模型已经导入UV展开的视图中。如图2-91。

（12）对模型进行UV展开：将鼠标对准模型，然后按下键盘【Shift+F】键，模型就会自动展开。如果是一个比较简单的片面，我们则可以直接按键盘【F】键对模型进行快速展开，在按下键盘【Shift+F】键后UV开始蠕动，再按一下键盘【空格】键，停止变化，完成UV的展开。如图2-92。

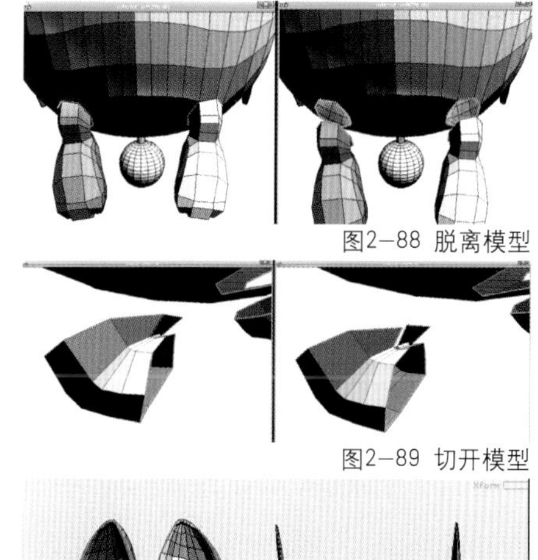
图2-88 脱离模型

图2-89 切开模型

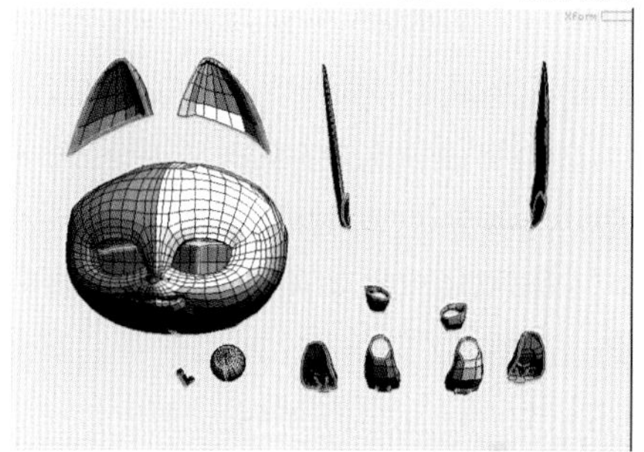
图2-90 完整切开的模型

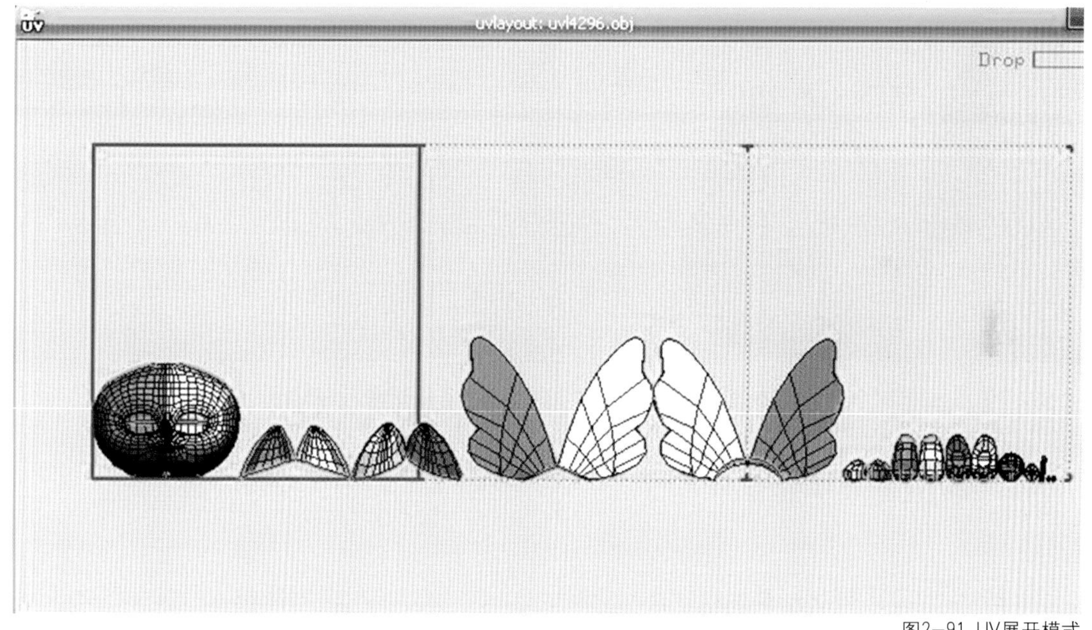

图2-91 UV展开模式

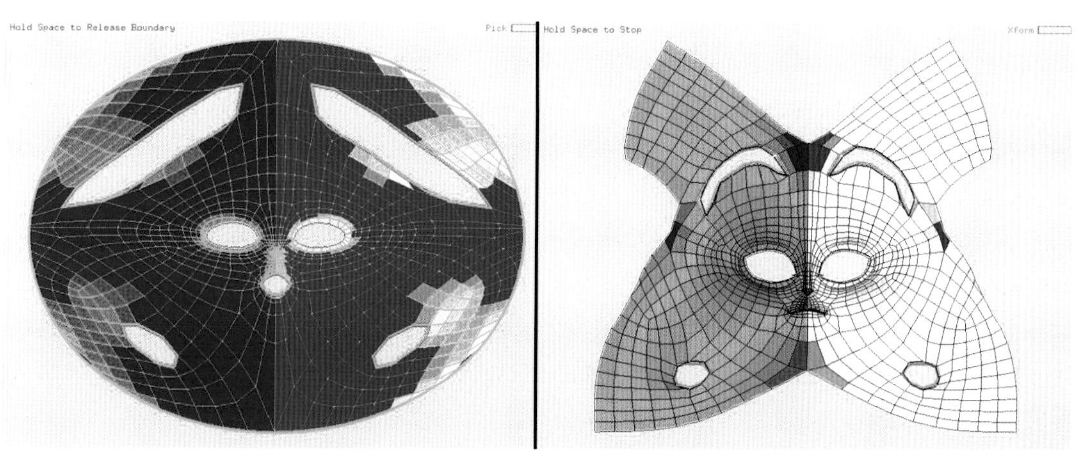

图2-92 展开后的模型UV

从上图可以看到UV上面还是有淡红色的区域，这表明在这个区域里面的UV需要我们进行手工调整（颜色越深说明UV的拉伸越大）。此时可以按住键盘【Shift】键结合鼠标右键或中键进行区域性的UV拖拉，也可以按住键盘【Ctrl】键结合鼠标右键或中键进行以UV点为单位的UV拖拉进行微调。

如果对已经分好的UV不满意，可以选择这个UV，按下键盘【Shift+D】键删除这个模型的UV，然后按数字键【2】，切换到3D面板，可以在原来的位置找到这个模型，再用同样的方法将模型上的切割口删除，然后对模型进行重新切割。

（13）按数字键【3】，视图切换到三维的UV检查视图，在此视图中我们可以观察哪个部位的UV有问题，UV的切口在哪个部位。如图2—93。

（14）如果UV展开比较合理，之后可以对模型进行保存。如果使用接口文件，可以直接在面板上点击“Send”按钮，展好的UV可以直接传输到Maya软件中。

如果没有安装接口文件，则在面板上点击“Save”按钮，打开保存菜单，在出现的UVLayout Save菜单中按下“Save”，保存为obj文件。如图2—94。

采用第三方插件进行UV的展开工作，效率比手工展开UV要高，也更好控制，这种方法已经成为多数三维制作者的首选。展好UV的模型删除历史记录，做好备份工作，进入下一个环节。

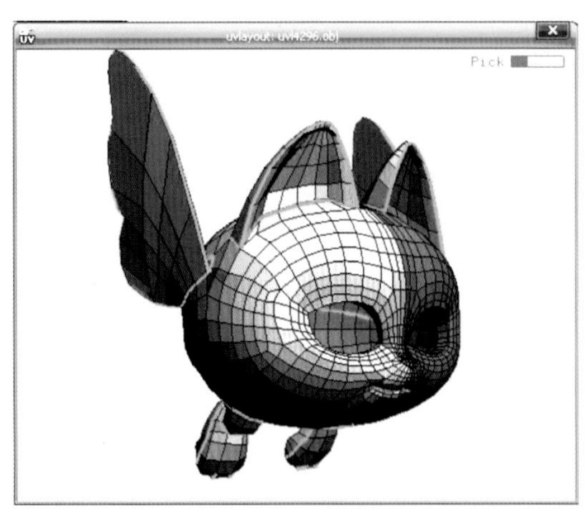

图2—93 UV检查视图

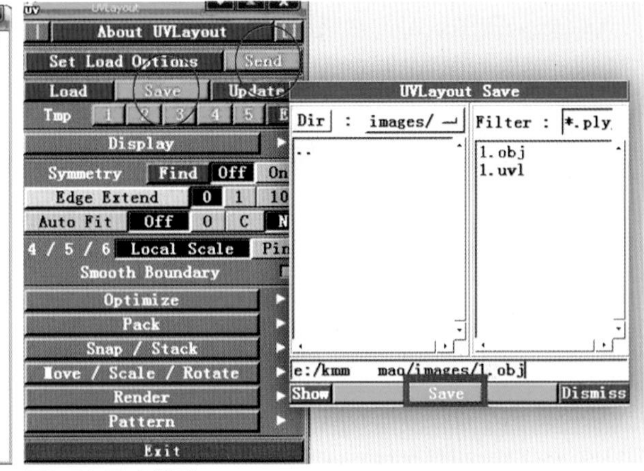

图2—94 导出模型

第三章 材质、贴图篇

3.1材质相关知识

3.1.1 Maya材质系统

在真实世界中，物体质感由两个方面因素决定，一是其本身外观显示，二是周围环境及灯光。在Maya中，Surface Shading是结合了基本材质以及应用到它的任意纹理的产物来表现物体本身的外观显示。实现这个目的的多个渲染节点连接到Shading Group节点称为Shading Network，所有想象得到的材质方面的视觉效果都可以用它来完成。

在进入材质世界之前我们先了解制作Shading Network的常用工具Hypershade。

（1）材质编辑窗口Hypershade的使用

在Maya中查看与使用渲染节点、生成Shading Network的过程基本上是在Hypershade窗口中完成的，这个窗口可以在主菜单Window>Rendering Editors> Hypershade打开。这个窗口不但可以完成节点的连接，还可以完成大多数材质节点的创建。节点是Maya的一个基本概念，它具有输入输出属性，与其他节点相互连接组成复杂的节点材质网络。如图3–1。

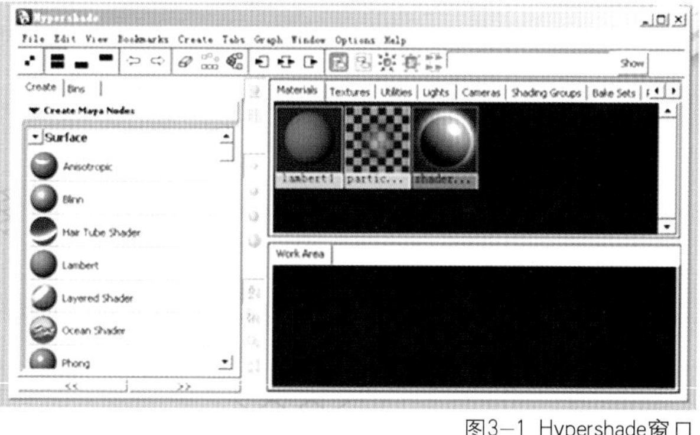

图3–1 Hypershade窗口

●Hypershade的界面显示控制：使用窗口工具条中的三个Show Tabs按钮以及显示隐藏Create Bar按钮或Options>Show Create Bar可以控制界面的显示，Show Tab的第一个按钮为显示顶部标签，中间为显示底部工作的标签，最后按钮打开可以同时显示顶部与底部的标签。

Create Bar的文本与图标显示可以使用菜单Options>Create Bar>Display Icons and Text或Display Icons Only。

●节点网络调入、清除与排布：在工作区中调入在场景中选择要调入材质节点网络的模型，点击工具栏中按钮或Hypershade窗口菜单Graph>Graph Materials on Selected Objects。

清除工作区中的节点网络，点击按钮或使用Graph>Clear Graph命令。

排布Shading Network与添加去除某些节点的显示可以点击排布网络Rearrange Graph按钮或Graph>Rearrange Graph命令以及Add Slected to Graph和Remove Selected from Graph命令。

●标签设置：使用Tabs菜单可以对标签移动与重命名，并可创建与删除标签。Create New Tab（创建新标签）如图3–2。

如创建新的Shader Library标签：

第一步：Tabs>Create New Tab打开如上图的窗口；

第二步：在New tab name中输入New_Shader Library；

第三步：在Initial placement中选择Bottom；

第四步：在Tab type中选择Disk，同时在Root directory中选择新的材质库的目录。

●创建渲染节点：在Hypershade左边的Create Bar栏中单击要创建节点的样本或者拖动样本到工作区中，也可以在Create菜单中创建或Create>Create Render Node中创建。如图3—3。

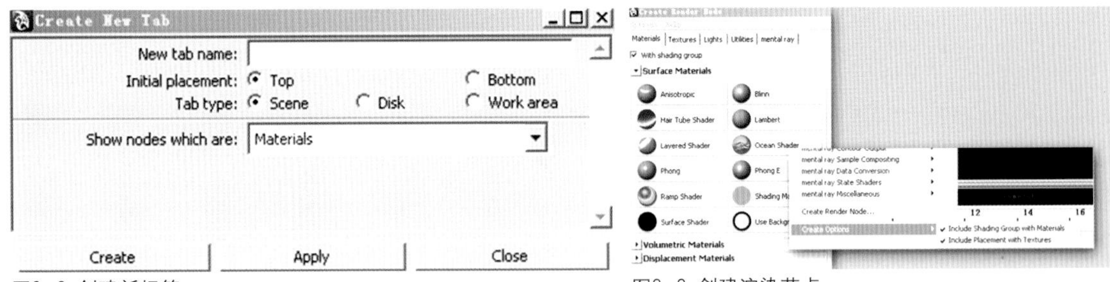

图3—2 创建新标签 图3—3 创建渲染节点

Include Shading Group with Materials与Create Render Node窗口中Material下的With Shading Group选项作用相同，用于创建Material时自动创建Shading Group阴影组。

Include Placement with Textures与Create Render Node窗口中Texture下的With New Texture Placement选项作用相同，用于在创建2D与3D Texture时自动创建相应的2D Placement与3D Placement节点。

●输入与输出材质网络。如图3—4。

File>Import：输入场景文件到当前文件中。

File>Export Selected Network：输入选择节点所在的Shading Netwok到指定目录的生成新的场景文件，默认的目录是当前Project目录\renderData\shaders文件夹。

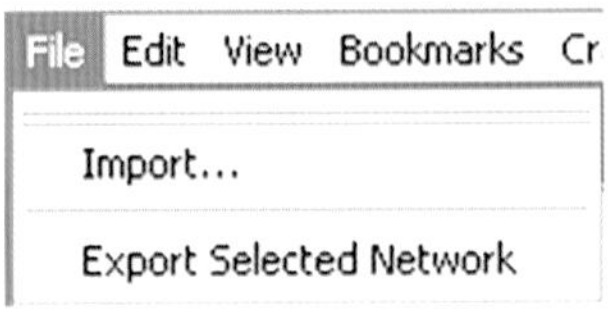

图3—4 Shading Network的输入输出

●渲染节点的编辑。如图3—5。

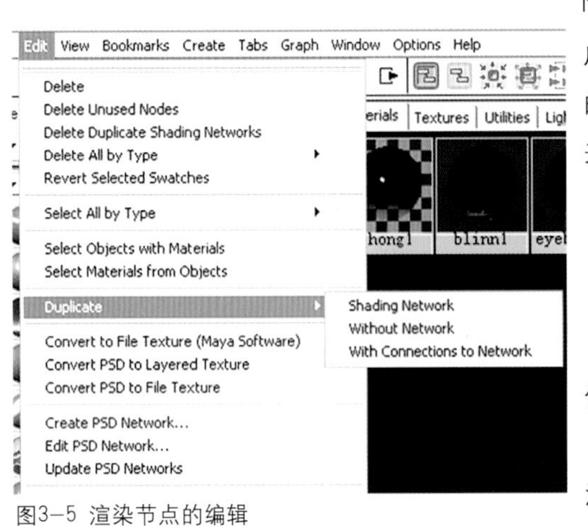

图3—5 渲染节点的编辑

删除节点：Edit>Delete，也可以使用键盘【Delete】或【Backspace】键。

删除多余的渲染节点：Edit>Unused Nodes，但一些循环引用的节点不能使用这个命令删除。

复制节点：Edit>Duplicate，它有三种复制方法。

第一，复制这个节点所在的Shading Network，使用Shading Network命令；

第二，仅复制选择的节点，使用Without Network命令；

第三，复制选择节点的同时，保持这个节点与网络的连接，如果其无法连接，会保留输入的连接。

●为物体指定材质

有三种方法为场景中的物体指定材质：

第一，在Hypershade中指定；

A.在三维视窗中，选择要指定材质的模型或模型的面；

B.在Hypershade窗口中，右击要指定给模型的材质，在弹出的菜单中选择Assign Material To Selection。

第二，在Hypershade中拖动材质样本到三维视窗中要赋予的模型上；

第三，在三维视窗中在要指定材质的模型上右击选择Material>Assign Exist Material，并从列表中选择要指定的材质，也可以指定一种新的类型的材质。

（2）Materials（With Shading Group）（含有着色组的材质）

●Shading Network的定义

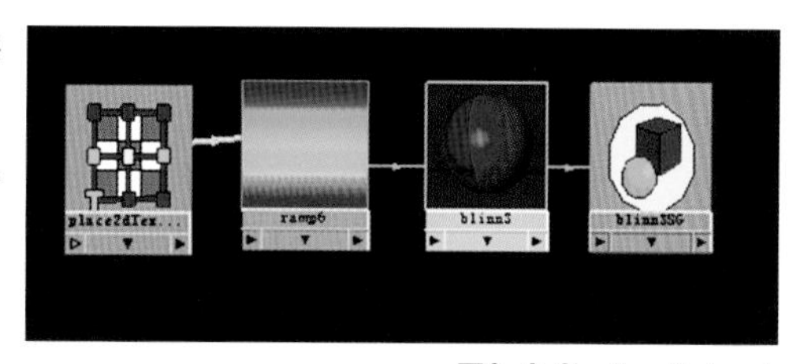

图3–6 Shading Network

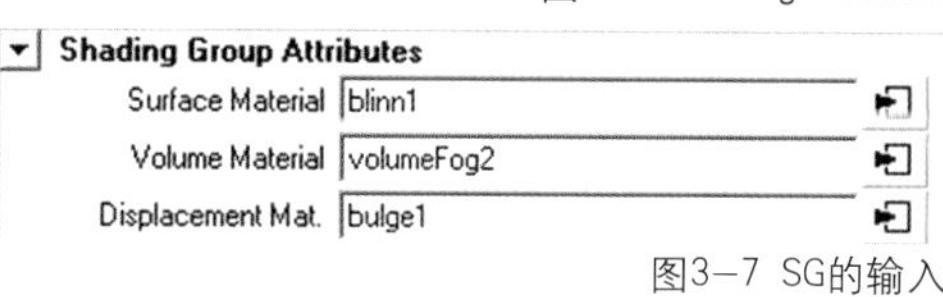

图3–7 SG的输入

Shading Network像一个数据流程的网络，数据从网络左边流向呈现最终结果的右边处于最右边的节点是默认并不显示的Shading Group节点，这个节点称为阴影组，简称为SG，也叫Shading ngine节点，它是连接几何体与Shader与灯光的节点。如图3–6。

Shading Group有三个输入端口，每个端口都是整个节点网络的输入口。如图3–7。

Surface Shading端口：连接这个端口的Shader将控制SG节点所连接的几何体表面的外观。Maya通常有4种表面几何体类型：NURBS表面、 Polygonal表面、Subdivision表面、Particle系统使用的“Blobby Surface”软件渲染器模式，渲染器计算连接在Surface Shader端口的“outColor”和“outTransparency”属性去分别确定物体的颜色与透明度。

Volume Shading端口：连接到这个端口的Shader将这个SG节点连接的体积几何体的外观。Maya通常有三种类型的体积几何体：灯光雾、环境雾、使用“Cloud”或“Tube”软件渲染的粒子系统。渲染器将计算连接到Volume shader端口上的Shader的“outColor”和“outTransparency”属性去完成这些体积物体的颜色与透明度的计算。

Displacement Shading端口：连接到这个端口的Shader将被调用置换映射所有这个SG节点连接的表面几何体。渲染器将计算连接到Displacement Shader端口Shader的“displacement”属性。Surface Shader端口随后用于置换的几何体。

●Surface Materials（表面材质）

一般来说，Surface Materials（表面材质）的着色都是按照下面的公式进行的，不同类型的材质会有所不同。

Ci=Oi*(Ka* Cambient+(Kd*C Σ=nlights1idiffuse*(N Li)Cli+ Ks*Cspecular*(R Li)1/roughness)；

可以看到，Ambient色彩与灯光无关，而Diffuse和高光，都与法线、灯光相关。如图3–8。

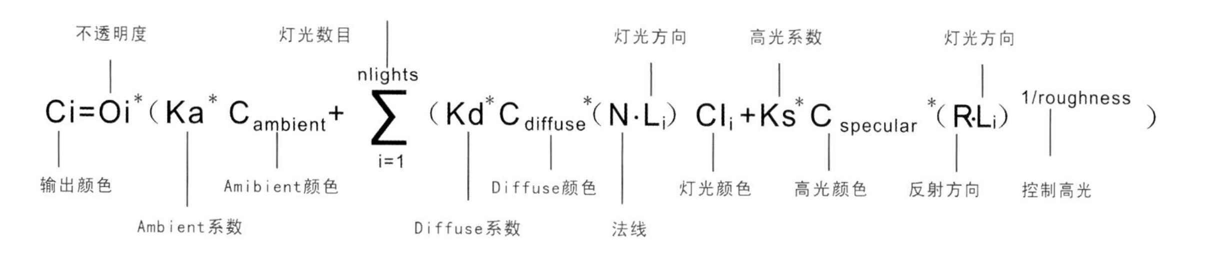

图3–8 着色公式

●Surface Materials（表面材质）节点Maya的Surface Materials（表面材质）。如图3–9。

Anisotropic：不规则的高光，常用来表现光盘、头发、玻璃、丝绸等物体的质感。其高光参数有Angle（角度）、Spread X/Y（X/Y扩散）、Roughness（粗糙度）、Fresnel Index（菲涅耳指数）。

Blinn：最常用的材质类型，可以模拟金属、陶瓷等质感。其高光参数有Eccentricity（离心

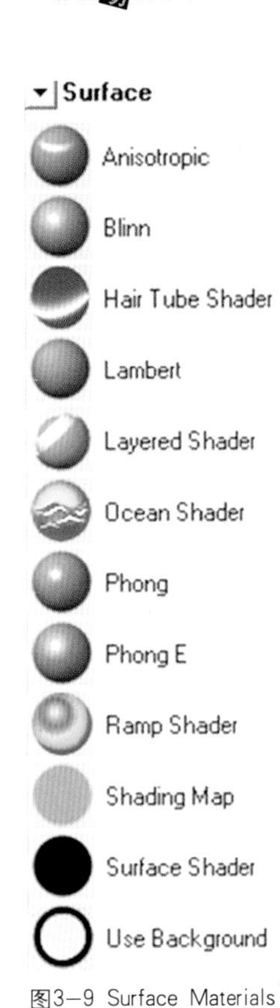

图3–9 Surface Materials

率）、Specular Roll Off（高光溢出）。

Hair Tube Shader：模拟头发的质感。Color Scale（色彩缩放）属性内置了Ramp节点。Hair Tube Shader的高光参数比较多，有Specular Power（高光强度）、Specular Shift（高光偏移）、Scatter（扩散）、Scatter Power（扩散强度）。

Lambert：无高光，模拟水泥、砖块、纸张等无高光、表面粗糙的物体的质感。

Layered Shader：层材质，可以把其他类型的材质球的效果叠加起来，联合表现物体的质感，效果很好，但渲染速度较慢。

Ocean Shader：海洋材质，模拟海洋、河水的材质。Ocean Shader内置了凹凸、波浪、置换等效果，即使是把Ocean Shader赋予一个平面，一样可以很好地表现海水效果。Ocean Shader 在Wave Height（波浪高度）、Wave Turbulence（波浪动荡）、Wave Peaking（波浪起伏）、Environment（环境）属性上内置了Ramp节点。其高光参数有Specularity（高光）、Eccentricity（离心率）。

Phong：常用来表现塑料等质感。其高光参数为Cosine Power（cos函数的幂）。

PhongE：常用来表现塑料、玻璃等质感，参数比Blinn和Phong更丰富，便于控制，但是PhongE是Phong材质的简化版，容易引起高光闪烁，不推荐大家频繁使用该材质。其高光参数有Roughness（粗糙度）、Highlight Size（高光点大小）、Whiteness（亮色）。

Ramp Shader：渐变材质，在颜色（Color）、高光色（Specular Color）、反射强度（Reflectivity）、自发光（Incandescence）、透明（Transparency）、高光溢出（Specular Roll Off）、环境（Environment）等属性上内置了Ramp节点，可以得到极其丰富的效果，SSS、X光等特殊效果的模拟都不在话下。其高光参数有Specularity（高光）、Eccentricity（离心率）。

Shading Map：本身不提供颜色、透明等属性，而接受其他类型的材质，如Blinn、Lambert的属性输入。

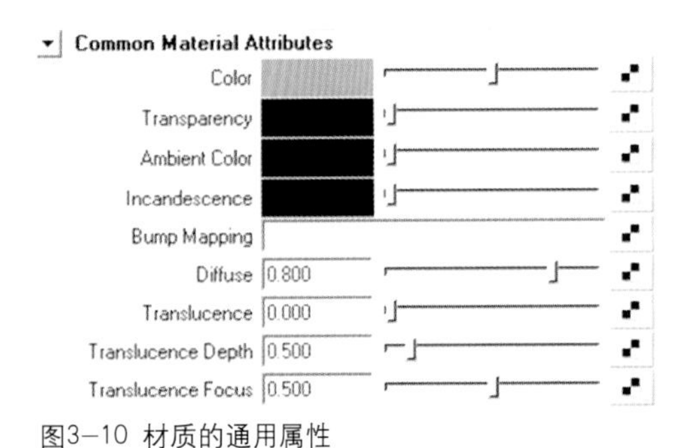

图3–10 材质的通用属性

Surface Shader：面材质，该材质不能直接表现光影，可以用于输出Alpha通道，或者接受其他材质、纹理节点的输入而表现特殊质感。

Use Backgroud：不提供颜色、高光等属性，常用来单独表现阴影等。

●表面材质公共属性：Common Material Attributes（通用材质属性），各类型的材质的通用属性。如图3–10。

Color（颜色）：可设定材质的颜色，又叫漫反射颜色。

Transparency（透明）：设定材质透明属性，Maya的Transparency是通过颜色来设定的。

Ambient Color（环境色）：设定材质的环境颜色。使用Ambient Color，可以模拟光能传递效果，而不使用光能传递的渲染器。

Incandescence（自发光）：设定材质的自发光属性，Maya的Incandescence是通过颜色来设定的。

Bump Mapping（凹凸贴图）：指定凹凸纹理贴图。

Diffuse（漫反射度）：设定材质的漫反射度，对于玻璃、金属等物体，我们一般使用较低的Diffuse，而对于木材、水泥等物体，我们一般使用较高的Diffuse。

Translucence（半透明度）：设定材质的半透明度，常用于玻璃、水晶等透明材质的表现。

Translucence Depth（半透明深度）：设定材质的半透明深度。

Translucence Focus（半透明焦聚）：设定材质的半透明焦聚程度。

●Specular Shading（高光着色）：这里以Blinn材质类型为例，来介绍高光的参数，其他类型的材质的高光控制大同小异。如图3—11。

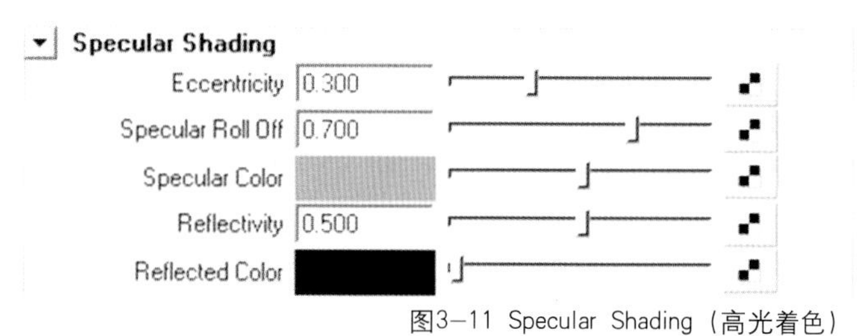

图3—11 Specular Shading（高光着色）

Eccentricity（离心率）：设定高光区域的大小。

Specular Roll Off（高光扩散）：设定高光区域的扩散和凝聚。

Specular Color（高光色）：设定高光区域的颜色。

Reflectivity（反射率）：设定反射率，该参数越大，材质反射能力越强。

Reflected Color（反射颜色）：设定反射颜色，Reflected Color对于金属、玻璃等材质的表现至关重要，我们常常在Reflected Color属性上指定纹理贴图来模拟反射环境。

●Special Effects（特效）：Maya的Special Effects（特效）是控制物体的辉光效果的。如图3—12。

Hide Source（隐藏源）：勾选该项，可平均发射辉光，看不到辉光的源。

Glow Intensity（辉光强度）：设定辉光的强度。

●Matte Opacity（遮罩不透明度），如图3—13。

图3—12 Special Effects（特效）　　图3—13 Matte Opacity

Matte Opacity Mode（遮罩不透明模式）：有Black Hole（黑洞）、Solid Matte（实体遮罩）以及Opacity Gain（不透明放缩）三个选项，其中Black Hole（黑洞）不渲染该材质的物体，并在Alpha通道中留出该物体的洞，且与Matte Opacity参数值无关。在下面笔者给出它们的示意图。

Matte Opacity（遮罩不透明度）：设定遮罩的不透明度。该参数值为1时，完全不透明，Alpha通道中不会出现物体的Matte；该参数值为0时，完全透明，Alpha通道中出现物体的Matte。

●Raytrace Options（光线追踪选项）：使用光线追踪可以根据物理规律计算光线的反射、折射，得到较真实的效果。如图3—14。

图3—14 光线追踪的参数设置

Refractions（折射）：勾选该项，可打开该材质的折射。但最后我们还要在Render Globals中打开Raytracing（光线追踪），才可以真正得到折射效果。

Refraction Index（折射率）：设定材质的折射率。常见物体的折射率。如图3—15。

Refraction Limit（折射限制）：设定折射的次数。

Light Absorbance（光线吸收率）：设定光线穿过透明材质后被吸收的量。光线每经过一次折射，都会有一定衰减，衰减的部分可以看成被吸收的部分。

Surface Thickness（表面厚度）：模拟表面的厚度，可影响折射效果。

Shadow Attenuation（阴影衰减）：表现玻璃等透明物体时，可以设定阴影的衰减，以表现阴影的明暗、焦散等现象。

Chromatic Aberration（色差）：打开该项，在光线追踪时，在透明物体间可以通过折射得到丰富的彩色效果。

Reflection Limit（反射限制）：设定反射的次数。

Reflection Specularity（镜面反射强度）：设定镜面反射的强度，该参数越大，反射效果越强烈。

●Volumetric Materials（体积材质）：Maya的Volumetric Materials（体积材质）主要以模拟具有空间特征的一些材质，如雾、流体等。如图3—16。

Env Fog（环境雾）：可模拟大气效果，为场景添加雾，进行深度暗示，远处的物体模糊，近处的清晰。雾的类型有Simple Fog（简单雾）、Physical Fog（物理雾），其中物理雾下还分为Fog（雾）、Air（空气）、Water（水）、Sun（太阳）四个类型。

Fluid Shape（流体形状）：针对流体部分的一个材质，可设定流体的密度、速度、温度、燃料、纹理、着色等。

Light Fog（灯光雾）：可以制作灯光雾效，如灯光穿过大气（胶体）形成的通路（如光柱、光线等）。

Particle Cloud（粒子云）：当离子的渲染类型选择Cloud（云）时，可以为粒子赋予Particle Cloud材质，可以模拟天空上的云、爆炸时的烟雾等。

Volume Fog（体积雾）：主要适用于体积模型，执行菜单命令Create | Volume Primitives | Cube / Sphere / Cone时，Maya会自动为体积模型创建Volume Fog材质。而对于一般模型，赋予Volume Fog是无效的。

Volume Shader（体积着色器）：可以接受其他体积材质（如Env Fog、Light Fog、Particle Cloud）的输入，有色彩和透明两个属性。

●Displacement Material（置换材质）：Maya中的Displacement Material（置换材质）主要用来实现二维的平面图形影响三维实体的表面。如图3—17。

Displacement（置换）：利用纹理贴图来修改模型，改变模型表面的法线，修改模型上控制点的位置，增加模型表面细节。Displacement的效果和Bump（凹凸）的效果有时比较类似，

大气	1.00
烟雾	1.02
冰	1.30
水	1.33
玻璃	1.44
石英	1.55
红宝石	1.77
水晶	2.00
钻石	2.42

图3—15 常见物体的折射率

Volumetric

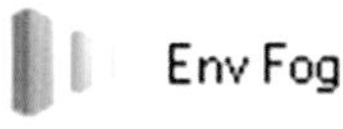

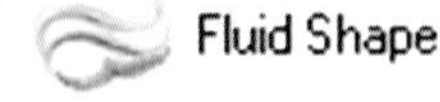

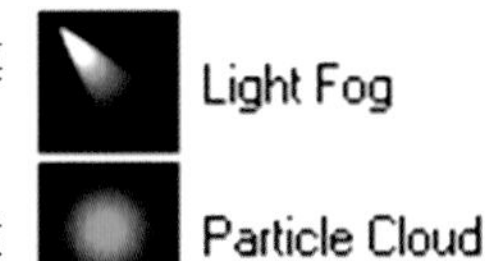

图3—16 Volumetric Materials

Displacement

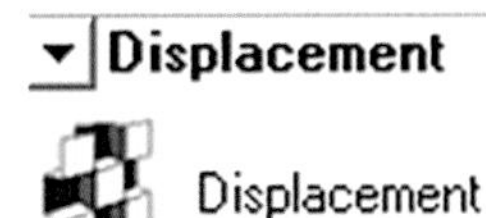

图3—17 Displacement Material

但又有所区别。Bump效果只是模拟凹凸效果，修改模型表面的法线，但不修改模型上顶点的位置。区别Displacement（置换）和Bump（凹凸）的不同，主要是查看模型的边缘是否发生变化。

Displacement的使用方法是直接把纹理贴图用鼠标中键拖曳到相应的Shading Group的Displacement Mat之上，Maya会自动创建Displacement节点。还有一种方法是手动创建Displacement节点，然后把纹理的Out Alpha属性连接到Displacement节点的Displacement属性上，然后再把Displacement节点用鼠标中键拖曳到相应的Shading Group上，或者用鼠标中键拖曳到相应的Surface Material上（如Blinn、Lambert等），在弹出的菜单中选择Displacement Map命令，Maya同样会自动将Displacement节点连接到相应的Shading Group上。

（3）Maya材质实例

玻璃是一种我们经常用到的材质，同时它也是一种比较典型的材质，我们不仅要熟悉掌握它的制作方法，而且还需做到举一反三。这对学习其他的材质效果有着一定的推动作用。以下通过制作玻璃材质的范例来学习Maya的材质系统。

●建模：使用Polygons创建两个平面。如图3-18。

●使用EP Curve Tool绘制曲线，并用Surface-Revolve旋转出如图所示的玻璃杯模型。如图3-19。

图3-18 平面建模

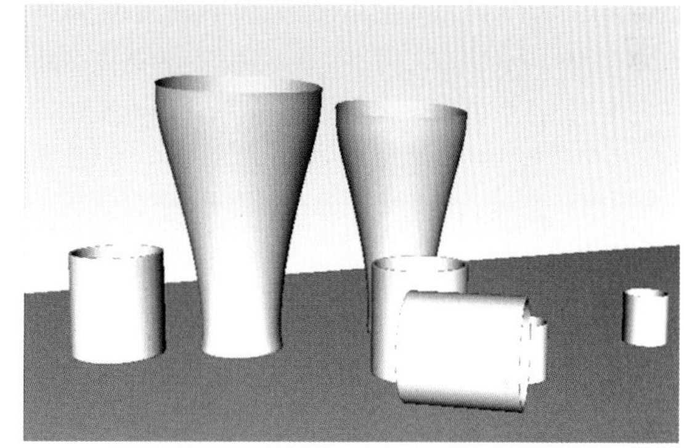

图3-19 玻璃杯建模

●创建摄像机：创建摄像机Camera1，锁定并调整视图大小及位置。如图3-20。

●创建灯光：在场景中创建三盏Spot Light和一盏Ambient Light。如图3-21。

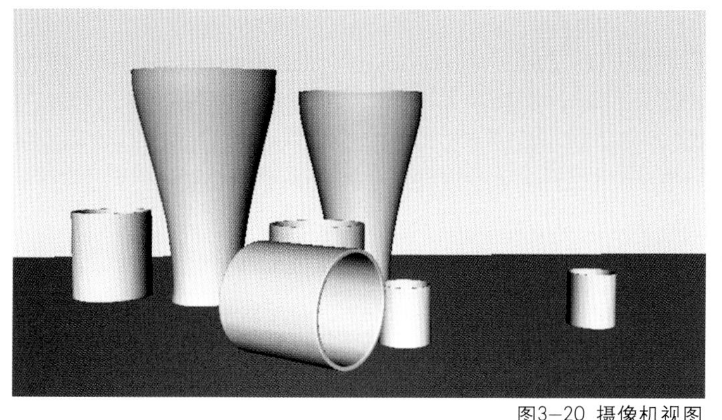

图3-20 摄像机视图

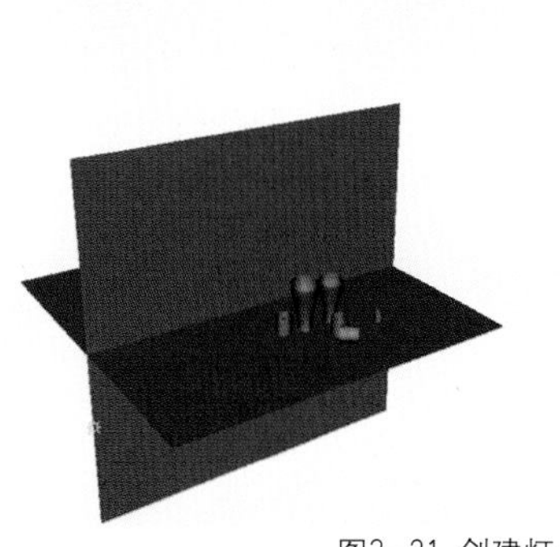

图3-21 创建灯光

调整三盏灯光的参数。如图3-22。

●指定材质：打开Hypershade，新建一个Blinn1表面材质，将它赋予场景中的玻璃物体。打开Blinn1材质的属性编辑窗口，设置其参数。如图3-23。

在Hypershade中，新建一个Sample info节点和两个Ramp纹理节点，这两个Ramp节点中，一个用来控制透明度的变化，另一个用来控制反射率的变化。设置两个Ramp节点的参数。如图3–24。

将Sample info节点的Facing Ratio参数分别传输给两个Ramp节点的Vcood参数。如图所示。选择Ramp1节点，我们将它用来控制透明度的变化。所以将它的OutColor连接给Blinn1的Tranparency参数。选择Ramp2节点，我们将它用来控制玻璃的反射率变化。所以将它的OutColor连接给Blinn1的Reflectivity参数。完成玻璃材质的最终节点网络连接。如图3–25。

●打开Hypershade，新建一个Blinn2表面材质，将它赋予场景中的地面。打开Blinn1材质的属性编辑窗口，为其Color属性添加一张地板贴图。另外新建一个Surface Shader，调整其Color为浅蓝色，进行测试渲染。如图3–26。

●增加反光板。现在玻璃的效果已经大体呈现出来了，但是画面还不是特别理想，为了有更好的反射效果，可以使用真实的环境作为反射贴图。这里我们使用另外一种简单的方法，在场景中添加一些反光板，反光板的材质用Surface Shader来产

图3–26 测试渲染

生，将其Color调成白色即可，并将其Render Stats属性中的Casts Shadows、Receive Shadows和Primary Visible属性关闭，这里只需要反光板在反射和折射中出现。如图3–27。

●最终渲染。如图3–28。

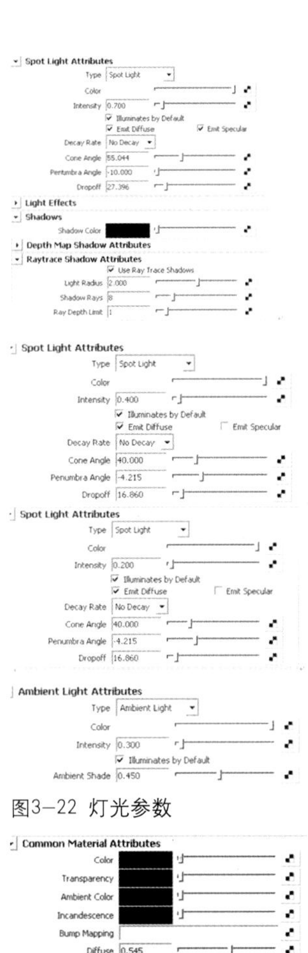

图3–22 灯光参数

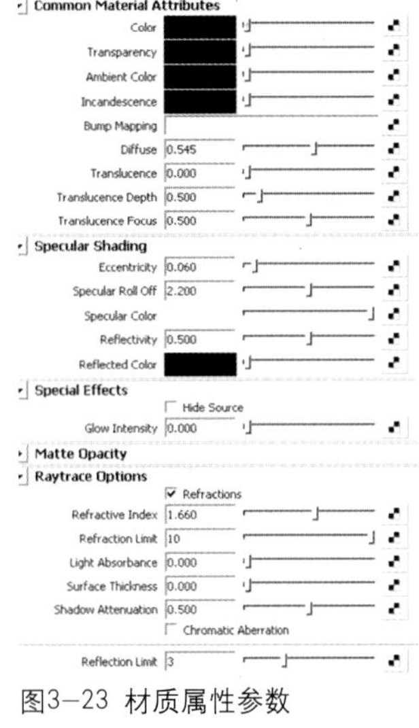

图3–23 材质属性参数

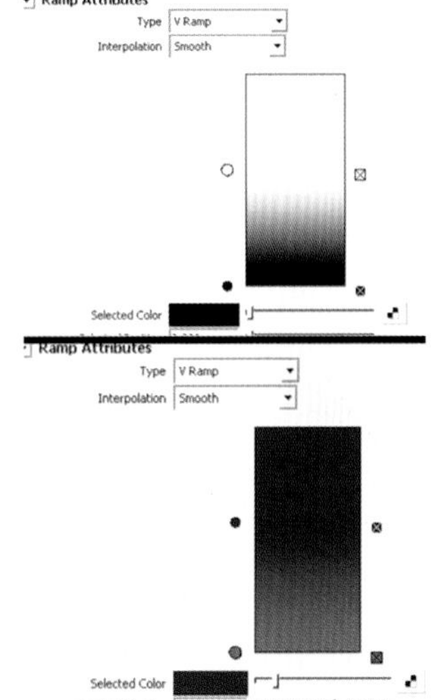

图3–24 Ramp纹理节点

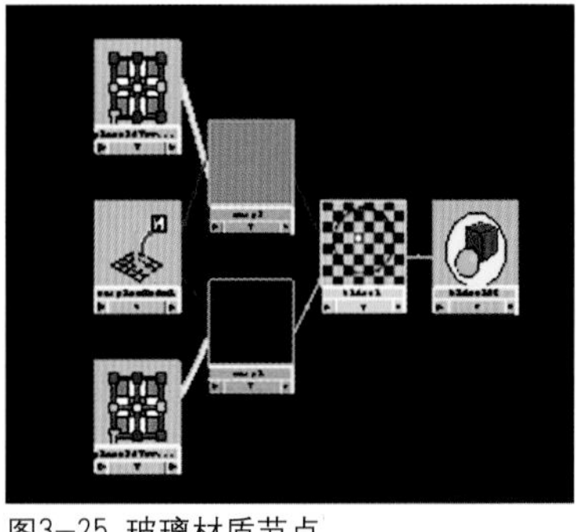
图3–25 玻璃材质节点

图3–27 增加反光板

图3—28 最终渲染效果

3.1.2 Max材质系统

3dsmax的材质系统主要通过Material Editor（材质编辑器）来进行，材质编辑器的进入可以通过Rendering（渲染）下拉菜单的Material Editor（材质编辑器）选项进入；也可以通过点击Material Editor（材质编辑器）图标进入。如图3—29。

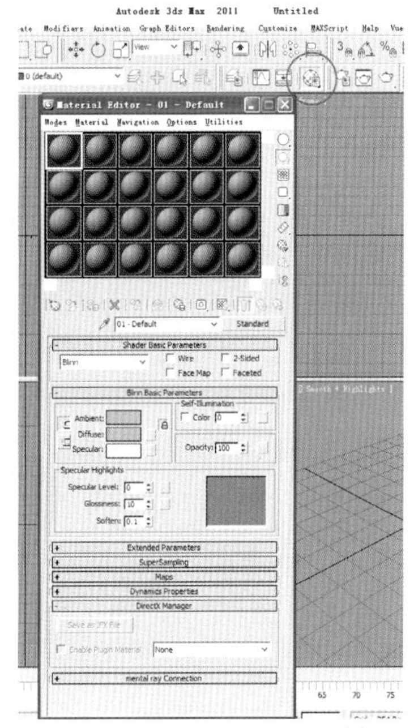

图3—29 材质编辑器

材质编辑器中比较重要的知识点有：

（1）明暗器类型

明暗器主要体现在物体的反光与阴影的变化上面，3dsmax包括了Blinn（布林）、Phong、Metal（金属）、Anisotropic（各向异性）、Multi—Layer（多层）、Oren—Nayar—Blinn、Strauss、Tanslucent Shader（半透明明暗器）等多种材质类型。如图3—30。

●Blinn（布林）：布林材质的反光较为柔和，用途比较广泛，是常见的明暗器类型；

●Phong：常用于玻璃、油漆等高反光的材质，也是较为常见的明暗器类型；

●Metal（金属）：常用于金属材质；

●Anisotropic（各向异性）：可以产生长条形的反光区，适合模拟流线体的表面高光，如汽车、工业造型等，弥补了圆形反光点的不足；

●Strauss：适用于金属材质的模拟，参数比Metal少；

●Oren—Nayar—Blinn：适用于布料、陶土等无反光材质；

●Tanslucent Shader（半透明明暗器）：主要是用来做半透明效果的，可以很好地表现出光线透过的感觉，适合于模拟玉石、蜡烛等半透明物体。

如果安装了其他的渲染插件，还会产生一些外挂渲染插件的明暗器选项，如Finalrender的FinaToon明暗器。

图3—30 明暗器类型

（2）明暗器参数

明暗器参数是对反光与阴影的进一步调节，各种明暗器的调节方式区别不大，以下以常用的Blinn（布林）材质为例进行说明。如图3—31。

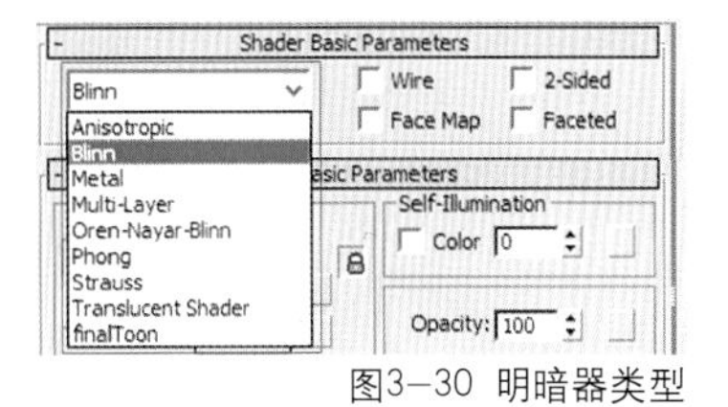

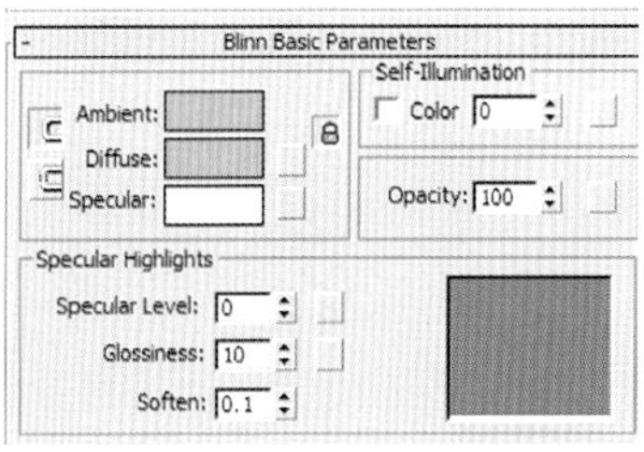

图3—31 Blinn（布林）材质明暗器参数

●Ambient（环境光）：位于阴影中的颜色，当由环境光而不是直接光照明时，这种颜色就是对象反射的颜色。默认情况下材质的环境光颜色和其漫反射颜色为锁定状态，更改一种颜色时，另一种颜色会自动更改。用户可关闭环境光和漫反射显示窗左侧的“锁定”按钮，就可以对环境光进行单独的颜色设置和导入贴图。

●Diffuse（漫反射）：光源照射下对象表现出来的颜色，是物体呈现的最基本的色彩。单击“漫反射”显示窗，在打开的“颜色选择器”对话框中设置漫反射的颜色。单击颜色显示窗右侧的“空白”按钮，在打开的“材质/贴图浏览器”对话框中导入程序贴图和位图来代替漫反射颜色，这也是物体改变颜色及贴图的最主要的方式。

●Specular（高光反射）：对象高光反射的颜色，可以在“反射高光”选项组中控制高光的大小和形状。

●Self-Illumination（自发光）：“自发光”选项组中的“颜色”参数使用漫反射颜色替换曲面上的阴影，从而创建白炽效果。该参数常用于模拟灯光、夜光灯等一些自发光效果。选择“自发光”选项组的“颜色”复选框，将会出现颜色显示窗，读者可以通过调整颜色显示窗的颜色，来确定对象的自发光程度。绝对的白色为完全的自发光效果，而100%黑色没有自发光效果。如图3-32。

●Opacity（不透明度）：该参数可控制材质是不透明、透明还是半透明。

●Specular Level（高光级别）：参数控制反射高光的强度，该数值越大，高光将越亮。

●Glossiness（光泽度）：参数控制反射高光的大小。

●Soften（柔化）：用于柔化反射高光效果。

●高光曲线图：用于显示调整“高光级别”和“光泽度”的效果。

当用户选择“各向异性”、“多层”和“Oren-Nayar-Blinn”明暗器类型时，在对应的基本参数卷展栏中还会看到“漫反射级别”和“粗糙度”选项。

（3）材质类型

3dsmax提供了多种材质的处理方式，操作方式是点击Material Editor（材质编辑器）面板上的Standard（标准）按钮。如图3-33。

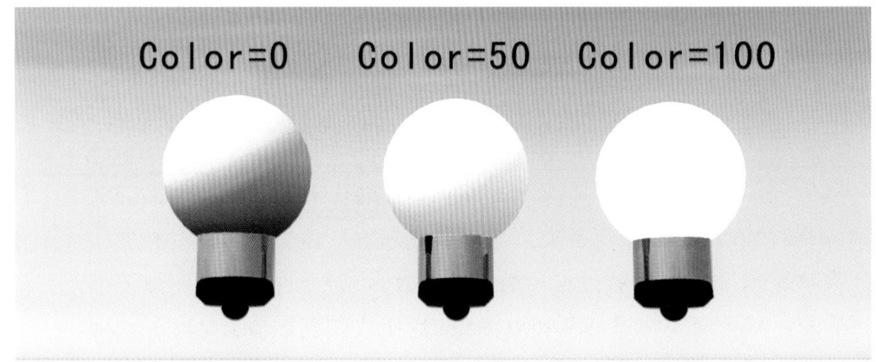

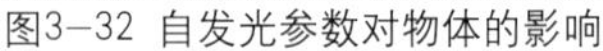
图3-32 自发光参数对物体的影响

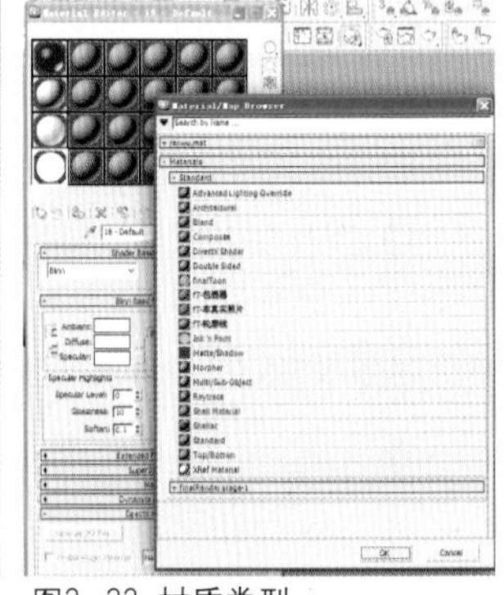
图3-33 材质类型

●Advanced Lighting Override（高级光照材质）：这个材质一般是配合光能传递使用的，渲染的时候能很好地控制光能传递和物体之间的反射度。

●Blend（混合）：将两个不同材质融合在一起，根据融合度的不同，控制两种材质的显示程度，可以利用这种特性制作材质变形动画，另外也可指定一张图像作为融合的Mask遮罩，利用它本身的灰度值来决定两种材质的融合程度，经常用来制作一些质感要求较高的物体，如打磨的大理石、破墙、脏地板等。

●Composite（合成）：它的功能是将多个不同材质叠加在一起，包括一个基本材质和10个附加材质，通过添加、排除和混合能够创造出复杂多样的物体材质，常用来制作动物和人体皮肤、生锈的金属、复杂的岩石等物体材质。

●Double sided（双面）：它可为物体内外或正反表面分别指定两种不同的材质，并且可以控制它们彼此间的透明度来产生特殊效果，经常用在一些需要物体双面显示不同材质动画中，如纸牌，杯子等。

●Matte/Shadow（无光、投影）：它的作用是隐藏场景中的物体，渲染时也看不到，不会对背景进行遮挡，但可对其他物体遮挡还可产生自身投影和接受投影的效果，很多只看到投影却看不到物体的动画都可以用它来制作。

●Morpher（变形）：它配合Morpher修改器使用，产生材质融合的变形动画。

●Multi/Sub-Object（多维、子对象）：可以设置多个材质ID，给物体设定区域或者多面的物体指定材质，做包装的朋友这个很实用。

●Raytrace（光线跟踪）：它能建立真实的反射和折射效果，制作玻璃也是它的选择之一，支持雾、颜色浓度、半透明、荧光等效果。

●Shell Material（壳材质）：它专门配合渲染到贴图命令使用，它的作用是将渲染到贴图命令产生的贴图再贴回物体造型中，在复杂的场景渲染中可减少光照计算占用的时间。

●Top/Bottom（顶、底）：它为一个物体指定不同的材质，一个在顶端，一个在底端，中间交互处可产生过渡效果，且两种材质的比例可调节。

如果添加了外挂渲染器还会有更多的材质选项，比如Finalrender渲染器后会出现金属、玻璃等多种材质。如图3-34。

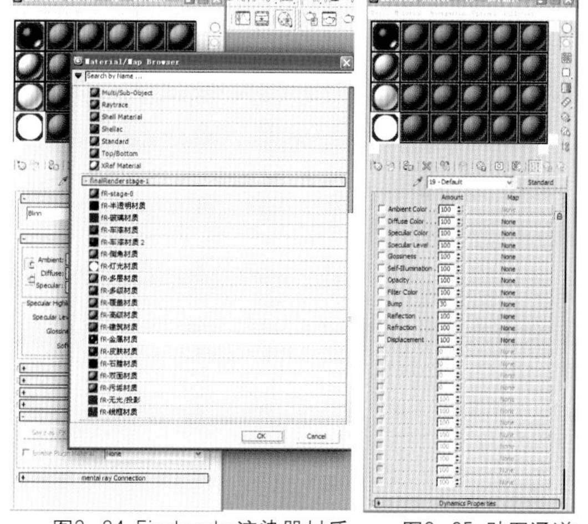

图3-34 Finalrender渲染器材质　图3-35 贴图通道

（4）贴图通道

贴图通道是针对材质的各个内部级别进行增加图案的调节方式，一般只对其中几项通道进行。如图3-35。

●Ambient Color（环境光颜色贴图通道）：此贴图通道可以指定贴图来代替阴影部分的颜色。默认情况下，漫反射贴图也映射环境光组件，因此很少对漫反射和环境光组件使用不同的贴图。

●Diffuse Color（漫反射颜色贴图通道）：“漫反射颜色”通道是最为常用的通道，它可以使用位图和程序贴图来代替基本参数卷展栏中的“漫反射”颜色显示窗。当该通道的“数量”参数为100时，贴图将完全代替漫反射颜色显示窗；当“数量”参数为0时，材质将显示漫反射颜色显示窗的颜色，导入的贴图将不起任何作用；而0到100之间的层次与显示窗颜色成比例地进行混合。

●Specular Color（高光颜色贴图通道）：“高光颜色”通道能将一个程序贴图或位图作为高光贴图指定至材质的高光区域。高光贴图主要用于特殊效果，如将图像放置在反射中。该通道与“反射高光”或“光泽度”贴图不同，它只改变反射高光的颜色，而不改变高光区的强度和面积。

●Specular Level（高光级别贴图通道）：“高光级别”贴图通道控制着材质高光的强度。贴图中白色区域产生全部的反射高光，黑色区域将完全移除反射高光，并且中间值相应减少反射高光。当该通道与“光泽度”通道使用相同的贴图时，可达到最佳的效果。

●Gloeeiness(光泽度贴图通道)：“光泽度”通道可以在光泽度中决定曲面的哪些区域光泽度较高，哪些区域光泽度较低，具体情况取决于贴图中颜色的强度。贴图中的黑色区域将产生全面的光泽，白色区域将完全消除光泽，中间值会减少高光区域的大小。

●Self–Illumination(自发光贴图通道)：“自发光”通道可以使对象的部分出现自发光。贴图的白色区域渲染为完全自发光，黑色区域将没有自发光效果，不纯黑的区域将会根据自身的灰度值产生不同的发光效果。自发光意味着发光区域不受场景中的灯光影响，并且不接收阴影。

●Opacity(不透明度贴图通道)：“不透明度”通道可以产生部分透明效果，贴图中100%黑色将会产生完全的透明效果，而绝对的白色会产生完全不透明效果，中间的灰度值可以产生部分相应的半透明效果。该通道只能将材质变得透明，但不能使透明的材质部分消失，因此所产生的效果类似于明净的玻璃，而不是镂空效果。如果需要使材质产生镂空效果，就需要将“不透明度”通道的贴图复制到“高光颜色”通道。

●Filter Color(过滤色贴图通道)：“过滤色”通道是通过透明或半透明材质（如玻璃）透射的颜色。该贴图基于贴图像素的强度应用透明颜色效果。只有材质具有一定的透明属性，并且“高级透明”选项组中“过滤”透明类型处于选择状态时，“过滤色”贴图通道才会生效，它将为透明贴图区域进行着色，使透明效果更加逼真，透明贴图的颜色更为鲜亮。

●Bump（凹凸贴图通道）：“凹凸”通道可以使对象的表面看起来凹凸不平或呈现不规则形状。用凹凸贴图材质渲染对象时，贴图较亮（较白）的区域看上去被提升，而较暗（较黑）的区域看上去被降低。在视口中不能预览凹凸贴图的效果，只有在渲染时才能看到凹凸效果。这种凹凸效果很有限，它通常用来表现木纹纹理、地砖接缝等效果。

●Reflection（反射贴图通道）：使用“反射”通道可以使对象映射自身和周围环境而产生的反射效果。在3dsmax中提供了3种反射效果，分别是基本反射、自动反射和平面镜反射效果。

●Reflaction（折射贴图通道）：“折射”贴图通道通常用来设置具有透明属性的材质产生的折射效果，例如通过一个透明的酒瓶、一个放大镜看场景时，它后面的对象产生扭曲变形，这就是折射效果。“折射”通道类似于“反射”通道，它将视图贴在表面上，这样图像看起来就像透过表面所看到的一样，而不是从表面反射的样子。

当“折射”贴图通道被最大强度激活时，“漫反射”、“环境光”、“不透明度”贴图将被忽略。使用折射效果除了启用折射通道外，还需要调整“扩展参数”卷展栏中的“折射率”参数，该参数控制着材质的折射率。就像反射贴图一样，折射贴图的方向锁定到视图而不是对象。在移动或旋转对象时，折射图像的位置仍固定不变。

●Displacement（置换贴图通道）：“置换”贴图通道与效果相似于“置换”修改器，可以使曲面的几何体产生位移。该通道与“凹凸”通道不同，“置换”通道的贴图实际上更改了曲面的几何体或面片细分。

3.2贴图相关知识

物体除了色彩特性、反光特性、高光特性、阴影特性之外，一般表面还具有各种各样的纹理，这种纹理就叫做“贴图”，贴图的使用增强了三维物体的真实感，是三维动画创作的一个重要内容。

3.2.1 Maya与Max程序贴图

Maya与Max的程序贴图比较类似，这里以Maya为例讲解程序贴图通道的相关知识，不再单独讲解3dsmax的程序贴图。

Maya的纹理部分含2D Textures（2D纹理）、3D Textures（3D纹理）、Env Textures（环境纹理）、Layered Textures（层纹理）。归纳起来Maya的纹理可以分为贴图纹理（Map Texture）和程序纹理（Procedural Texture）。贴图纹理就是位图，一般需要配合UV来定位贴图在模型表面的位置。而程序纹理，则是根据模型表面参数空间的UV编写的一些程序，这些纹理是Maya内置的函数、代码，不需要额外的贴图等，如常见Marble（大理石）、Checker（棋盘格）等。

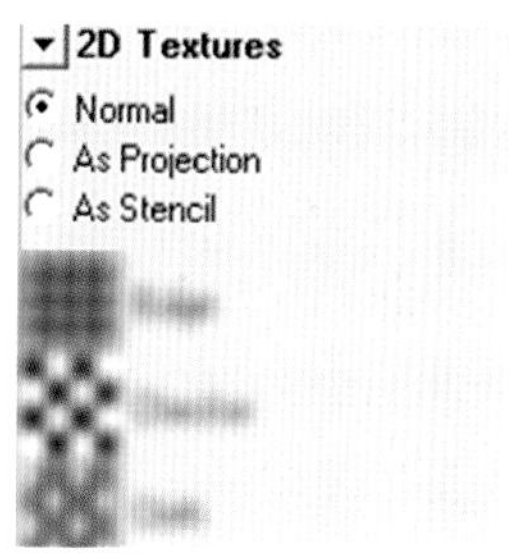

图3-36 2D Textures方式

（1）2D Textures（2D纹理）

2D纹理有三种方式，分别为Normal（普通）、As Projection（投影）、As Stencil（标签）。如图3-36。

在三维动画制作过程中大部分时候都用Normal（普通）模式，特别是对于已经分配好UV的多边形，要使用Normal（普通）模式。

As Projection（投影）模式，常用于NURBS类型的模型。

As Stencil（标签）模式，常用来制作标签之类只在表面的一部分应用某纹理。默认的Normal（普通）模式，会将纹理自动填充整个表面。

（2）2D纹理节点

2D纹理节点是Maya材质贴图里面较常用的节点方式，能够模拟大部分常见的表面纹理。如图3-37。

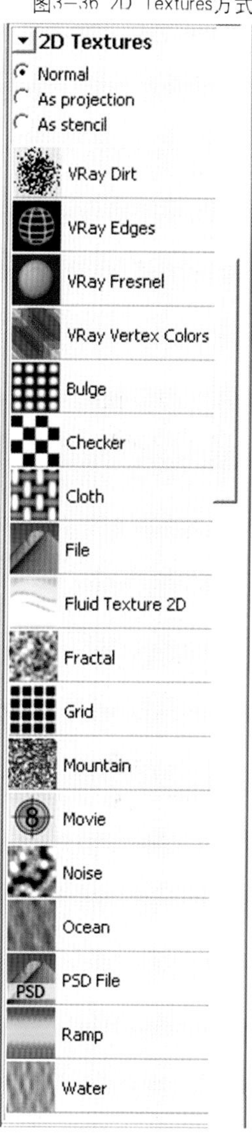

图3-37 2D纹理节点

●Bulge（凸出）：可以通过U Width和V Width来控制黑白间隙，Bulge常常用来做凹凸（Bump）纹理。

●Checker（棋盘格）：黑白方格交错排布，可以通过Color1、Color2调整两种方格的颜色，而Contrast（对比度）可以调整两种颜色的对比度。我们常常使用Checker纹理来检查多边形的UV分布，也可以根据工作的需要，将其他纹理连接到Color1、Color2属性上。

●Cloth（布料）：三种颜色交错分布，可模拟编织物、布料等纹理，Gap Color、U Color、V Color分别控制色彩，U Width、V Width控制布料纤维的疏密和间隙，U Wave和 V Wave控制布料纤维的扭曲，Randomness控制布料纹理的随机度，Width Spread控制纤维宽度的扩散，Bright Spread控制色彩明度的扩散。

●File（文件）：可以读取硬盘中的图片文件，作为贴图使用到模型上。选择合适的Filter Type（过滤类型），可以消除使用图片时的锯齿，Maya的Filter Type（过滤类型）有Off、Mipmap、Box、Quadratic、Quartic、Gaussian，配合Pre Filter（预过滤）和Pre Filter Radius（预过滤半径）可以获得较好的反锯齿效果。如果要使用序列图像，可以勾选Use Image Sequence（使用序列图片）。

●Fluid Texture 2D（2D流体纹理）：可模拟2D流体的纹理，设定2D流体的密度、速度、温度、燃料、纹理、着色等。

●Fractal（分形）：黑白相间的不规则纹理，可以模拟岩石表面、墙壁、地面等随机纹理，也可以用来做凹凸纹理。 可以通过Amplitude（振幅）、Threshold（阀值）、Ratio（比率）、 Frequency

Ratio（频率比）、Level（级别）等控制分形纹理，而勾选Animated（动画）还可以控制动画纹理，使其随时间的不同而变化。

●Grid（网格）：可以使用Grid纹理模拟格子状纹理，如纱窗、砖墙等等，使用Line Color（线颜色）和Filler Color（填充颜色）可以控制网格的颜色，而使用U Width和V Width可以控制网格的宽度，使用Contrast（对比度）可以调整网格色彩的对比度。Maya默认Line Color（线颜色）为白色，Filler Color（填充颜色）为黑色，如果设定Line Color（线颜色）为黑色，Filler Color（填充颜色）为白色，并把Grid纹理作为透明纹理连接到材质球上，则可以很轻松地渲染得到物体的线框。

●Mountain（山脉）：可以模拟山峰表面的纹理，Mountain纹理含有两种色彩，分别是Snow Color（雪色）和Rock Color（岩石色），可以模拟山峰上带有积雪的效果，但改变Snow Color（雪色）和Rock Color（岩石色），并配合Amplitude（振幅）、Snow Roughness（雪的粗糙度）、Rock Roughness（岩石的粗糙度）、Boundary（边界）、Snow Altitude（雪的海拔）、Snow Dropoff（雪的衰减）、Snow Slope（雪的倾斜）、Depth Max（最大深度），可以得到丰富的随机纹理。

●Movie（电影）：Movie节点可以将磁盘上的视频文件导入Maya中，作为纹理或背景使用。与File（文件）节点类似，我们使用File（文件）节点也可以导入一系列连续的序列图作为纹理，效果和Movie节点类似，但Movie节点可以接受视频格式的文件，如MPEG，而不仅仅局限于图片格式。

●Noise（噪波）：使用Noise函数生成的程序纹理，Noise与Fractal节点类似，也是黑白相间的不规则纹理，但随机的方式有所不同。可通过Threshold（阀值）、Amplitude（振幅）、Ratio（比率）、Frequency Ratio（频率比）、Depth Max（最大深度）、Inflection（变形）、Time（时间）、Frequency（频率）、Implode（爆炸）、Implode Center（爆炸中心）等参数来控制Noise纹理的效果， Noise type（类型）有Perlin Noise、Billow、Wave、Wispy、Space Time。

●Ocean（海洋）：与Ocean Shader类似，可表现海水的纹理，并在Wave Height（波浪高度）、Wave Turbulence（波浪动荡）、Wave Peaking（波浪起伏）属性上内置了Ramp节点。而对于海水的一般属性可以调整Scale（缩放）、Time（时间）、Wind UV（风 U/V）、Observer Speed（观测速度）、Num Frequencies（频率数目）、Wave Dir Spread（波浪方向扩散）、Wave Length Min（最小波长）、Wave Length Max（最大波长）。值得说明的是Ocean纹理不同于Ocean Shader，Ocean Shader是一个光照模型，包含高光、环境、折射、反射等，而这里的Ocean节点仅仅是作为纹理出现。

●PSD File（PSD文件）： Photoshop格式的文件，可以很好地利用Photoshop的图层和Maya进行交互。其参数属性和File节点很类似。

●Ramp（渐变）：Ramp纹理的Type（类型）有V Ramp（V向渐变）、U Ramp（U向渐变）、Diagonal Ramp（对角渐变）、Radial Ramp（辐射渐变）、Circular Ramp（环形渐变）、Box Ramp（方盒渐变）、UV Ramp（UV渐变）、Four Corner Ramp（四角渐变）、Tartan Ramp（格子渐变），Interpolation（插值）方式有 None（无）、Linear（线形）、Exponential Up（指数上升）、Exponential Down（指数下降）、Smooth（光滑）、Bump（凹凸）、Spike（带式）。使用Selected Color（所选颜色）和Selected Position（所选位置）可以编辑渐变色彩和位置，而U Wave（U向波纹）、V Wave（V向波纹）、Noise（噪波）、Noise Freq（噪波频率）可以随机渐变纹理。而HSV Color Noise（HSV色彩噪波）可以控制渐变色彩的随机，其参数有Hue Noise（色相噪波）、Sat Noise（饱和度噪波）、Val Noise（明度噪波）、Hue Noise Freq

（色相噪波频率）、Sat Noise Freq（饱和度噪波频率）、Val Noise Freq（明度噪波频率）。

●Water（水波）：可以表现水波等纹理，使用Number Of Waves（波纹数目）、Wave Time（波纹时间）、Wave Velocity（波纹速度）、Wave Amplitude（波纹振幅）、Wave Frequency（波纹频率）、Sub Wave Frequency（次波纹频率）、Smoothness（光滑度）、Wind UV（风向 UV）来控制波纹纹理，而Concentric Ripple Attributes（同心波纹属性）可以控制同心波纹的属性。

（3）2D纹理公共属性

2D Textures（2D纹理）都有如下的公共属性。

●Color Balance（色彩平衡）：可以整体调整纹理的色彩，如果是贴图，则不会改变贴图本身，但可影响渲染结果，这为我们的制作带来了极大的方便，因为我们有时需要重复使用某贴图，并对其进行局部的调整（如对比度、色相等），使用Color Balance（色彩平衡），可以在Maya内部调整贴图调用的效果，而不改变贴图本身，这样我们只需要一个贴图就可以了。如果不使用Color Balance（色彩平衡），我们也许需要在Photoshop中调整贴图并存储，这样就要调用好几张类似的贴图。Color Balance（色彩平衡）下的参数有Default Color（默认颜色）、Color Gain（色彩增益）、Color Offset（色彩偏移）、Alpha Gain（阿尔法增益）、Alpha Offset（阿尔法偏移）、Alpha Is Luminance（阿尔法作为亮度）。提高Color Gain（可以大于1），降低Color Offset（可以小于0），可以增加纹理的明暗对比度，而修改Alpha Gain，可以影响纹理的Alpha，从而影响Bump、Displacement等效果，尤其对于Displacement，我们常常通过调整Alpha Gain来调整置换深度。此外，设定Color Gain为暖色调，Color Offset为冷色调，甚至为Color Gain和Color Offset添加Ramp节点，可以得到更加丰富的纹理细节。

●Effects（特效）：其参数主要有Filter（过滤）、Filter Offset（过滤偏移）、Color Remap（重贴颜色）等，其中设定Filter和Filter Offset可以防止纹理锯齿，而Color Remap（重贴颜色）则通过Ramp节点，可以重新定义纹理的色彩混合等。

图3-38 3D纹理

●UV Coordinates（UV坐标）：控制纹理的UV坐标，参数为U Coord和V Coord。这里Maya会自动将其与Place2DTexture节点作连接，我们不需要调整。

（4）3D Textures（3D纹理）

与2D Textures（2D纹理）不同，3D Textures（3D纹理）与模型表面的位置相关，而2D Textures（2D纹理）仅与模型的UV相关，与模型的位置无关。一般情况下，在渲染时，2D纹理的运算量很小，但会占用比较多的内存资源。而3D纹理则相反，运算量比较大，要占用较多的CPU资源，但节省内存。如图3-38。

在大型的影视渲染输出时，为了求得快速稳定的渲染，通常都将运算量大的3D纹理转换为2D纹理。

●Brownian（布朗）：控制Brownian纹理的参数有Lacunarity（缺项）、Increment（增量）、Octaves（倍频）、Weight 3d（3D权重）。Brownian纹理与前面的Noise和Fractal纹理类似，都是黑白相间不规则的随机纹理。但随机的方式不太一样。Brownian纹理同样可以表现岩石表面、墙壁、地面等随机纹理，也可以用来做凹凸纹理。

●Cloud（云）：黑白相间的随机纹理，可以表现云层、天空等纹理，但我们可以通过Cloud1和Cloud2来调整Cloud纹理的色彩，Maya默认的是黑白两色。而Contrast（对比）可以控制Cloud1和Cloud2两种色彩的对比度，而 Amplitude（振幅）、Depth

（深度）、Ripples（波纹）、Soft Edges（柔边）、Edge Thresh（边缘反复）、Center Thresh（中心反复）、Transp Range（透明度范围）、Ratio（比率）等参数可以控制Cloud纹理的更多细节。

●Crater（弹坑）：Crater纹理可以表现地面的凹痕、星球表面的纹理等，调整Shaker（混合）可以控制Crater纹理的外观，更重要的是Crater纹理包含三个色彩通道Channel1、Channel2和 Channel3，Maya默认的色彩是红绿蓝，如果把其他纹理如Noise、Fractal等连接到Channel1、Channel2或Channel3上，可以得到更加丰富的混合纹理效果。Melt（融化）可以控制不同色彩边缘的混合，Balance（平衡）控制三个色彩通道的分布， Frequency（频率）控制色彩混合的次数。而Normal Options（法线选项）的参数仅在Crater纹理作为凹凸（Bump）贴图时才有效，其参数有Norm Depth（法线深度）、Norm Melt（法线融合）、Norm Balance（法线平衡）、Norm Frequency（法线频率）。

●Fluid Texture 3D（3D流体纹理）：与Fluid Texture 2D纹理类似，可模拟3D流体的纹理，设定3D流体的密度、速度、温度、燃料、纹理、着色等。

●Granite（花岗岩）：常常用来表现岩石纹理，尤其是花岗岩。 Granite纹理含Color1、Color2、Color3和Filler Color（填充色）四种色彩，而Cell Size（单元大小）可以控制岩石单元纹理的大小。其他参数有Density（密度）、Mix Ratio（混合比率）、Spottyness（斑点）、Randomness（随机值）、Threshold（阀值）、Creases（褶皱）等。

●Leather（皮革）：常常用来表现皮衣、鞋面等纹理，也可以表现某些动物的皮肤，配合Bump（凹凸）贴图，效果更好。 其属性参数有Cell Color（单元颜色）、Crease Color（折缝颜色）、Cell Size（单元大小）、Density（密度）、Spottyness（斑点）、Randomness（随机值）、Threshold（阀值）、Creases（褶皱）等。

●Marble（大理石）：可以表现大理石等的纹理， 其参数有Filler Color（填充色）、Vein Color（脉络色）、Vein Width（脉络宽度）、Diffusion（漫射）、Contrast（对比度）， 而Noise Attributes（噪波）属性可以为大理石纹理添加Noise，其参数有Amplitude（振幅）、Ratio（比率）、Ripples（波纹）、Depth（深度）。

●Rock（岩石）：常常用来表现岩石表面的纹理，可以通过Color1和Color2控制岩石色彩， 调整Grain Size（颗粒大小）、Diffusion（漫射）、Mix Ratio（混合比率）可以得到更多效果。

●Snow（雪）：可用来表现雪花覆盖表面的纹理，配合使用Noise、Fractal等的Bump（凹凸）作用，可以得到不错的效果。 Snow纹理的参数有Snow Color（雪色）、Surface Color（表面色）、Threshold（阀值）、Depth Decay（深度衰减）、Thickness（厚度）。

●Solid Fractal（固体分形）：与Fractal类似，是黑白相间的不规则纹理，但Fractal是2D纹理，Solid Fractal是3D纹理。Solid Fractal的参数有Threshold（阀值）、Amplitude（振幅）、Ratio（比率）、Frequency Ratio（频率比）、Ripples（波纹）、Depth（深度）、Bias（偏差），而勾选Animated（动画）还可以动画纹理，使其随时间的不同而变化。

●Stucco（灰泥）：可表现水泥、石灰墙壁等纹理，其参数Shaker（混合）可以控制Stucco纹理的外观，Channel1和Channel2是色彩通道，Maya默认色彩是红和蓝，如果把其他纹理如Noise、Fractal等连接到Channel1或Channel2上，可以得到更加丰富的混合纹理效果。而Normal Options（法线选项）的参数仅在Stucco纹理作为凹凸（Bump）贴图时才有效，其参数有Normal Depth（法线深度）、Normal Melt（法线融合）。

●Volume Noise（体积噪波）：与2D Textures中的Noise（噪波）节点类似，可以表现随机纹理或作凹凸贴图使用，但这里的Volume Noise是3D纹理，其参数有Threshold（阀值）、Amplitude

（振幅）、Ratio（比率）、Frequency Ratio（频率比）、Depth Max（最大深度）、Inflection（变形）、Time（时间）、Frequency（频率）、Scale（缩放）、Origin（原点）、Implode（爆炸）、Implode Center（爆炸中心）。而Noise Type（噪波类型）有Perlin Noise、Billow、Volume Wave、Wispy、SpaceTime。

●Wood（木纹）：可表现木材表面的纹理，其参数有Filler Color（填充色）、Vein Color（脉络色）、Vein Spread（脉络扩散）、Layer Size（层大小）、Randomness（随机值）、Age（年龄）、Grain Color（颗粒颜色）、Grain Contrast（颗粒对比度）、Grain Spacing（颗粒间距）、Center（中心）。 而Noise Attributes（噪波属性）下的AmplitudeX/Y（振幅X/Y）、Ratio（比率）、Ripples（波纹）、Depth（深度）等参数可以为木纹纹理添加噪波。

3.2.2 Maya与Max的位图

程序贴图是通过计算机程序的方式对物体表面纹理的一种模拟，具有占用资源少、易于控制的特点，适合表现大面积的有着重复纹理的表面，但如果遇到有独特纹理或者图案的表面程序贴图就不能很好地模拟表面效果，此时一般会采用位图的方式进行处理。

在Maya中位图的读取一般通过2D Textures（2D纹理）中的File（文件）进行，在Maya中还有一些地方要用到位图，如环境贴图、层贴图等等。

（1）Environment Textures（环境纹理）

Environment Textures（环境纹理）：在制作中常常赋予环境纹理于贴图，来虚拟物体所处的环境，用于反射、照明等。如图3-39。

●Env Ball（环境球）：用来模拟球形环境，有Image（图像）、Inclination（倾角）、Elevation（仰角）、Eye Space（眼睛空间）、Reflect（反射）等参数。Env Ball最经典的用法是在Image（图像）属性上追加纹理贴图，然后将Env Ball连接到表面材质（Blinn、Phong之类）的Reflect Color（反射色）上，这样我们就使用Env Ball简便地虚拟了物体的反射环境。

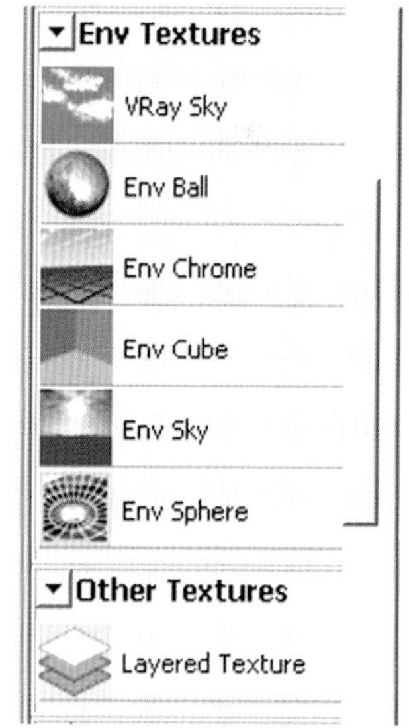

图3-39 环境贴图

●Env Chrome（镀铬环境）：使用程序纹理虚拟一个天空和地面，来作为反射环境。其参数有Env Chrome Attributes（镀铬环境属性）、Sky Attributes（天空属性）、Floor Attributes（地板属性）、Grid Placement（网格放置）。

●Env Cube（环境块）：使用六个面围成的立方体来模拟反射环境，六个面分别为Right（右）、Left（左）、Top（顶）、Bottom（底）、Front（前）、Back（后）。可以在不同的面上追加相应的纹理贴图，以模拟反射环境。

●Env Sky（环境天空）：可以模拟天空的反射环境，其属性有Environment Sky Attributes（环境天空属性）、Sun Attributes（太阳属性）、Atmospheric Settings（大气设置）、Floor Attributes（地板属性）、Cloud Attributes（云彩属性）、Calculation Quality（计算质量）等。

●Env Sphere（环境球）：可以在其Image（图像）属性上追加纹理贴图，直接把图片贴到一个球上模拟物体所处的环境。Shear UV（UV切变）和Flip（翻转）可以调整纹理的位置。

（2）Other Textures（Layered Texture）层纹理

Maya中的Other Textures只包含一个Layered Texture（层纹理）选项。如图3-40。

Layered Texture（层纹理）：与Layered Shader（层材质）类似。我们可以使用Layered Texture混合其他纹理，如Noise、Cloud、Stucco等等，还可以设定混合模式。Layered Texture的

每个层有个Color（色彩）属性，可以将其他纹理连接到Color（色彩）属性上，还可以调整每个图层的Alpha值。而图层的Blend Mode（混合模式）有None（无）、Over（叠加）、In（入）、Out（出）、Add（相加）、Subtract（相减）、Multipy（相除）、Difference（差值）、Lighten（变亮）、Darken（变暗）、 Saturate（饱和度）、Desaturate（降低饱和度）、Illuminate（照亮）等等。

图3–40 层纹理

（3）3dsmax中的位图

3dsmax中位图的使用与Maya相类似，在材质编辑器中选择材质球，在（Maps）贴图模块有很多贴图通道，如Diffuse Color(漫反射颜色）、Bump（凸凹贴图）等等，点击Map（贴图）空白栏选择Bitmap（位图）图标，点击后可以使用计算机内的图片作为位图贴图，在此不再赘述。

3.2.3 Maya的节点与效用工具

（1）General Utilities（一般效用工具）

Maya中的General Utilities（一般效用工具）。如图3–41。

General Utilities（一般效用工具）常用节点介绍。

●Array Mapper（阵列映射节点）：一般用于离子。例如为离子添加Per Particle Attribute（每离子属性）时，如RgbPP，可以为离子着色。如果使用纹理贴图或者Ramp节点为离子着色时，Maya通过Array Mapper节点将Ramp或贴图的色彩映射到每个离子上，因为离子不像多边形含有UV信息，故必须使用Array Mapper节点来完成纹理空间到离子的映射。

●Bump 2D（2D凹凸节点）：可以表现凹凸效果。通过Bump 2D节点，可以不通过建模而改变模型表面的法线，从而实现凹凸效果。通常情况下，我们不需要单独创建Bump 2D节点，常用的凹凸纹理使用方法是直接将2D纹理用鼠标中键拖动到材质球的Bump map属性上，Maya会自动在材质球与纹理之间插入Bump 2D节点。

●Bump 3D（3D凹凸节点）：与Bump 2D节点类似，同样可以表现凹凸效果。但Bump 3D是连接3D纹理与材质球的，而Bump 2D是连接2D纹理与材质球的。

●Condition（条件节点）：可以作判断，相当于编程语言中的if–else语句。Condition节点可以完成很多工作，典型的用法是使用Condition节点制作双面材质。Condition节点中含有两个输入条件： First Term（条件1）、Second Term（条件2），而判断标准是Operation（运算），含有Equal（等于）、Not Equal（不等）、Greater Than（大于）、Greater or Equal（大于或等于）、Less Than（小于）、Less or Equal（小于或等于）；输出结果是Color If Ture（真值时的色彩）和Color If False（假值时的色彩）。

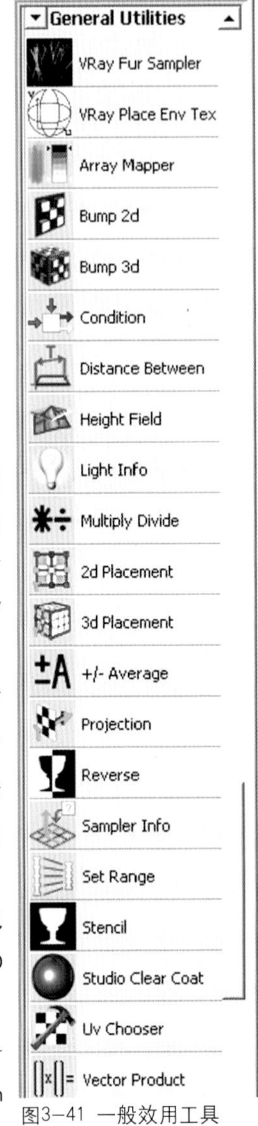

图3–41 一般效用工具

●Light Info（灯光信息）：与Sampler Info（取样信息）节点类似，可以输出灯光在世界坐标空间中的位置、灯光照射的方向、灯光到照射点的距离。使用Light Info节点可以制作一些跟灯光位置、光照方向等相关的质感特效。

●Multiply Divide（乘除节点）：可以对Input1和Input2作乘除、乘方运算，并输出运算结果。Operation（运算）方式有No operation（无运算）、Multiply（乘）、Divide（除）、Power（乘方）。

●2D Placement（2D纹理放置节点）：可以控制纹理在模型表面的位置、方向、重复等。

其参数有Interactive Placement（交互放置）、Coverage（覆盖范围）、Translate Frame（变换帧）、Rotate Frame（旋转帧）、Mirror U（U向镜像）、Mirror V（V向镜像）、Wrap U（U向重叠）、Wrap V（V向重叠）、Stagger（交错）、Repeat UV（UV重复）、Offset（UV偏移）、Rotate UV（旋转UV）、Noise UV（UV随机）等。一般来说我们不需要单独创建2D Placement节点，在创建2D纹理时，如Checker、Coth等，Maya都会自动创建2D Placement节点并与2D纹理作相应的连接。

●3D Placement（3D纹理放置节点）：与2D Placement节点类似，但用于3D纹理的放置。参数也略有不同，有Translate（变换）、Rotate（旋转）、Scale（缩放）、Shear（切变）、Interactive Placement（交互放置）等，但没有Repeat UV（UV重复）等参数。一般来说我们不需要单独创建3D Placement节点，在创建3D纹理时，如Leather、Marble等，Maya都会自动创建3D Placement节点并与3D纹理作相应的连接。

●+/– Average（加减平均节点）：可以接受其他纹理或节点的输入，然后输出运算结果。Operation（运算）方式有No operation（无运算）、Sum（求和）、Subtract（求差）、Average（平均值）。使用+/– Average节点，我们可以简单地混合两个以上的纹理的效果。

●Projection（投影节点）：可以控制2D纹理到模型的投影方式。Proj Type（投影方式）有Planar（平面）、Spherical（球形）、Cylindrical（柱形）、Ball（球形）、Cubic（立方体的）、Triplanar（三角的）、Concentric（同心的）、Perspective（透视的）。其他参数有Interactive Placement（交互放置）、Fit To Box（与包围盒匹配）、Image（图像）、U Angle（U角度）、V Angle（V角度）等。其中Image（图像）属性可以接受其他纹理节点的输入。

●Sampler Info（取样信息节点）：可以获取模型表面上取样点的位置、方向、切线，相对于摄像机的位置等信息，其参数有Point World（取样点世界坐标）、Point Obj（取样点局部坐标）、Point Camera（取样点摄像机空间坐标）、Normal Camera（摄像机法线）、UV Coord（UV坐标）、Ray Direction（视线方向）、Tangent UCamera（摄像机U向切线）、Tangent VCamera（摄像机V向切线）、Pixel Center（像素中心）、Facing Ratio（朝向率）、Flipped Normal（反转法线）。

●Stenci（标签节点）：可以混合纹理边缘，扣除部分色彩等，Image（图像）可以接受其他纹理节点的输入，Edge Blend（边缘混合）和Mask（遮罩）可以调整纹理混合情况，当然Mask（遮罩）属性也可以接受其他纹理的输入。而HSV Color key（HSV色键）属性下可以设定要去除的色彩。

●UV Chooser（UV选择器）：对于多重UV坐标，即一个模型含有多个UV组的时候，Maya会自总创建UV Chooser节点，以在渲染时进行UV选择。所以一般情况下我们不需要单独创建。

（2）Color Utilities（色彩效用工具）

Color Utilities（色彩效用工具）包含色彩混合、校正等节点。如图3–42。

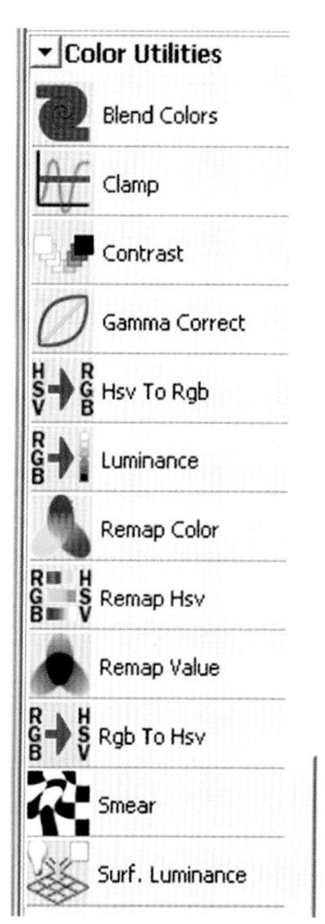

图3–42 Color Utilities

几个常用的Color Utilities（色彩效用工具）节点：

●Blend Colors（混合色彩节点）：可以将Color1和Color2混合输出，Blender参数可以控制混合权重，而Color1和Color2也可以接受其他纹理的输入。我们常常使用Blend Colors节点来混合两种纹理或者色彩。

●Clamp（夹具节点）：可以根据设定的Min（最小）和Max（最大）参数，来对Input作裁剪缩放，然后输出。Clamp节点与Set Range节点类似，但少了Old Max/Old Min参数。我们常常使用Clamp节点限定输出值的范围，例如把由纹理的输入值限定到Color所能接受的数值范围内。

●Luminance（亮度节点）：可以将纹理的RGB三色通道转换为一个单通道的灰度值，作为亮度通道（Luminance）输出。具体的数学公式是：Luminance = 0.3* Red + 0.59* Green + 0.11* Blue。

●Remap Color（重贴色彩）：Color（色彩）属性可以接受其他纹理的输入，Red（红）、Green（绿）、Blue（蓝）属性则可以单独控制三色通道，还可以在Input and Output Ranges（输入和输出范围）下设定色彩输入输出的最大最小值。我们可以使用Remap Color节点调整纹理的色彩，得到丰富的色彩效果；当然，Remap Color节点不仅仅适用于色彩调整，因为是三色通道，所以还可以对物体的TranslateXYZ、RotateXYZ等属性有效。所以我们还可以使用Remap Color节点制作物体的动画。

（3）Switch Utilities（开关效用工具）

Switch Ulilities（开关效用工具）主要是处理同一个材质球（Blinn、Lambert等）赋予多个物体的情况，可以令不同的物体有不同的纹理、质感。Switch Ulilities根据具体的通道创建Switch Ulilities节点并连接到相应的材质球或者2D Placement、3D Placement节点等属性上。然后再将对应的纹理或者2D（3D）Placement节点连接到Switch Ulilities节点上并对应相应的模型表面，以控制不同物体的纹理。如图3—43。

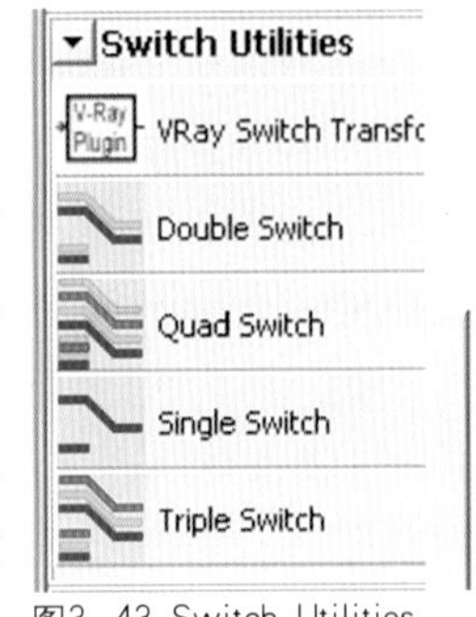

图3—43 Switch Utilities

●Double Switch（双通道开关节点）：可以接受双通道属性的输入。In Shape栏可以列出材质球所赋予的模型表面，In Double栏可以列出或者连接对应的双通道属性，如2D Placement的Repeat UV、Translate Frame等属性，以控制同一个材质球下的不同纹理。

●Quad Switch（四通道开关节点）：可以接受四通道属性的输入，主要是针对Mentalray的RGBA四通道的色彩模式。In Shape栏可以列出材质球所赋予的模型表面，In Quad栏可以列出或者连接对应的四通道属性，如纹理、材质的色彩（RGBA模式）。

●Single Switch（单通道开关节点）：可以接受单通道属性的输入。In Shape栏可以列出材质球所赋予的模型表面，In Single栏可以列出或者连接对应的单通道属性，如2D Placement的Rotate UV、材质的Bump纹理、Diffuse纹理、Glow Intensity等属性，以控制同一个材质球下的不同的纹理。

●Triple Switch（三通道开关节点）：可以接受三通道属性的输入。In Shape栏可以列出材质球所赋予的模型表面，In Triple栏可以列出或者连接对应的三通道属性，如纹理的outColor、Color Offset、Color Gain属性，以控制同一个材质球下的不同的纹理。

（4）Particle Utilities（粒子效用工具）

Maya中的Particle Utilities（粒子效用工具）只有一个选项Particle Sampler（粒子取样节点）。如图3—44。

Particle Sampler（粒子取样节点）：可以输出粒子的UV Coord（UV坐标），每粒子（per—particle）属性，如RgbPP（每粒子色彩）、OpacityPP（每粒子不透明度）等，粒子相关的5个标量和5个矢量，粒子的Birth Position和Birth world Position等。使用Particle Sampler节点，可以更好地控制粒子。

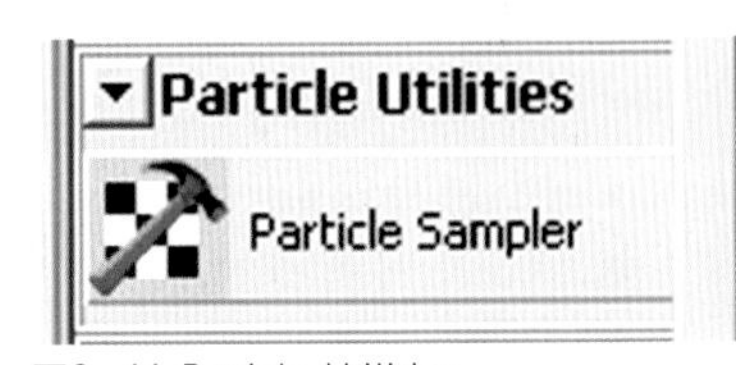

图3—44 Particle Utilities

（5）Image Planes（图板）

Maya中的Image Planes（图板），只有Image Plane（图板）一个节点。如图3—45。

Image Planes（图板节点）：可以引入摄像机图板，在图

板上赋予相应的贴图或纹理，可以在建模或动画时作为参考，或者作为动画时的环境。图板与相应的摄像机作连接，无论摄像机怎么旋转，图板都会始终正对着摄像机。创建Image Plane的简单方法是在相应的摄像机视图中，在面板菜单上选择View | Image Plane | Import Image，这样Maya会自动在相应的摄像机上创建Image Plane并作连接。

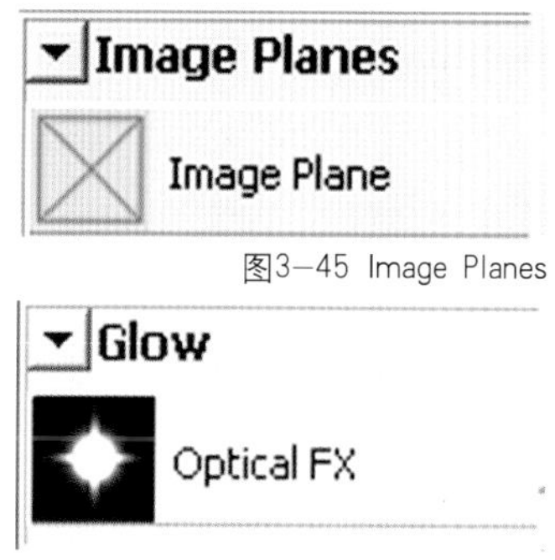

图3-45 Image Planes

图3-46 Glow Utilities

（6）Glow Utilities（发光效用工具）

Maya中的Glow Utilities（发光效用工具）。如图3-46。

Optical FX（光学特效节点）：与灯光配合，用来制作光学特效，如射线光、辉光、镜头光晕等。使用Optical FX的简单方法是在灯光的属性编辑器中的Light Effects（灯光特效）标签下单击Light Glow（灯光发射）后面棋盘格图标，即可快速创建Optical FX节点，并与灯光自动连接。

3.3 贴图的立体绘制

贴图绘制一般采用Photoshop或者Painter等绘画软件进行，贴图绘制内容一般包括色彩贴图、凸凹贴图、高光贴图等等，熟练掌握贴图绘制也是作为三维动画制作人的一项基本功。

传统的绘制方法如Photoshop等都是在平面上绘制的，平面绘制的优势是符合传统绘画习惯、比较容易掌握，但是在立体表面上的效果要通过多次测试、调节才能实现。为了更好地观察贴图在立体模型表面的附着情况，业界产生了许多立体绘制贴图的软件或者程序。

3.3.1 Body Paint的使用技巧

Body Paint 3D是目前较为高效、易用的实时三维纹理绘制以及UV编辑解决方案，现在已经完全整合到Cinema 4D中，其独创RayBrush/Multibrush等技术改变了贴图绘制的流程。

这里以一个头盔模型的贴图绘制来讲解Body Paint的简单用法。

首先在Maya中准备要进行贴图绘制的模型，本例使用一个已经展开UV的头盔模型。如图3-47。

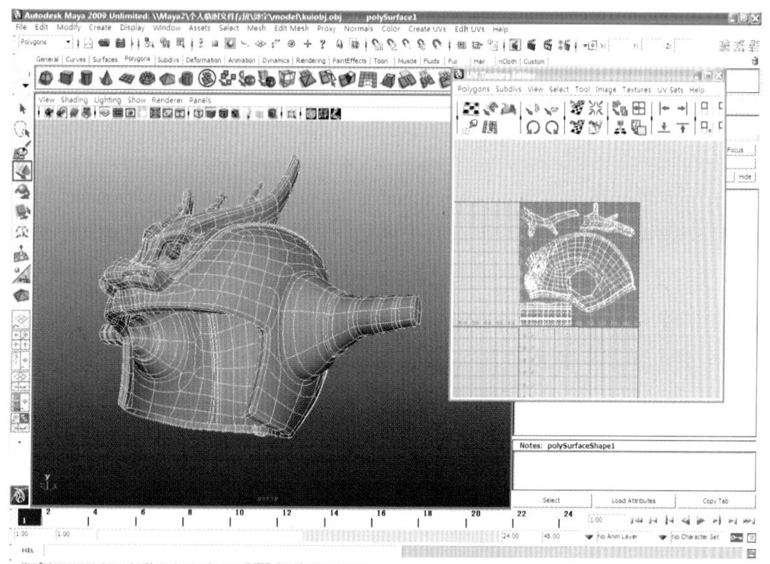

图3-47 准备模型

将头盔模型导出obj格式文件，打开Body Paint 3D软件。如图3—48。

在Body Paint软件中，选择File（文件）下拉菜单，将头盔obj文件打开。如图3—49。

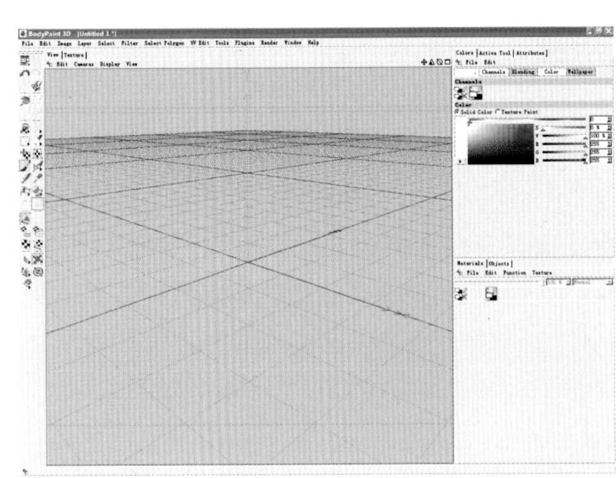

图3—48 Body Paint软件界面

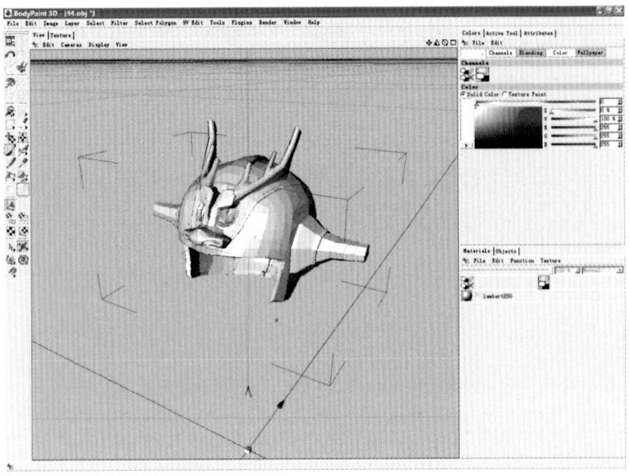

图3—49 打开模型文件

Body Paint的视图操作与Maya相似，使用鼠标左、中、右键和键盘【Alt】键来控制视图的移动、缩放、旋转，物体的移动、缩放、旋转与Maya稍微不同，Body Paint是使用键盘【E】、【R】、【T】来进行。

点击设置图标，进行贴图绘制前的设置，因为头盔模型已经在Maya展开过UV，这里使用Realign模式，确定贴图的尺寸及将要绘制的贴图通道，完成绘制前的设置。如图3—50。

切换至Texture（纹理）面板，可以看到原来在Maya中设置好的UV出现在工作区中，选择右侧颜色及笔刷面板，调整好笔刷直接在模型上绘制贴图。如图3—51。

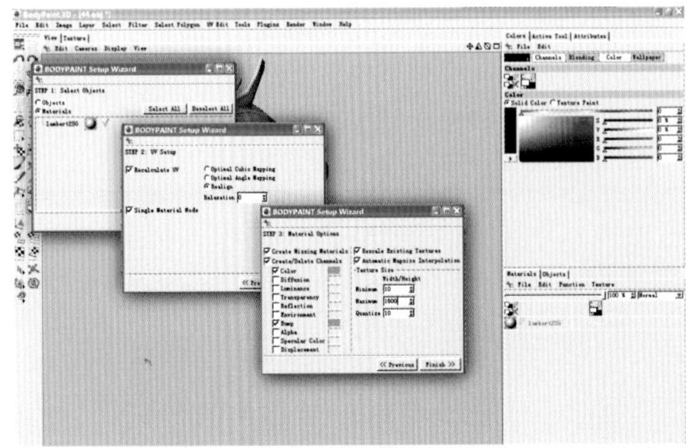

图3—50 绘制设置

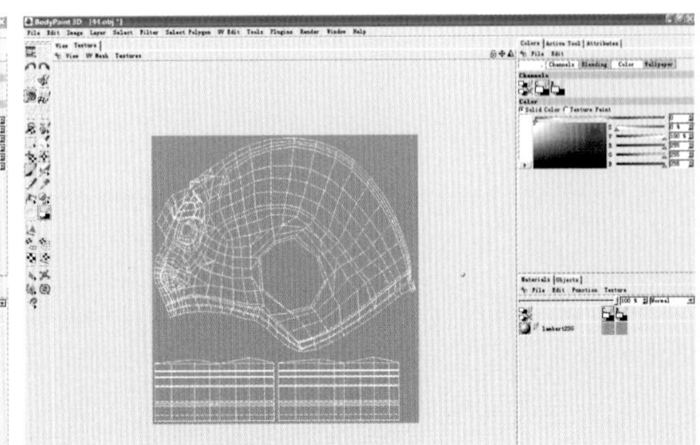

图3—51 Texture（纹理）面板及笔刷设置

如果原来已经绘制了部分贴图，可以点击材质球，进入材质面板，点击Image（图像）按钮，读取原来绘制的贴图文件。如图3—52。

绘制完成后将贴图另存，再进入Maya进行加载，完成贴图的绘制工作。

3.3.2 其他立体绘制技术

能进行立体绘制贴图的软件发展很快，除了Body Paint 3D之外，像ZBrush、3D Brush等也都将立体贴图绘制作为软件发展的重点。

以3D Brush为例，这款软件将雕刻模型与绘制纹理贴图高度结合，在同一界面完成两项工作。3D Brush可以进行3D图层的编辑，图层中包含深度、颜色、高光等通道并与Photoshop软件紧密结合，与PS可自由切换。

3D Brush还是一款极具活力的软件，很多用户的修改意见都得到采用，而且它对中文字符的支持较好，有着此类软件少有的中文界面。如图3—53。

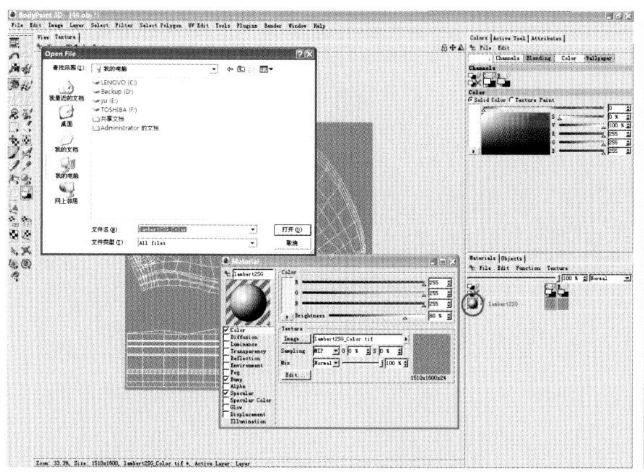

图3—52 导入已绘制贴图

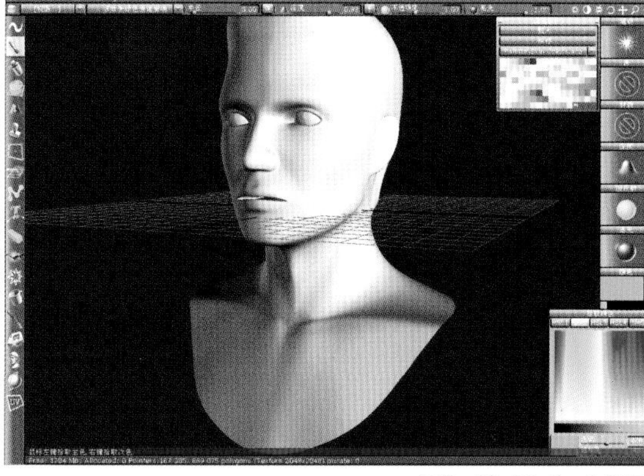

图3—53 3D Brush界面

第四章 灯光、渲染篇

三维动画的最终成果是动画视频或者静帧画面，这些画面的完成都必须经过渲染得到，而渲染效果的优劣除了模型、贴图之外，还有一个重要的元素，就是灯光设置，灯光设置与渲染设置一起成为三维动画流程中期的最后一个环节。

4.1 三维软件中的灯光

三维软件中的灯光来源于对真实世界光线的模拟，了解自然光源的特性对于掌握软件的灯光设置具有一定参考意义。

（1）现实中的光与色

据资料表明，人类从外界得到的信息大约有80%来自光和视觉，光的表现也是动画设计中比较重要的部分，动画制作者如果能巧妙地利用光的特性进行有意识地塑造，可以对整个动画的制作质量进行很大提升。

●光的物理特征

光是以电磁波形式传播的辐射能，一般人的眼睛可以感知的电磁波波长在400至700纳米之间，但还有一些人能够感知到电磁波波长在380至780纳米之间。如图4-1。

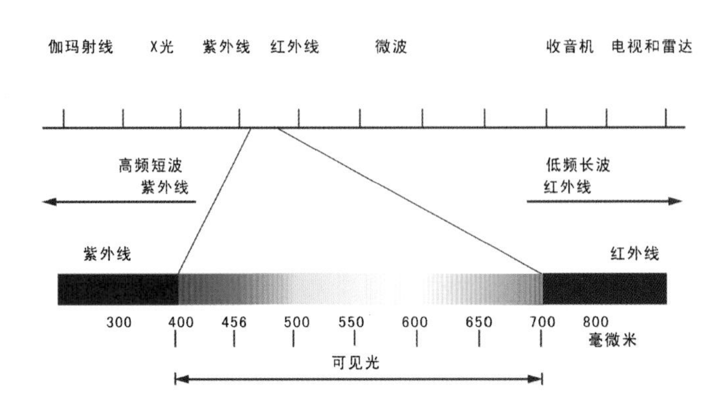

图4-1 可见光

光线是沿直线进行传播的，这决定了遮挡住光线的地方会产生阴影；光线可以被光滑的物体表面反射，这决定了物体的高光属性；光线在通过不同介质物体的时候会产生折射，这决定了玻璃物体复杂的焦散效果。

除了太阳光这种常见的自然光源之外，还存在大量的人工光源，如路灯、白炽灯、台灯等，这些也是动画中经常用到的光源，了解这些光线的物理知识对动画制作中更好地运用光线具有参考价值。

对人造光源的区别一般从色温来进行。色温是按绝对黑体来定义的，光源的辐射在可见区和绝对黑体的辐射完全相同时，此时黑体的温度就称此光源的色温。低色温光源的特征是能量中的红辐射相对说要多些，通常称为“暖光”；色温提高后，能量分布集中，蓝辐射的比例增加，通常称为“冷光”。

一些常用光源的色温为：标准烛光为1930K（开尔文温度单位）；钨丝灯为2760～2900K；荧光灯为3000K；闪光灯为3800K；中午阳光为5600K；电子闪光灯为6000K；蓝天为

12000～18000K。

●色彩基础知识

有光才会看到色彩，没有光线的情况下，一切色彩都失去意义，这也是美术教学中“光为色之母”说法的来源。

同时光线也深深地影响着色彩，在同一光源下，各个物体对光的吸收和反射等情况不同，因而物体呈现出不同的颜色；同时，对于同一物体，虽然它的吸收、反射等情况相同，但是在不同光源照射下，看到的颜色也会不同。例如，白色的物体在白色光下看是白色的，但是在蓝色光下看就是红蓝色的，在紫色光下看就是紫色的。再如，一片绿色叶子在室外的阳光下看是绿色的，而在暗室红灯下观看，几乎是黑色，这是因为绿叶只能反射绿光，而红灯发出的红光中缺少绿光，绿叶吸收了红光，而反射较少的光线，所以看起来是黑色的。

那么，物体的颜色主要是由光线来决定的，而且通常来讲，物体的颜色也是物体在太阳光下所反映出来的色彩，这种反映物体基本的色彩在色彩学上被称为“固有色”。

如果光源是带色彩倾向的，那个光线的颜色被称为“光源色”，光源色主要反映在物体受光的亮面，对物体暗部及阴影影响较少。

（2）三维软件灯光基础

三维软件中的灯光从根本来讲是对真实物理世界的模拟，掌握软件中灯光的使用还需要观察真实物理世界中的灯光与光线特点，软件参数的精确调节也是在不断积累经验的基础上进行的。

●灯光类型

Point Light（点灯光）：点灯光从光源位置处向各个方向平均照射，自然物理世界中的白炽灯、蜡烛光都可以称为点灯光。Maya直接以点灯光（Point Light）来称呼，在3dsmax中则称之为Omni（泛光灯），虽然名称不同，却有着相同的性质。如图4-2。

Spot Light（聚光灯）：聚光灯在一个圆锥形的区域中平均地发射光线，自然物理世界中的手电筒或探照灯发出的灯光都是这一类型，Maya、3dsmax都是以Spot Light命名，所不同的是3dsmax中又分了Target Spot（目标聚光灯）及Free Spot（自由聚光灯）这两种类型。如图4-3。

图4-2 3dsmax中的泛光灯效果

Directional Light（平行灯）：平行灯表示它的光线是互相平行的，使用平行灯可以模仿一个非常远的点光源，例如室外的自然阳光，在宇宙大尺度背景下太阳是一个点光源，而在地球上所接收到的阳光都是平行发射而来的。

图4-3 3dsmax中的聚光灯效果

Sky Light（天光）：模拟自然环境下室外没有太阳光直射而形成的布光情况，常常结合渲染器使用。如图4-4。

Area Light（区域灯光）：区域灯是二维的矩形光源，可以使用它来模仿

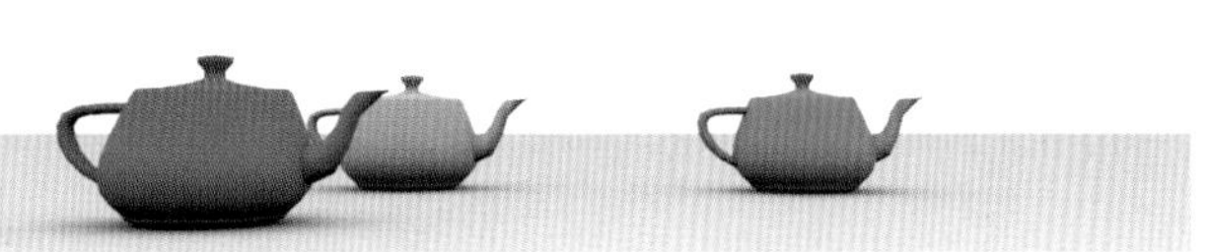

图4-4 3dsmax中的天光效果

窗户在表面上的矩形投影，一般结合渲染器使用。如图4–5。

Volume Light（体积灯）：照亮一个体积范围内灯光类型，可以改变体积容器造型。如图4–6。

Ambient light（环境光）：模拟漫反射的一种光源。它能将灯光均匀地照射在场景中每个物体上面，在使用Ambient Light时可以忽略方向和角度，只考虑光源的位置。如图4–7。

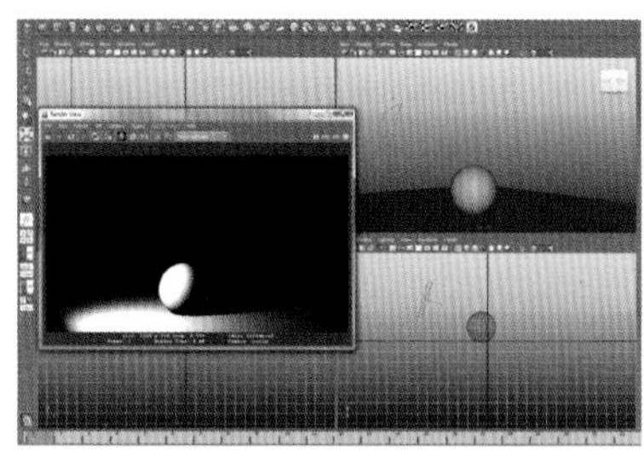

图4–5 Maya中的区域灯光及其渲染效果

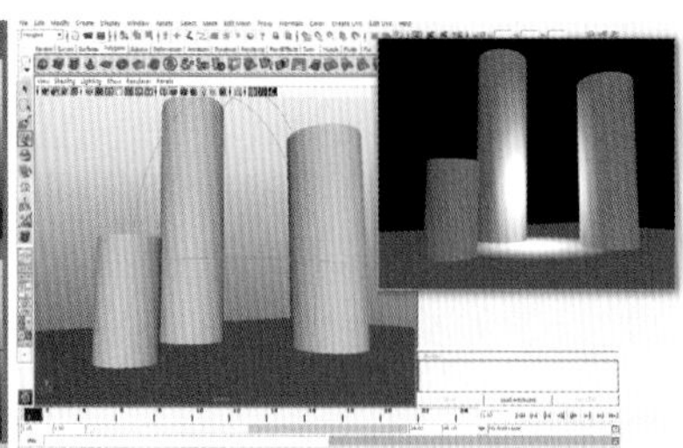

图4–6 Maya的体积光及其渲染后的效果

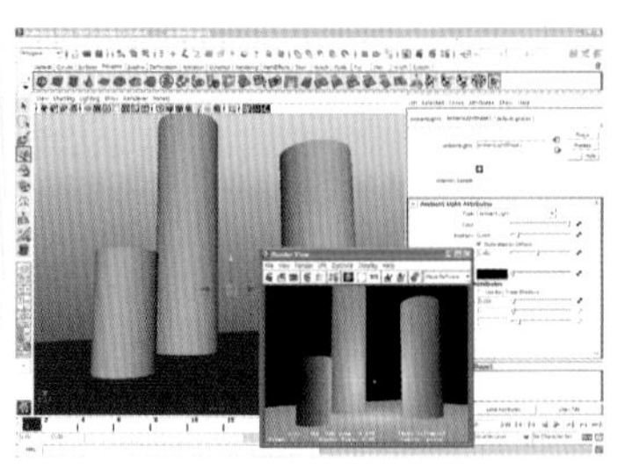

图4–7 Maya的环境光及其渲染后的效果

●灯光颜色与亮度

自然物理世界中的灯光比较复杂，比如一般情况下会把太阳光作为白光的代表，实际上太阳光是一种不同波长的光线混合在一起的混合光。如图4–8。

与自然环境不同，在三维软件环境中基本上都是单色光，三维软件中的灯光颜色不是靠波长频率决定的，而是根据RGB色彩系统调节出来的颜色进行的。

图4–8 由单色光组成的太阳光

在自然物理世界，对光线强度的描述可以通过多个指数来进行，如照度、光通量、光强等等。光通量是表示光源整体亮度的指标，单位为lm（流明），在投影仪的参数中通常可以看到；照度是表示照射到平面上的光的亮度指标，单位为lx（勒克司），表示光源射向平面状物体的光通量中，每单位面积的光通量，用于比较照明器具照射到平面上的明亮程度；亮度是表示从光源及反射面和透射面等二次光源向观测者发出的光的强度指标，单位为cd／m2，与光通量一样，是结合人眼的灵敏度表示的物理量。

在三维软件中表示光线强度的参数比较简单，一般采用强度或者倍增数值来表示。如图4–9。

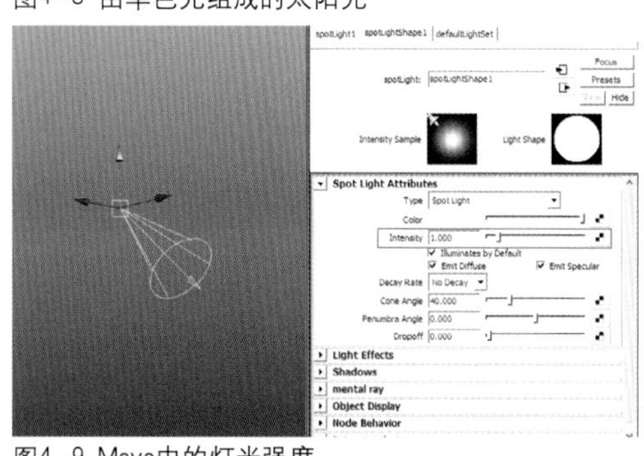

图4–9 Maya中的灯光强度

●灯光阴影

自然物理世界中的灯光都会产生阴影，但是在三维软件环境中，默认的灯光是没有阴影的，它可以直接穿透物体，要想让灯光产生阴影还必须打开灯光的阴影选项。如图4–10。

图4–10 Maya中阴影的开启

在三维软件中，阴影又分为Depth Map Shadows（深度贴图阴影）方式及Raytrace Shadows(光影追踪阴影方式)，如果使用了外挂渲染器，还会有更多类型的阴影方式，具体使用方法在灯光设置中进行讲解。

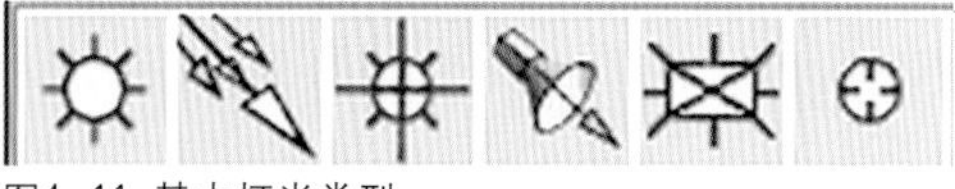

图4–11 基本灯光类型

4.1.1 Maya中的灯光设置

●灯光基本类型：Maya中有六种基本灯光，按照顺序分别为聚光灯、平行光、点光源、面光源、体积光、环境光。如图4—11。

●灯光的基本属性

灯光类型：灯光的类型在第一次创建之后还可以修改，类型在聚光灯、平行光、点光源、面光源、体积光、环境光之间切换，如果安装了其他渲染插件，就会出现更多的灯光切换类型。如图4—12。

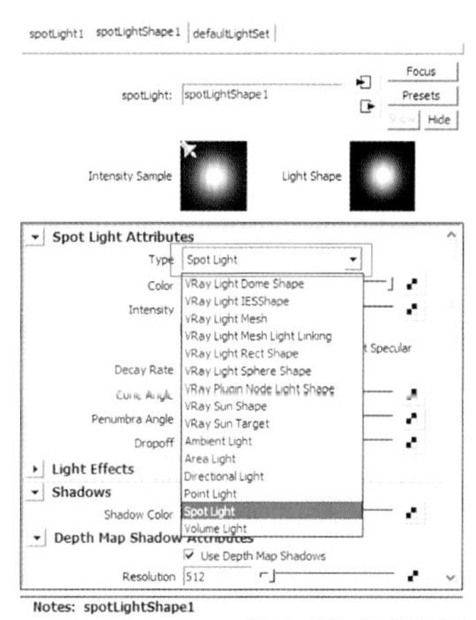

图4—12 灯光类型

灯光颜色：灯光颜色在灯光的Color（颜色）选项里面调节，默认是白色，调节颜色需要点击白色色彩方框，进入标准的色彩选择界面。如图4—13。

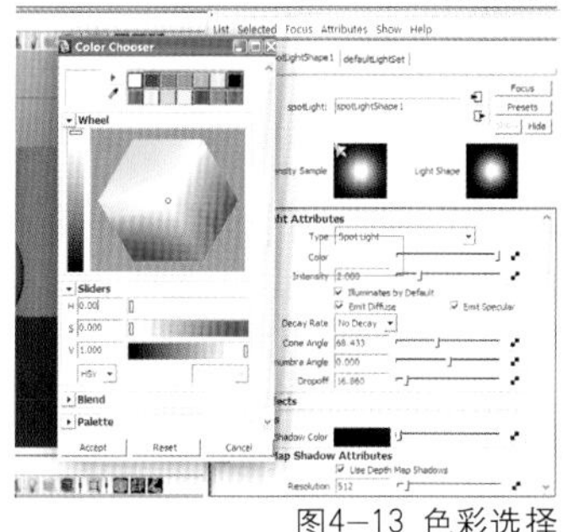

图4—13 色彩选择

灯光亮度：如果要改变灯光的亮度，就调节灯光的Intensity（强度）属性。如图4—14。

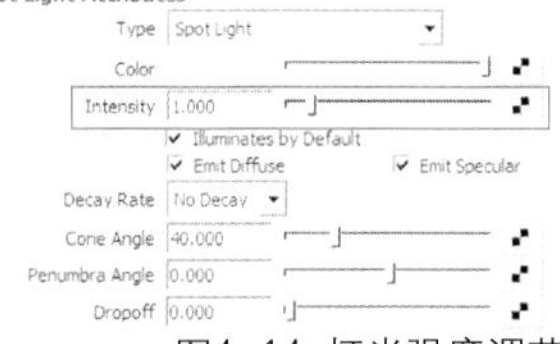

图4—14 灯光强度调节

Decay Rate（灯光衰减）：用来调节灯光的衰减率，它由一个下拉菜单构成，下拉菜单中有四个选项：No Decay（无衰减）、Linear（线性衰减）、Quadratic（平方衰减）和Cubic（立方衰减），默认状况下，灯光的衰减率一般是No Decay（没有衰减）。在现实生活中，光线的衰减一般呈平方衰减，而在Maya中，用得比较多的衰减率是线性衰减。另外，要调节灯光的衰减方式还可以为灯光建立一条强度曲线，通过编辑曲线来实现灯光强度的可控性。

Cone Angle（照射角度）：此参数为聚光灯所独有，它用来调节聚光灯的照射角度，默认角度是40°，可调控的范围是0.006°～179.994°。

Penumbra Angle（半影角）：控制的是聚光灯投射光线边缘的虚化。在缺省状态下，Penumbra Angle的值为0，此时聚光灯照射区域的边界是锐利的，当Penumbra Angle的值趋向负无穷大时，聚光灯的照射边缘向内虚化，而Penuumbra Angle的值趋向正无穷大时，聚光灯的照射边缘向外虚化。Penumbra Angle的值不能真正在正负无穷大这个值域中任意取值，它的值域范围是—189.994到189.994之间。

Dropoff（衰减）：Dropoff的值为0时，聚光灯照射区域的光线分布是均匀的，当Dropoff的值趋向于正无穷大时，聚光灯照射区域的亮度由中心向四周递减，其递减的程度与Dropoff的值成正比。默认情况下，Penumbra Angle和Dropoff的值都为0，当使用聚光灯模拟真实场景的时候，应该给这两项参数赋予非0的值。如图4—15。

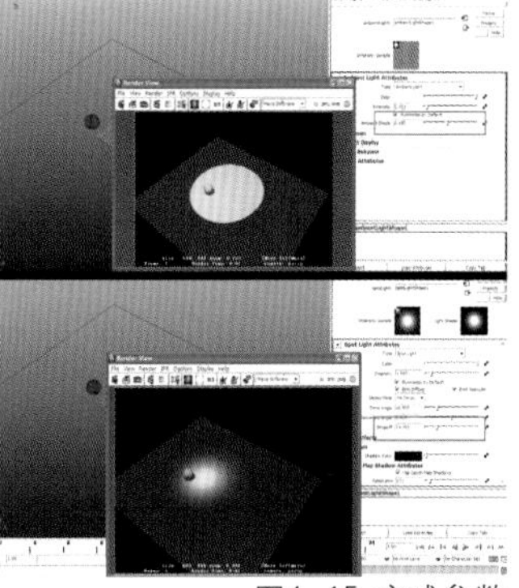
图4—15 衰减参数

Shadow Color（阴影颜色）：调节此参数来控制灯光投影的颜色，投影颜色参数栏后面棋盘格的贴图按钮可以通过贴图来让阴影产生特殊效果。

● Use Depth Map Shadows（使用深度贴图阴影）：此命令是与Use Ray Trace Shadows（使用光影追踪阴影）相对应是两种不同的计算阴影的方式，如果要给灯光加上投射阴影功能，只能勾选一项，两者不能同时选择。如图4—16。

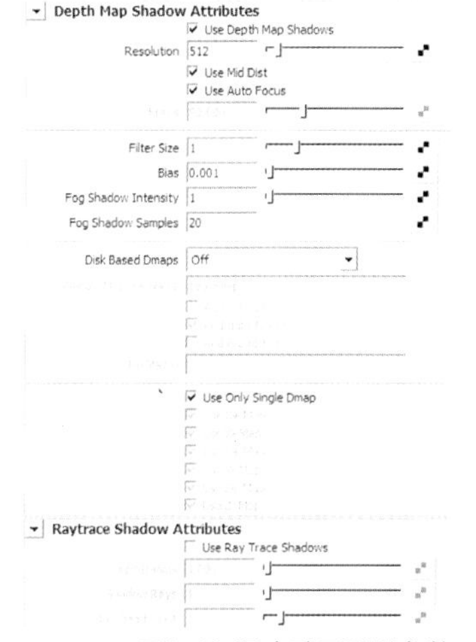

图4—16 深度贴图阴影参数

Resolution（解析度）：当Resolution的值设得很低的时候，阴影的边缘会呈现锯齿，而当此项数值设得过高的时候，则会增加渲染的时间（IPR窗口的即时渲染功能不支持Resolution值的更新）。如果需要柔和的阴影来体现灯光的柔和，可以适当地降低Resolution的值。

Use Mid Dist：有时候被照亮物体的表面有不规则的污点和条纹，这时候将灯光的Use Mid Dist命令打开，将有效去除这种不正常的阴影，在默认状态下，此参数是打开的。

Use Auto Focus：如果场景中的物体投射的阴影边缘会呈现出锯齿状，其中一种解决方案是将产生投射阴影的灯光的Use Dmap Auto参数打开，并将场景中不需要投射阴影的物体的Casts Shadows参数关闭，默认状态下，此项命令是打开的。

Filter Size：默认设置是1，可以通过调节此参数来调节阴影边缘的柔化程度，此项参数设置得越大，阴影的边缘越柔和。

Bias（贴图偏心率）：可以使阴影和物体表面分离，数值越大阴影与物体分离得越远。

Fog Shadow Intensity：在打开灯光雾的时候，场景中物体的阴影颜色会呈现不规则显示，调节Fog Shadow Intensity参数来调节灯光雾中阴影的强度。

Fog Shadow Samples（雾阴影取样参数）：默认值为20，当加了灯光雾后，可以调节此参数来控制物体阴影的颗粒状。

●Use Ray Trace Shadows（光影追踪阴影）：光影追踪阴影是在光线追踪过程中产生的，在大部分情况下，光线追踪阴影能够提供非常好的效果，但是软件对整个场景计算光线跟踪阴影，这样将非常耗费时间。有些情况下，比如出现透明物体时，要用到光线追踪阴影来表现光线穿过透明物体时的情景。如图4—17。

Light Radius：柔化阴影的边缘，使阴影的边缘不那么硬，但是会使阴影边缘呈现粗糙的颗粒状。

Shadow Rays：使用Light Radius命令后，阴影边缘会呈现颗粒状，这时加大Shadow Rays的值，可以将阴影边缘的颗粒模糊化，这将使物体阴影看上去更真实。

Ray Depth Limit：调节此参数可改变灯光光线被反射或折射的最大次数。此参数默认值是1。为提高渲染光线跟踪阴影的速度，当Light Radius的值为非0的时候，尽量将Shadow Rays和Ray Depth Limit的值设小，Ray Depth Limit的值一般情况下设为1。

4.1.2 Max中的灯光设置

3dsmax中的灯光使用与Maya极为类似，标准类型下有六种基本灯光：Target Spot（目标聚光灯）、Free Spot（自由聚光灯）、Target Direct（目标平行光）、Free Direct（自由平行光）、泛光灯（Omni）、Skylight（天光）。在比较新的版本中还加入了mr Area Omni（mental ray渲染器的面积泛光灯）及mr Area Spot（mental ray渲染器的面积聚光灯）。如图4—18。

3dsmax灯光的调节可以在创建灯光的同时在右侧面板中进行设置，也可以在灯光创建后键入Modify（编辑）面板进行调节，这里以常用的Target Spot（目标聚光灯）为例进行设置的简单讲解。

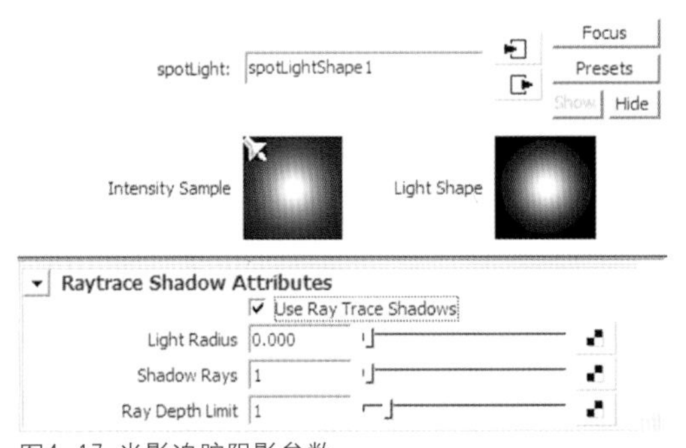

图4—17 光影追踪阴影参数

图4—18 3dsmax的灯光类型

●Name and Color（名字与颜色）：修改名字主要是为了方便进行灯光管理，如果场景中有很多的灯光，在一定程度上会难以分辨而带来麻烦，进而降低工作效率。灯光所属颜色不代表灯光的光色，只是为了进行物体的区分，改变这个颜色后，视图中灯光线框显示会跟着改变。

●General Parameters（普通参数）：主要控制灯光的开启与关闭和灯光阴影的开启与关闭，如果开启了阴影，则可以选择阴影的类型。如图4—19。

图4—19 灯光普通参数

在这一个参数里面还有一个重要按钮就是右下方的Exclude（排除），点击后出现灯光排除面板，面板左侧一栏内是该灯光能够起作用的物体名单，如果选择物体通过两栏之间的转换按钮移动到右侧一栏中，则该灯光对此物体不再起作用，就是说将右侧一栏的物体排除在灯光照射之外。如图4—20。

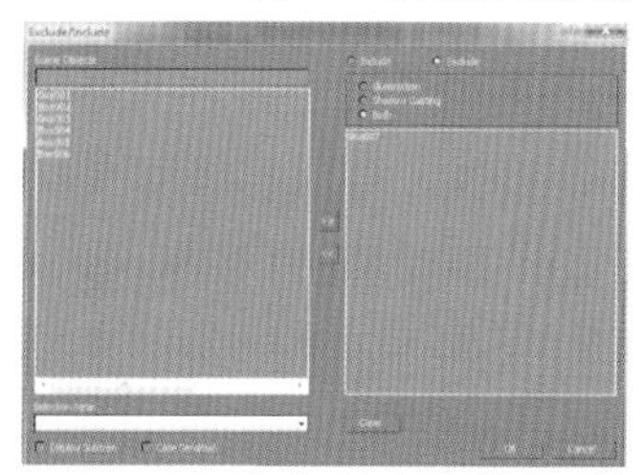
图4—20 灯光排除面板

●Intensity/Color/Attenuation（强度/颜色/衰减）：灯光强度调节、色彩调节剂、灯光照射衰减范围调节。如图4—21。

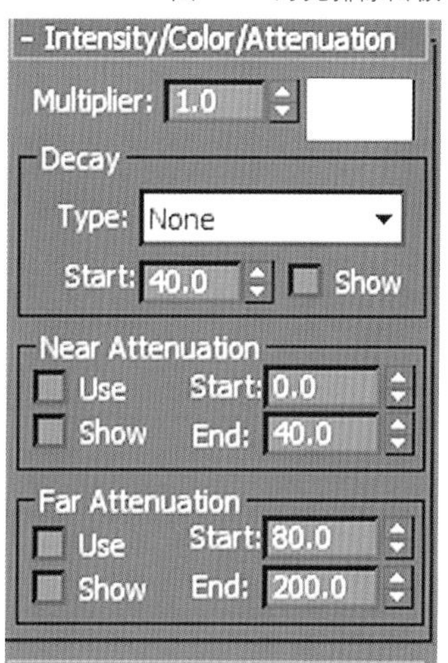

图4—21 灯光强度、色彩及照射范围

Multiplier（倍增器）：倍增器改变灯光的强度，一般情况下为正值，如果调成负值，灯光就变成一个吸光的装置来将周边环境变暗。

Color（颜色）：默认为白色即是灯光产生白光，点击后出现标准的颜色取色面板进行色彩调节。如图4—22。

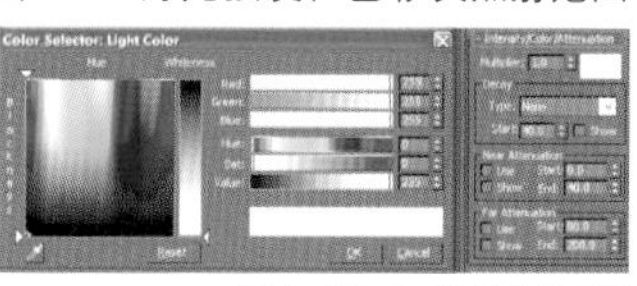
图4—22 色彩选择面板

●Advanced Effects（高级效果）

Affcet Surfaces（影响曲面）：主要是调整曲面漫反射区域与环境光之间的对比度、柔化等属性。

Projector Map（投射贴图）：将选定的贴图作为投影使用。

●Shadow Parameters（阴影参数）

Color（颜色）：决定灯光阴影的色彩。默认是黑色，根据需要也可以调节成其他颜色。如图4—23。

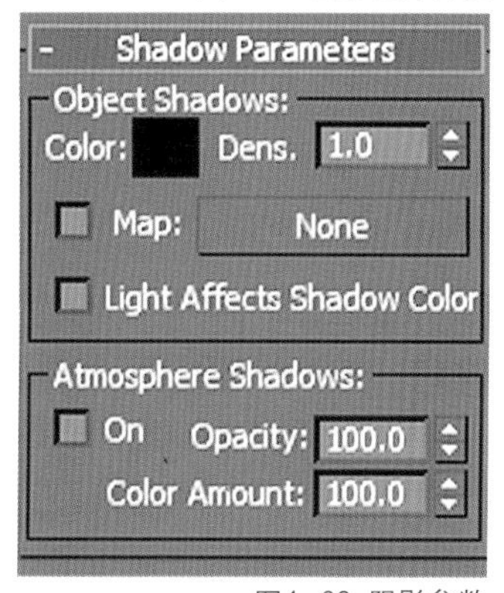

图4—23 阴影参数

Map（贴图）：可以使用贴图来作为投射的阴影图案。

Atmosphere Shadows（大气阴影）：使用大气效果的时候，可以打开此选项，即可产生投影。

●Shadow Map Params（阴影贴图参数）：控制阴影的质量及投射距离等。如图4—24。

Bias（偏离）：默认值为1，当参数为0时，阴影与物体完全接触，数值越大，阴影越远离物体。

Size（大小）：默认是512，当值越低时，越模糊。

Sample Range（采样精度）：默认为4.0，值越高，边缘越柔和，同时渲染时间也就越长。

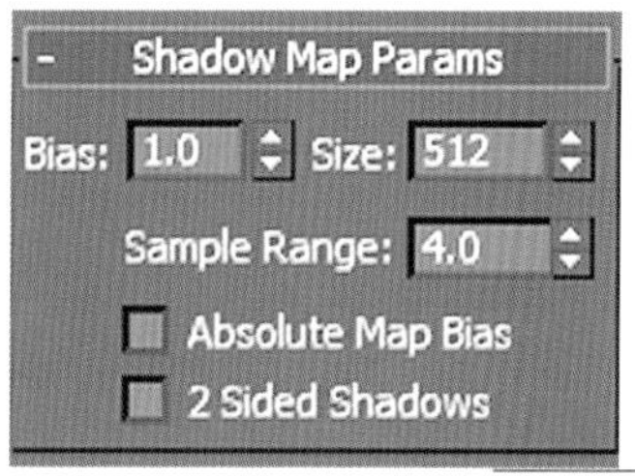

图4—24 阴影贴图参数

4.2 灯光与布光方案

布光又称照明或采光，两个灯以上组配时，使主光线和辅助光有效地配合应用，叫做布光。

三维场景当中布置灯光的意义首先在于照亮场景，让制作者能够观察到所设计的场景；其次就是渲染整个场景的气氛，使整个场景能够表达出我们所需要的丰富的感情色彩。

在布光过程中，应按照不同类型场景的气氛需要和现实场景的实际情况，选择合适的光源，并通过不同数量、不同光种灯具的灵活组合，以主体表现为依据，合理调整各类光线的强度和位置，正确进行灯光的布置。

4.2.1 经典布光方案

布光是随着影视摄影技术的发展而成熟的一门艺术，在发展过程中也产生了很多经典的布光方案，如单光源照明、全面布光法等等，其中最著名的是“三点布光”，这里以“三点布光”为例进行讲解。

三点布光由主光、辅光和反光三种类型的灯光布置而成。如图4—25。

● 主光

一个场景中，产生最主要作用的灯光一般也是产生投影的光。主光源不一定只是一个光源，也可能是一组灯光，集合在一起充当主光源的作用。

只有主光源的场景，阴影显得“实”，没有过度。如图4—26。

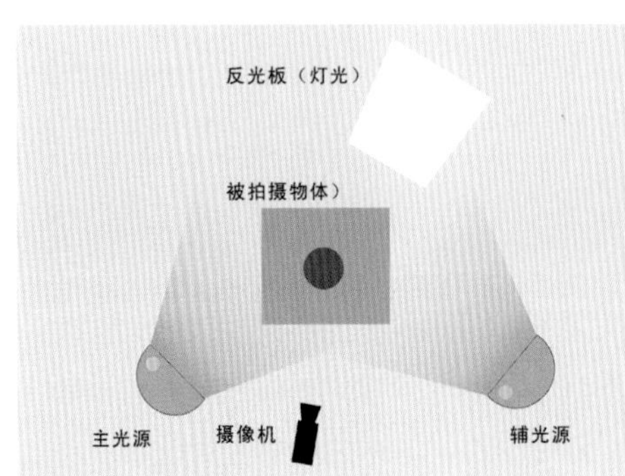

图4—25 三点布光

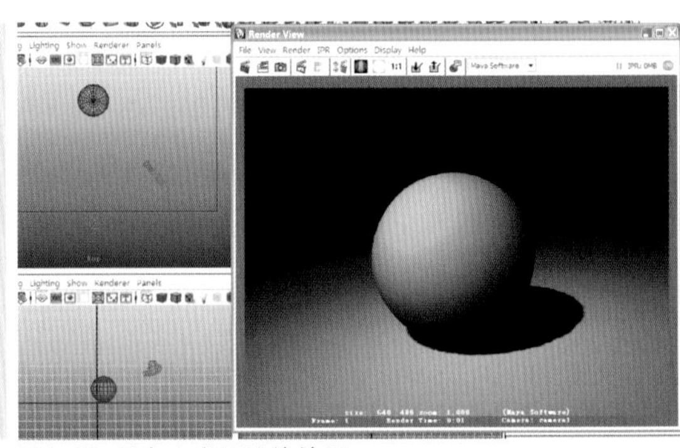

图4—26 只有主光源渲染效果

● 辅光

辅光也称为补光，用来填充场景的黑暗和阴影区域，主光是场景中最引人注意的光源，但辅助的光线可以提供景深和逼真的感觉。

辅光与主光要离开一定的距离，一般放置在与主光相对的位置，高度设置到能照射到阴影区域的位置，灯光强度要低于主光源。如图4—27。

● 反光

反光又叫背景光，通常作为“边缘光”，通过照亮对象的边缘将目标对象从背景中分开。它经常放置在四分之三关键光的正对面，它对物体的边缘起作用，引起很小的反射高光区。如图4—28。

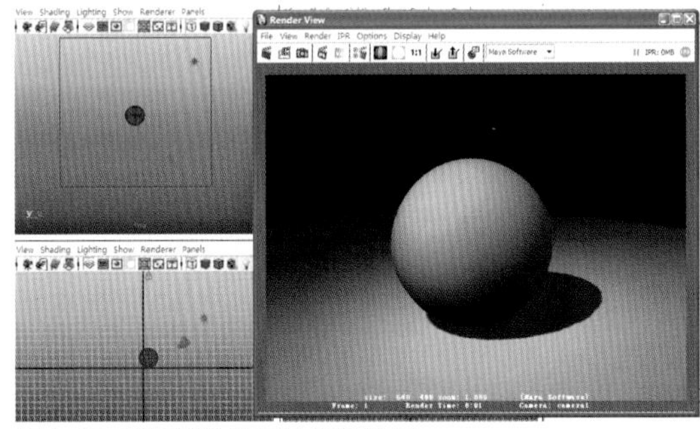

图4—27 添加辅助光后的渲染效果

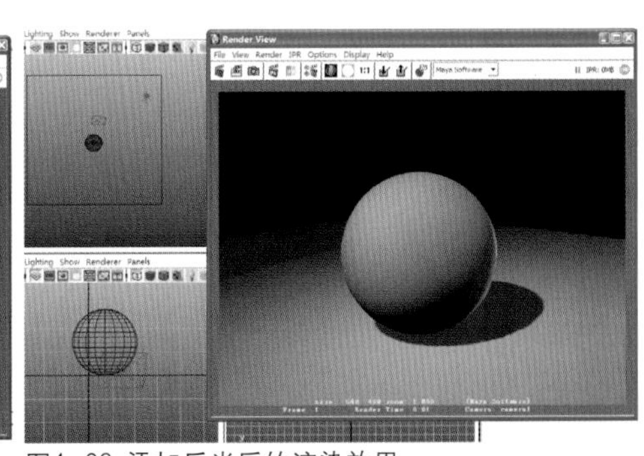

图4—28 添加反光后的渲染效果

4.2.2 特殊布光方案

在三维动画创作过程中，为了配合剧情发展，在布光处理上也会结合剧情发展的氛围进行针对性的灯光布置。

● 强对比的单灯布光

在表现一些压抑、紧张的气氛时，如审讯室等，经常会使用强对比的顶光布置，来加强压抑的气氛感觉。

● 剪影光

布光时在人物的后方布一个大面积柔和的逆光为背景，人物衬托在发光体上，整体轮廓清晰明朗，常用于特殊人物的出场。

● 自下向上照射的灯光

灯光自下而上，把角色的阴影留在上部，常常用在反面角色身上来加强反面角色的塑造。

● 阴阳光

布光时将主光始终置于人物脸部的正侧面进行布光，形成一个以人物鼻梁为中分线、明暗对比强烈的影调效果，阴阳光是比较有特点的一种用光，常用于个性人物表现上。

4.3 灯光布置实例

打开场景。如图4—29。

选择Create（创建）下拉菜单中的Light（灯光）菜单，点击Spot Light（聚光灯）选项，场景中出现一盏聚光灯。将聚光灯移动调整到场景上方，对参数进行调节。如图4—30。

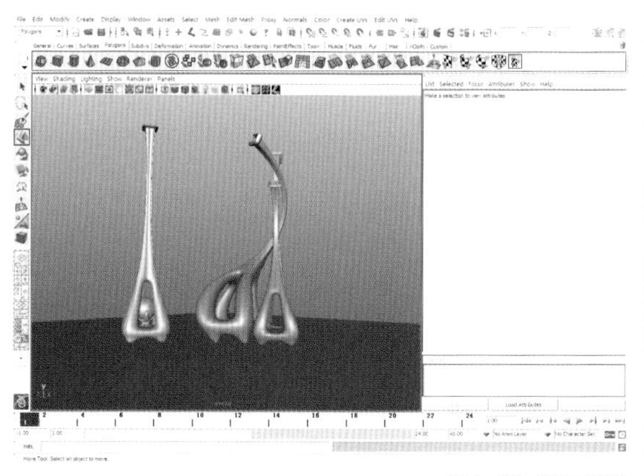

图4—29 场景模型

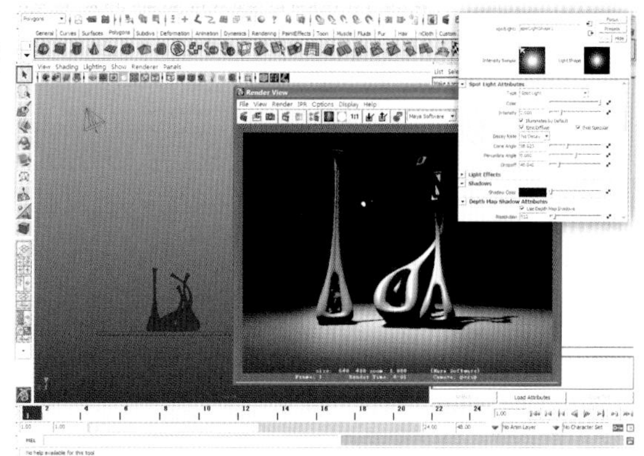

图4—30 调节主光参数

选择Create（创建）下拉菜单中的Light（灯光）菜单，点击Spot Light（聚光灯）选项，创建第二盏聚光灯，调节好位置作为辅助光源。如果整个环境过暗可以通过添加环境灯光的方式进行微调。如图4—31。

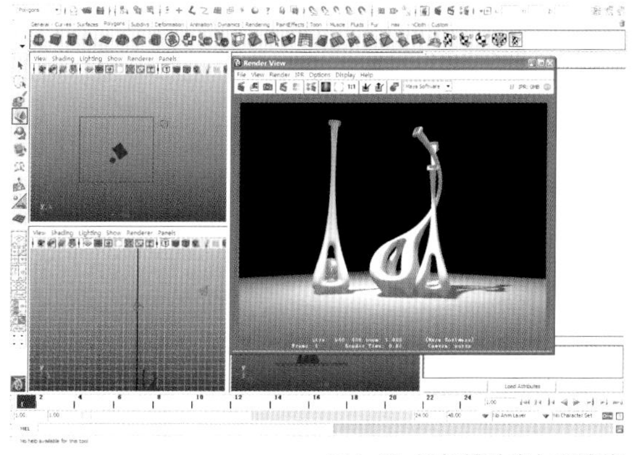

图4—31 添加辅助光与环境光

4.4 渲染器

渲染工作是指使用软件将完成的动作、场景等工程文件生成静帧图片或者序列图片的过程，这一过程需要借助渲染器来完成。

4.4.1三维渲染器简介

三维渲染器种类较多，主流软件都带有自己的渲染器，除了软件自带的渲染器之外，还有大量的渲染程序以外挂的形式存在。

（1）扫描线渲染器

Maya及3dsmax的默认渲染都是扫描线渲染器，扫描线渲染器使用的是扫描线算法，这种算法是建立在深度缓冲器算法之上的，在深度缓冲器算法中，为了减少Z缓冲器的存储开销，对每个扫描行建立Z缓冲器可以使存储开销最小。因为技术的原因扫描线算法所要处理的内容比较简单，所以它的效率很高。常见的扫描线算法有Z缓冲器算法和区间扫描线算法。

（2）Mental Ray渲染器

Mental Ray为德国Mental Images公司的产品，在刚推出的时候，集成在著名的3D动画软件Softimage3D中，作为其内置的渲染引擎。凭借着Mental Ray高效的速度和质量，Softimage3D一直在好莱坞电影制作中作为重量级的软件。

3dsmax6.0版本以后Mental Ray渲染器被内置在3dsmax中，Maya软件从5.0版本之后也将Mental Ray渲染器作为内置渲染器。如图4—32。

（3）Final render渲染器

2001年德国Cebas公司出品了Final Render渲染器，其渲染速度很快，效果也很好，对于商业市场来说是非常合适的。Final Render渲染器功能强大，包含有丰富的材质，其高质量的渲染结果及快速的渲染速度，是其他渲染器无法比拟的，并且针对3dsmax、Maya、Cinema 4D等主流三维软件推出了相应的版本。如图4—33。

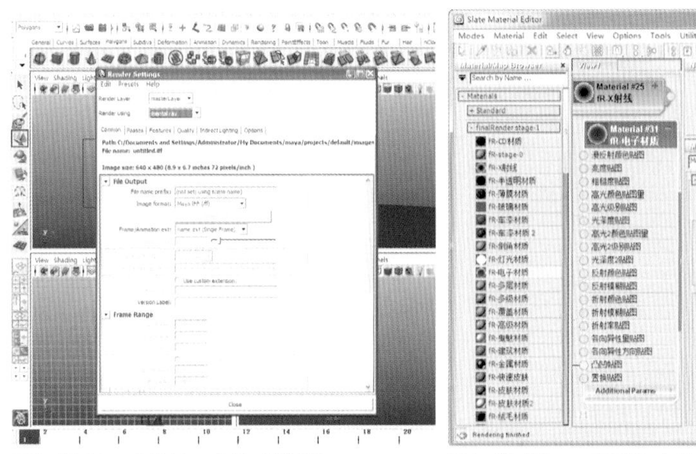

图4—32 Maya中的Mental Ray渲染器

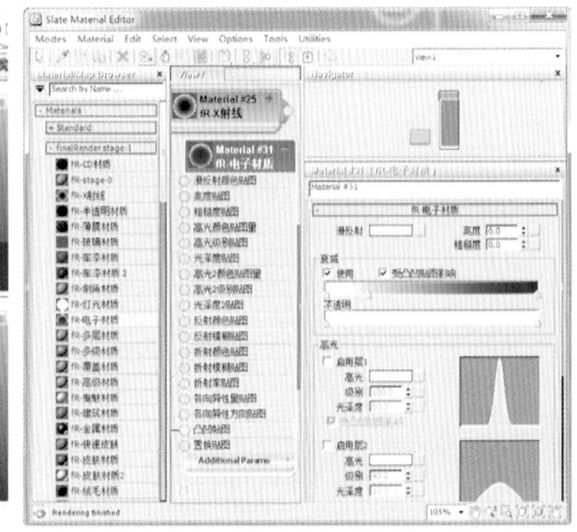

图4—33 3dsmax中的Final Render材质编辑

（4）V—Ray渲染器

V—Ray是专业渲染引擎公司Chaos Software公司设计完成的一款渲染器，拥有Raytracing（光线跟踪）和Global Illumination(全局照明)渲染器，V—Ray还包括了其他增强性能的特性，包括真实的3D Motion Blur(三维运动模糊)、Micro Triangle Displacement(微三角面置换)、Caustic(焦散)，通过V—Ray材质的调节，完成Sub—suface scattering(次表面散射)的sss效果和Network Distributed Rendering(网络分布式渲染)等等，目前有3dsmax及Maya的版本。如图4—34。

（5）Brazil（巴西）渲染器

2001年，SplutterFish公司在其网站发布了Brazil渲染器的测试版，2005年6月，SplutterFish与MCNEEL公司合作推出Brazil r/s 2.0 。Brazil（巴西）渲染器由多个模块组成，包括RayServer(光线跟踪服务器)、ImageSampler(图像采样器)、LumaServer(全局光服务器)、RenderPassControl(渲染进程控器)等等，每个模块都有自身独特的功能。如图4—35。

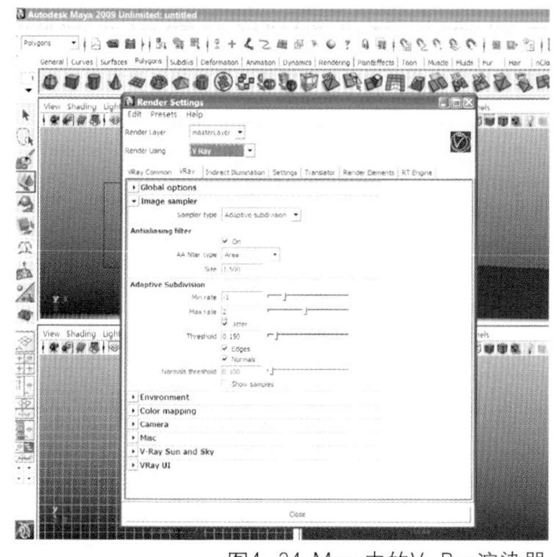

图4–34 Maya中的V–Ray渲染器

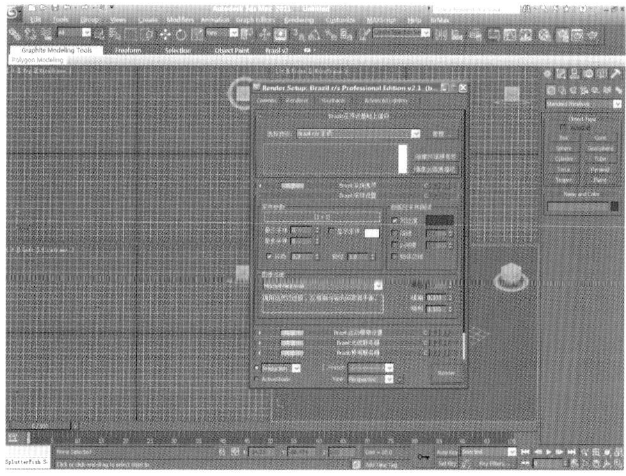
图4–35 3dsmax中的Brazil渲染器

（6）Turtle（海龟）渲染器

Illuminate Labs是一家以研发渲染技术和出售渲染软件为主的公司，他们为电影、传媒、游戏、建筑和设计领域开发最为优秀的渲染软件，Turtle(海龟)渲染器是Illuminate Labs的第一个产品，它是一个快速渲染用的Maya插件。

Turtle将烘焙功能整合到软件渲染的核心架构中，在进行烘焙的时候，Turtle提供了一个良好的工作流程，而且可以使用Turtle的全部渲染特性进行烘焙。

Turtle已经被用于电影制作、计算机游戏、建筑可视化、商业以及工业设计中使用高级光照的复杂场景的快速渲染，已经为世界上许多制作团队所采用。如图4–36。

（7）Maxwell渲染器

Maxwell的渲染算法是一个完全基于真实光线物理特性的全新渲染引擎，按照完全精确的算法和公式在软件空间中重现光线的行为。Maxwell中所有的元素，比如灯光发射器、材质、灯光等等，都是完全依靠精确的物理模型产生的，可以记录场景内所有元素之间相互影响的信息，所有的光线计算都是使用光谱信息和高动态区域数据来执行的。

Maxwell Render可以独立运作，通过输入模型来渲染，提供了当前主流三维软件的接口，包括3dsmax、Autodesk Viz、Maya、LightWave、Rhino、Cinema 4D、Solidworks等等。如图4–37。

图4–36 Turtle渲染器宣传画面

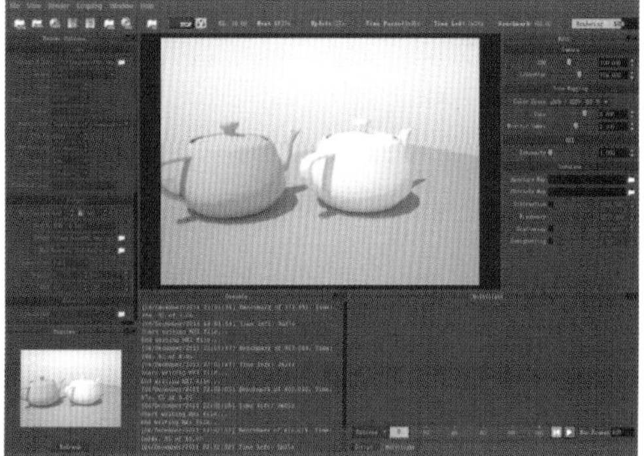
图4–37 Maxwell渲染器界面

4.4.2渲染器设置

（1）Maya渲染器设置

Maya软件中有多种渲染器可供选择，除了默认的Maya Software（软件渲染）之外，还有Maya Hardware（硬件渲染）、Mental Ray渲染，如果安装了其他渲染插件也会在渲染器选择中出现。如图4–38。

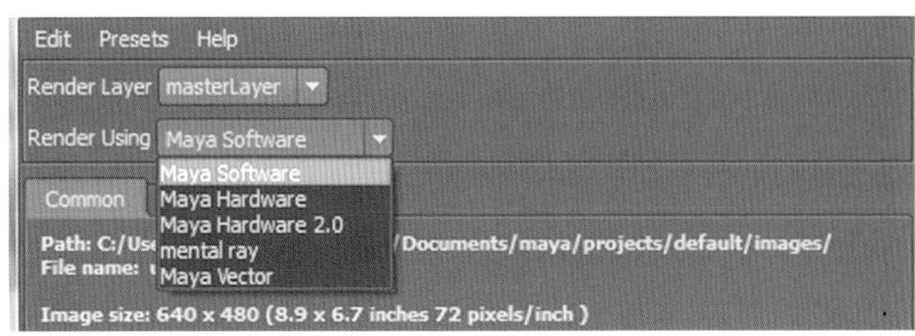

图4-38 渲染器选择

Maya Software（软件渲染）是在Maya中常用到的渲染方式，它的渲染功能及设置都十分成熟，是比较容易掌握的一种渲染器。

Maya Hardware（硬件渲染）是一种快速渲染的解决方式，对于一些画面质量要求不高的项目来说，这种渲染方式比Maya Software（默认软件渲染）相比，可以节约大量的时间。

Mental Ray 渲染是一种高级渲染技术，现已内置于Maya中，它可以很轻松地实现高质量的光线跟踪渲染效果，特别是焦散、全局照明等等效果填补了Maya默认渲染的空白。

Maya Vector（矢量渲染）是一种卡通线框渲染方式，它可以将渲染结果作为二维和Flash格式输出。

这里以软件渲染为例进行渲染器设置的讲解。如图4—39。

●Image File Output（渲染文件输出）

File Name Prefrx（渲染图片文件的基本文件名）：生成文件的名字，建议使用英文名，图片的基本名中要避免使用点，需要分段的地方使用下划线而非点符号。

Image format（文件格式）：生成文件的格式，Maya支持多种文件格式的生成，默认是Maya IFF Gff格式。如图4—40。

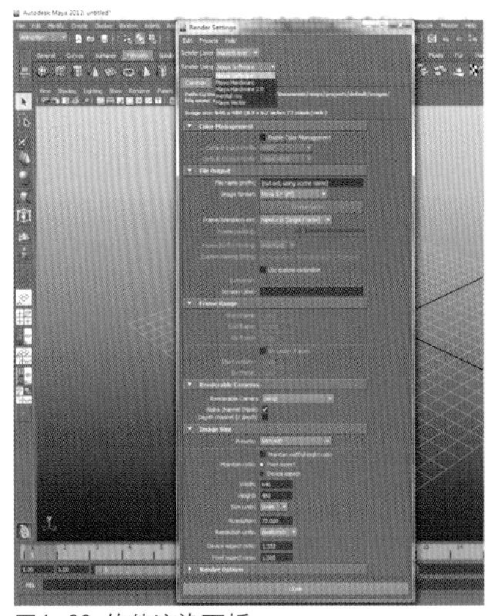
图4-39 软件渲染面板

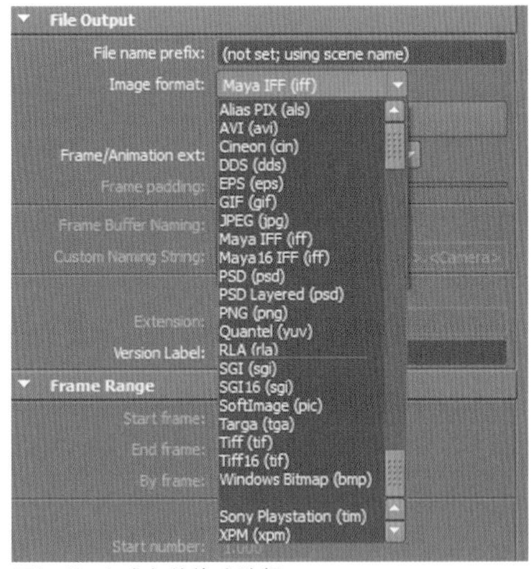

图4-40 生成文件格式选择

Frame/Animation ext（图像序列扩展名）：生成文件的序列及格式排列方式，如果是生成单帧的话该选项不起作用。

Frame Padding（图像序列位数）：文件序列位数，如果设为1，渲染的文件按照1、2、3方式排列；如果设置成4，渲染文件将按照0001、0002、0003方式排列。

●Frame Range（图像序列范围）

Start frame（动画的起始帧）：默认从第1帧开始。

End frame（动画的结束帧）：根据动画设计的长度来定，默认是第10帧。

By frame（帧的间隔）：渲染动画时每几帧渲染一次，默认值是1，就是每帧都渲染；如果设置成3，就是每3帧渲染1次。

●Renderable Cameras（渲染摄像机）：选择用来渲染的摄像机，默认为Persp，这里还可以选择Alpha通道及Z depth（Z深度通道）。

●Image Size（图像尺寸）

Presets（预设值）：Maya提供多种尺寸预设选择，从预设的下拉菜单中选择了一个选项，Maya自动设置Width、Height、Device Aspect Ratio和 Pixel Aspect Ratio参数。

Maintain Width/Height Ratio：锁定宽高比例。

Device Aspect：设备宽高比例。

Pixel Aspect：像素宽高比例。

●Anti-aliasing Quality（反锯齿质量）

Presets（预设值）：从下拉菜单中选择一个预设的抗锯齿质量（Anti-aliasing Quality）。当你选择预设的抗锯齿质量时，Maya自动设定所有的抗锯齿质量（Anti-aliasing Quality）参数，系统默认的选项为Custom（自定义）。如图4-41。

Preview quality（预览质量）：比较快速的渲染，质量较低。

Intermediate quality（中等质量）：中等的质量标准。

Contrast sensitive production（高对比产品级质量）：质量较高，渲染速度较慢。

Edge anti-aliasing（边界抗锯齿）：分为Low Quality（低质量）、Medium Quality（中等质量）、High Quality（高质量）、Highest Quality（最高质量）。

●Raytracing Quality（光影追踪质量）：控制渲染一个场景时是否采用光影追踪以及光影追踪的质量，当改变了这些整体设置时，所有相关的材质属性都会发生变化。

Raytracing（光影追踪开关）：如果处于选中状态，Maya在渲染时会计算光影追踪，Raytracing会产生精确的反射、折射和阴影效果。

Reflections（反射）：光被反射的最大次数，其可用范围为0到10，默认值为1。

Refractions（折射）：光被折射的最大次数，其可用范围为0到10，默认值为6。

●Motion Blur（运动模糊）：运动模糊可以增加物体运动的效果，可以打开物体的运动模糊属性（Motion Blur），Maya使用由Shutter Angle和Motion Blur两个属性定义的关系来确定物体运动模糊的量。

运动模糊又分为2D与3D两种形式，使用2D时渲染速度会快一些；使用3D效果更加真实但渲染时间会加长。

（2）Max渲染器设置

3dsmax的渲染设置与Maya相类似，通过渲染设置面板进行输出时间、文件尺寸大小、文件名称等的设定。如图4-42。

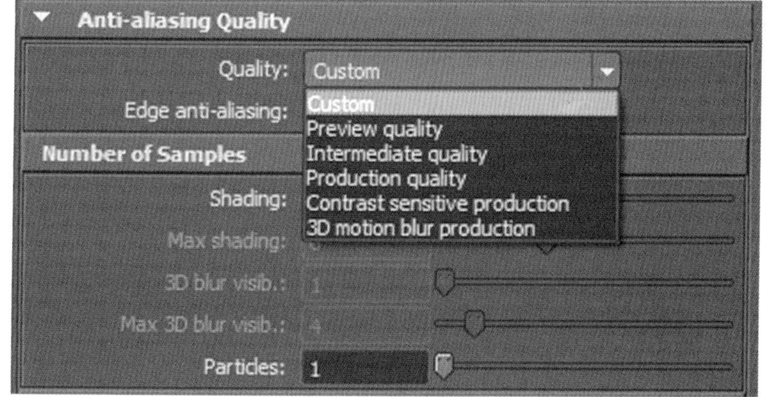

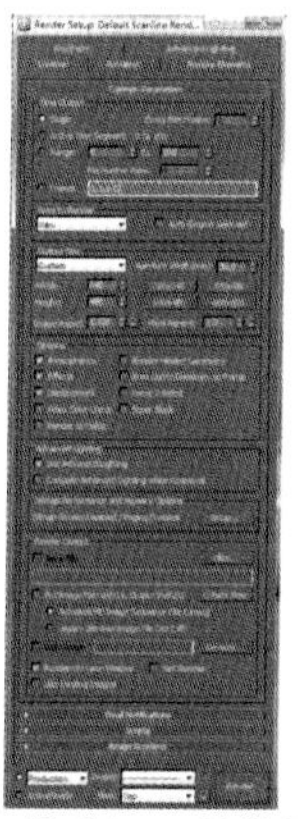

图4-41 反锯齿预设 图4-42 3dsmax渲染面板

这里以3dsmax的外挂渲染器Final Render为例进行3dsmax渲染设置的讲解。首先确保计算机正确安装了Final Render的程序，才能进行Final Render的渲染设置。

打开渲染面板，在面板最下部点击Assign Renderer（渲染器选择）选项栏，选择Final Render渲染器。如图4—43所示。

选择Final Render设置面板中的fR—基项，在全局选项中开启抗锯齿，质量采用默认值。如图4—44。

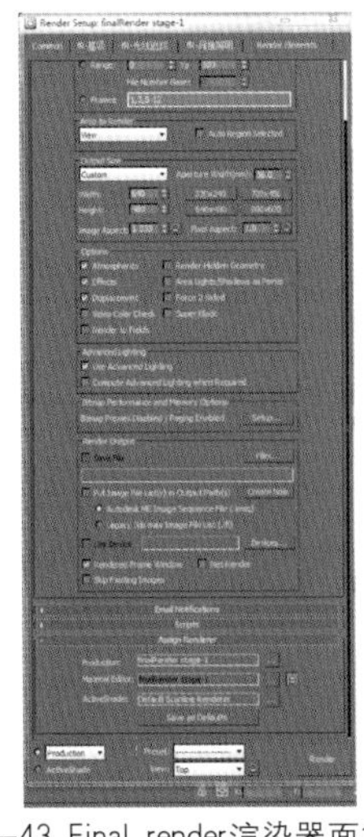

图4—43 Final render渲染器面板

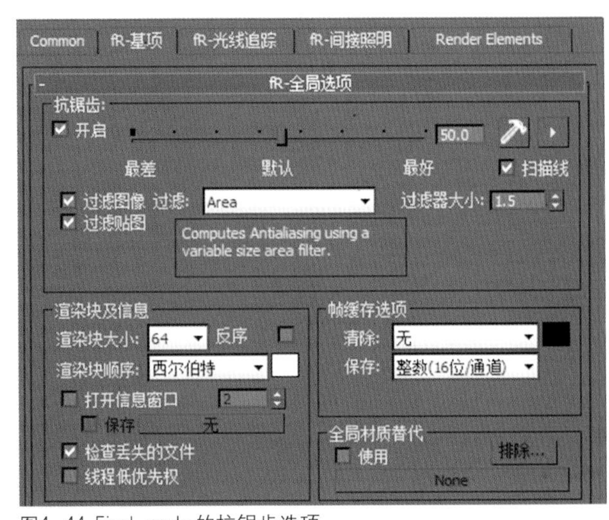

图4—44 Final render的抗锯齿选项

打开间接照明面板，将全局照明开关开启，默认渲染引擎。选择天光为物理天光，并设置物理天光的参数。如图4—45。

点击Render（渲染）按钮，开始渲染进程。如图4—46。

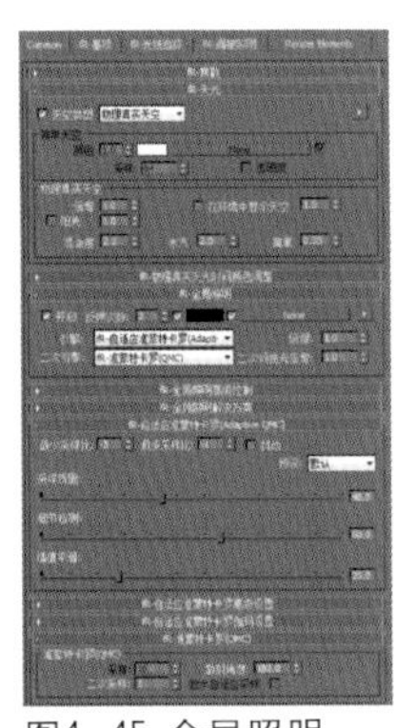

图4—45 全局照明

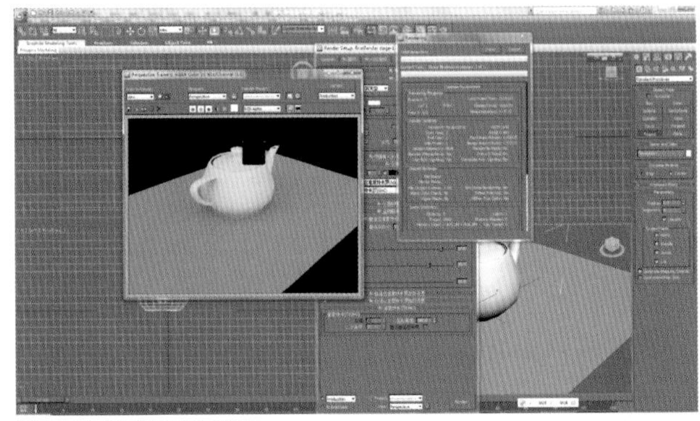

图4—46 开始渲染进程

将全局照明中物理天光中的阳光及环境显示打开，渲染出阳光下效果。如图4—47。

可以打开Final Render的材质编辑器，调出Final Render自带材质指定给物体，进行最终渲染。如图4—48。

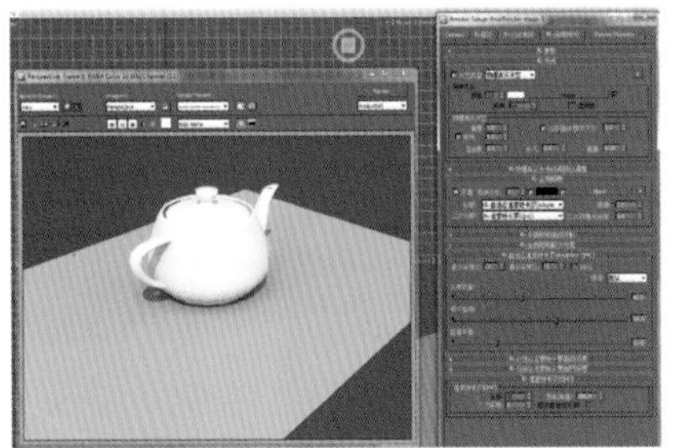

图4—47 打开阳光与环境天空

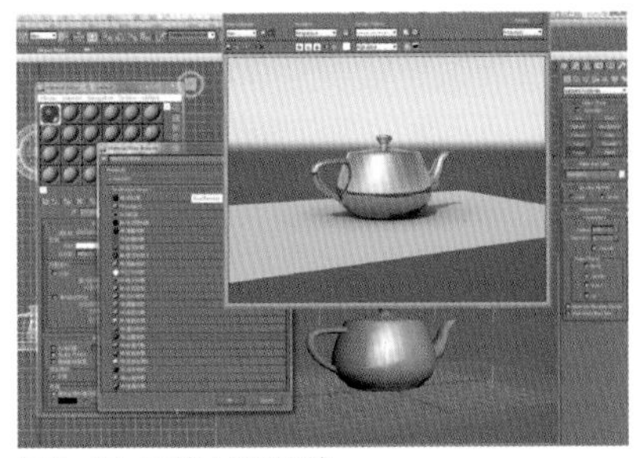

图4—48 更换材质渲染

第五章 动画篇

5.1 动画基本概念

动画是基于人的视觉原理创建的运动图像。人的眼睛会产生视觉暂留，对上一个画面的感知还未消失，下一张画面又出现，就会有动的感觉，我们在短时间内看一系列相关联的静止画面时，就会把其视为连续动作，三维动画就是让计算机按照要求产生一系列静止的画面后再把这些静止画面串联起来的过程。三维动画一般可分为摄像机动画、变形动画、角色动画等。

5.1.1 帧与关键帧

动画是基于视觉暂留原理来实现的，一般一秒钟包含24格或者30格等，其中每一个格就是一帧。关键帧的概念来源于传统的卡通片制作，一般指一个动画序列中起到决定作用的，它一般是动画转变的时间和位置。在二维的动画中，制作一个动画需要绘制很多静态图像，而在三维软件中创建动画只需记录每个动画序列起始帧、结束帧、关键帧即可，中间帧会由软件自身计算完成。如图5–1。

（1）Maya中的帧

在Maya中，帧可以通过软件下方的时间线进行观察，其中每一格代表一帧，Maya打开软件后默认的是48帧，如果需要调整整个制作的时间长度，可以在动画结束时间的一栏直接输入需要的长度，也可以点击软件右下角的Animation Preferences（动画参数）按钮进行调整。如图5–2。

其中，时间线就是以帧为单位的计量工具；上面滑动的叫做时间滑块，指示出当前所在的帧数或者时间，用鼠标左键拖动可以改变所在的位置；右侧的播放控制区用来控制动画的预览播放。

跟随时间记录物体属性或者状态的帧被称为关键帧，它表明物体属性在某个特定时间上的值，设置关键帧用来描述物体的属性在动画过程中何时变化。设置关键帧包括改变当前时间到设置属性数值的时间位置上，设置数值，然后放置一个关键帧。

●使用Animate菜单中的命令来设置和快照关键帧：选择Animate（动画）下拉菜单选择Set Key（设置关键帧），在显示出来的选项视窗中，设置选项并单击Set Key 按钮。如图5–3。

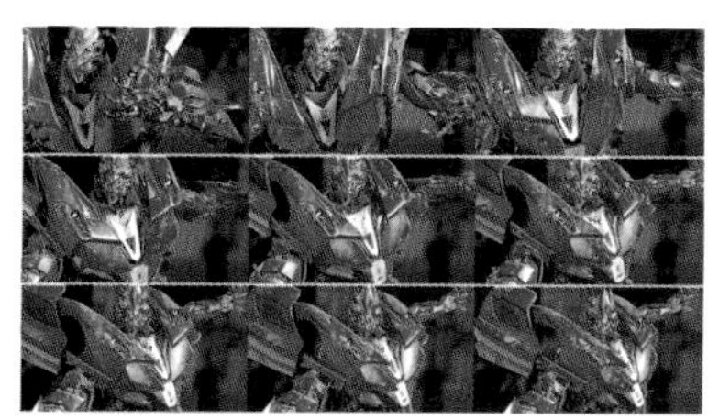

图5–1 一段完整的动画序列

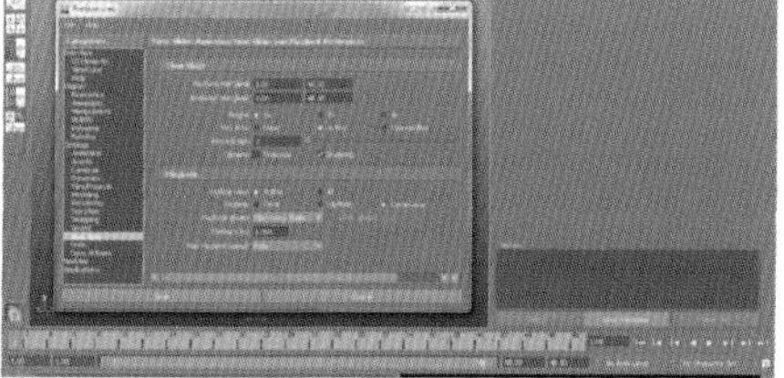

图5–2 时间线与动画参数

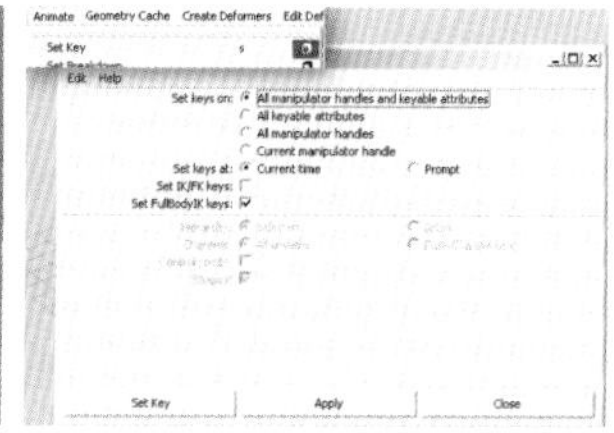

图5–3 Set Key选项

Set Key On：设置为哪些属性设置关键帧。

All Keyable Attributes（所有可设置关键帧的属性）：为选择物体的所有属性设置关键帧。

All Manipulator Handles（所有操纵器手柄）：为当前操纵器所影响的属性设置关键帧。

Current Manipulator Handle（当前操纵器手柄）：为选中的操纵器手柄所影响的属性设置关键帧。

Set Keys at Current Time：在当前时间设置关键帧。

还有其他方式能创建关键帧，常用的还有：使用属性编辑器和通道盒中的菜单命令来为显示的属性设置关键帧；使用键盘快捷键来为变换节点属性设置关键帧；使用Graph Editor（图表编辑器）可以为现有动画设置和编辑关键帧等等。

●自动关键帧：在Maya软件下方，时间线右侧，钥匙形状的按钮为自动记录关键帧，打开的话会自动记录对物体的操作。如图5—4。

打开自动关键帧选项后，为物体的某个属性设置关键帧，然后在时间滑块上选择一个新的时间，当改变上面设置关键帧的属性数值时，Maya会为属性创建一个关键帧。通过重复上面的步骤，用户可以自动创建其他的关键帧。

●关键帧剪辑：对关键帧的编辑可以通过Edit（编辑）下拉菜单选择Keys（关键帧），Maya提供多种命令来进行关键帧的编辑操作。如图5—5。

对关键帧的剪辑包括：

Cut Keys（剪切关键帧）：将关键帧信息从该帧完全剪切掉进入剪贴板，原位置不保留关键帧信息。

Copy Keys（拷贝关键帧）：将关键帧信息从该帧进行拷贝进入剪贴板，与剪切关键帧的区别就是在原位置仍保留着原来的关键帧信息。

Paste Keys（粘贴关键帧）：将保存在剪贴板中的关键帧信息，粘贴到目前所在的帧。

Delete Keys（删除关键帧）：将该位置的关键帧信息进行删除。

Delete FBIK Keys（删除FBIK关键帧）：对FBIK的关键帧进行删除。

其他还有Scale Keys（缩放关键帧）、Snap Keys （吸附关键帧）、Bake Simulation（模拟复制）命令。另外，在时间线的每一个帧上点击鼠标右键也会出现有关关键帧的操作选项。

off on

图5—4 自动关键帧的关闭与打开状态

图5—5 动画关键帧编辑

图5—6 图表编辑器

（2）动画曲线

动画曲线是描述被编辑物体属性，特别是运动属性随时间而变化的线条图形，可以通过运动曲线形态的调节实现对动画进行修改，是高质量动画所必须进行的操作内容之一。

动画曲线可以通过Graph Editor（图表编辑器）进行查看与编辑，具体操作为进入Window（窗口）下拉菜单选择Animation Editors（动画编辑）选项，选择Graph Editor（图表编辑器）命令，图表编辑器作为一个独立的窗口打开。如图5—6。

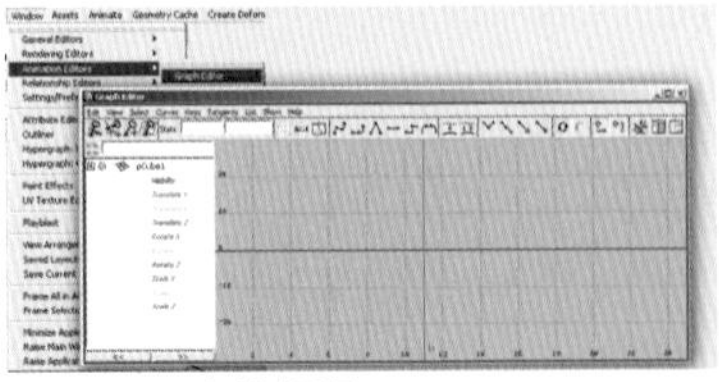

Graph Editor（图表编辑器）作为一个独立的编辑面板，具有自身的操作命令系统，图表编辑器呈现一个平面空间，具有横轴及竖轴两个方向，横轴代表时间，就是帧数；竖轴代表属性，指物体的某种属性参数。

Graph Editor（图表编辑器）的常用图标命令如下：

●时间捕获和值捕获工具 ：Time Snap时间捕获工具将关键帧捕捉到帧上，该工具应该始终打开，因为该工具使得编辑关键帧更容易。一般用于捕捉关键帧到最近的整数值的Value Snap值，捕获工具使用的机会较少。在移动到其他工具之前一定要打开Time Snap工具，最好是从开始就打开Time Snap工具，而不是在没有捕捉功能下工作，以免以后还要捕捉关键帧。

在Graph Editor、Dope Sheet和Time Slider中均有Time Snap功能，用户还可以使用在General

Preferences的Animation Preferences区域中的Time Snap复选框，它在默认状态下就是选中状态。

●Move Nearest Picked Key工具：Graph Editor中的Move工具实际上就是Move Nearest Picked Key工具，并且它与标准的Move工具有区别。这两个相似而又不同的 Move工具如果被混淆了就会导致失败。Move工具可移动所有单击的关键帧或它们的切向手柄，而Move Nearest Picked Key工具只能移动一个关键帧或切向手柄——最靠近鼠标指针的那一个。Move工具并不移动曲线，就像能限制普通的Move工具一样，也可以用[Shift]键限制该工具对水平或垂直方向上的运动的操作。

●插入关键帧和增加关键帧工具：Insert Keys（插入关键帧）和Add Keys（增加关键帧）工具相似，Insert Keys是在曲线上选定帧处插入一个帧，Add Keys在选定的值或帧处插入帧，同时相应地改变曲线形状。

●切联工具：Tangent Tool（切联工具）用于改变关键帧附近的曲线形状，Spline（默认形状）、Linear和Flat工具用于拾取那些形状，在Tangent菜单上还有其他类型。可以单击一些关键帧并用不同类型的工具处理关键帧以了解这些工具的用途。

如果想在指定关键帧处切断关键帧两边曲线的切联关系或想增加曲线的曲率，可以用Unify或Break工具，此工具在Keys菜单中也可以找到。

在解锁关键帧的相切权重并改变权重之前，关键帧的切线必须是有权重的。单击关键帧（也可单击整条曲线）并选择Curves→Weighted Tangents命令，则控制柄发生变化，然后可以用Free Weight工具解锁权重，并改变曲线形状。在完成调整曲线形状之后，可以用Lock Weight工具锁定关键帧的相切权重。

●Buffer Curve Snapshot和Swap Buffer Curve工具：Buffer Curve Snapshot和Swap Buffer Curve工具类似于Undo命令。选择View→Show Buffer Curves命令，编辑改变曲线形状时，该曲线的原始形状作为一个缓冲仍然保留着。Swap Buffer Curve工具将变化的曲线捕捉到原始的缓冲曲线上；Buffer Curve Snapshot工具将变化的曲线形成一个新的缓冲曲线。

（3）Max中的帧与动画曲线

3dsmax中帧的概念与Maya完全一致，时间线及时间控制也很类似。如图5—7。

时间线的帧速率默认情况是NTSC制式的，也就是30帧/秒，也可以自己定义帧速率，一般都是默认的30帧/秒，需要调节的话会在后期软件里面进行。

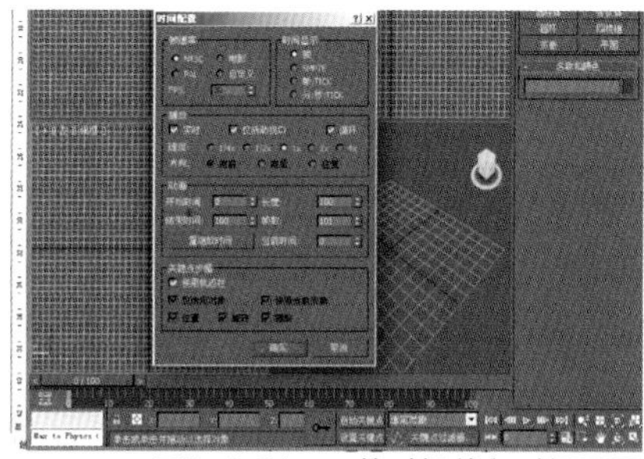
图5—7 3dsmax的时间线与时间配置

在3dsmax中设置关键帧只需要打开Auto Key（自动关键点），此时物体所作的修改都会自动记录成关键帧信息。如图5—8。

图5—8 自动关键点

选择图形编辑器下拉菜单，选择曲线编辑器进入动画的曲线编辑面板，操作与Maya软件类似。如图5—9。

图5—9 曲线编辑器

5.1.2 摄像机动画

摄像机动画是指由于摄像机的运动而产生一系列的画面变化。摄像机动画在建筑漫游等领域运用最多，角色动画中常常使用在故事发生的环境介绍上或者跟随角色运动而进行的跟拍等等。摄像机动画主要包括镜头的推、拉、摇、移等运动。

（1）推镜头：摄像机向前推进，一般用于从整体到局部的渐进，具有一种接近的代入感。如图5—10。

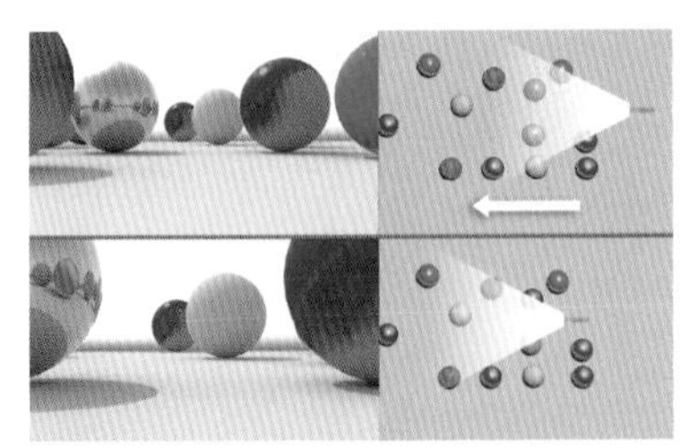
图5—10 前推摄像机

（2）拉镜头：摄像机向后退远，一般用于从局部到整体的渐退，具有一种离开的距离感。如图5—11。

图5—11 后退摄像机

与推拉镜头相类似的还有一种叫变焦镜头，指的是随着镜头焦距的变化而产生类似推进或者后退的视觉效果。但是变焦镜头与推拉镜头二者产生的效果也是不尽相同的，变焦是在离被拍摄主题相对固定的距离上对被拍摄主题进行放大与缩小，而推拉是相对被拍摄主题实际距离远近的变化，特别是镜头要穿过一些物体的时候最明显。

（3）摇镜头：摄像机围绕轴心进行旋转，一般表现于动画场景的展示交代。如图5—12。

图5—12 摇摄像机

（4）移镜头：摄像机平行移动，可以分为水平移动及垂直移动，一般表现角色的运动或者展示相关联的场景。如图5—13。

图5—13 平移摄像机

（5）跟拍：摄像机追随运动对象的一种拍摄方式，在动画中常用来追随角色进入新的场景等方面。如图5—14。

图5—14 摄像机跟拍

5.1.3 其他动画形式

在动画片中，经常可以看到物体的扭曲、弯曲、形变的情景，这些镜头的制作都离不开对模型的动画操作，在一些三维动画制作软件中对这类动画的称呼不尽相同，一般都可称为物体变形操作。

（1）Maya中的变形动画

●Nonlinear（非线性变形）—Bend（弯曲）：对模型进行弯曲处理，可以设置弯曲的大小、位置、角度、上限和下限等。

具体操作为选择一个物体后，运行Create Deformers/Nonlinear/Bend，并调节参数，实现变形效果。如图5—15。

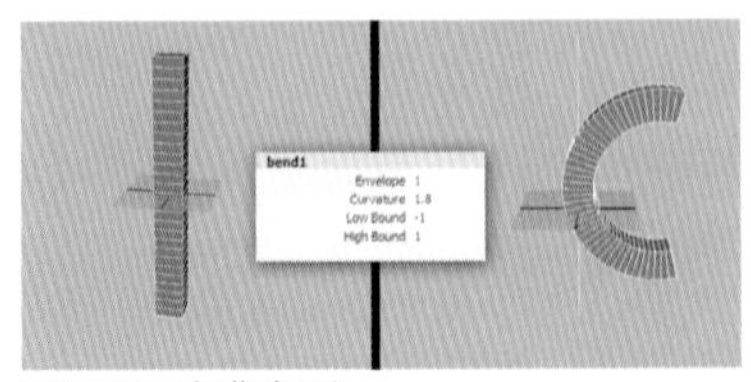

图5—15 弯曲变形

确定变形效果后可以用Edit/Delete by type/History删除历史记录，确定物体形状。需要注意的是：在使用非线性变形器的时候，都要保证在变形的方向上有足够多的线来给物体变形提供更高的面数。

●Nonlinear（非线性变形）—Flare（扩张变形）：可以对模型进行收缩或扩张处理，也可以控制扩展的位置。其中Start flareX/Z表示开始扩张X/Z，X/Z轴上的初始扩张值，即模型底端变形器沿X/Z轴缩放的幅度。End flare X/Z表示末端扩张X/Z，X轴上的末端扩张值，即模型顶端变形器沿X/Z轴缩放的幅度。

以一个圆柱体为例，运行Create Deformers/Nonlinear/Flare，进行扩张变形，变化参数还会得到其他的扩张形状。如图5—16。

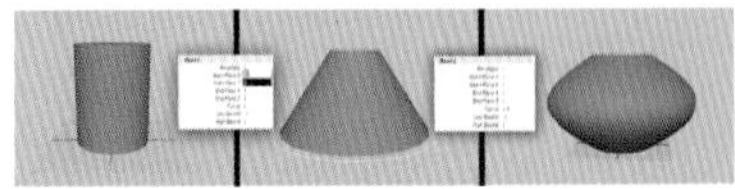
图5—16 扩张变形

●Nonlinear（非线性变形）—Sin（正弦变形）：对模型进行波纹式扭曲。其中Amplitude（振幅）参数决定正弦变

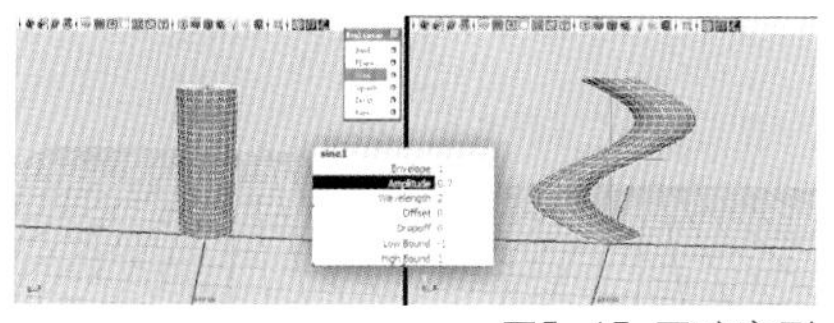

图5-17 正弦变形

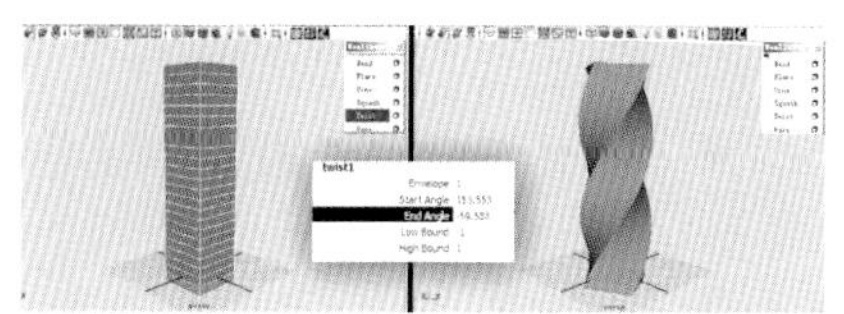

图5-18 扭曲变形

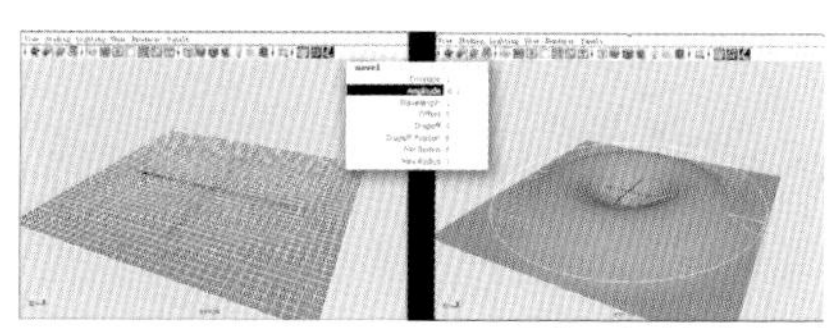

图5-19 波浪变形

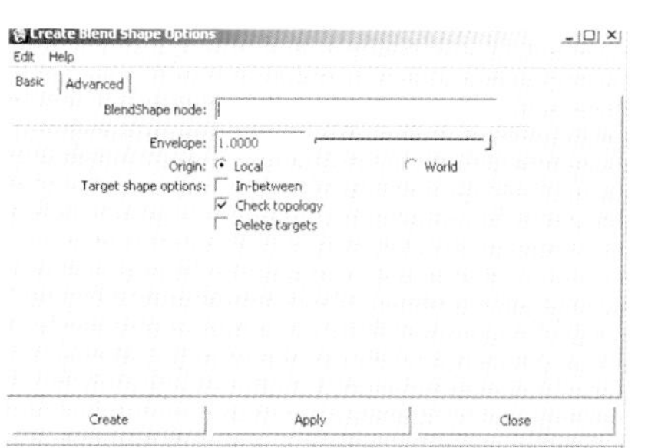

图5-20 融合变形面板

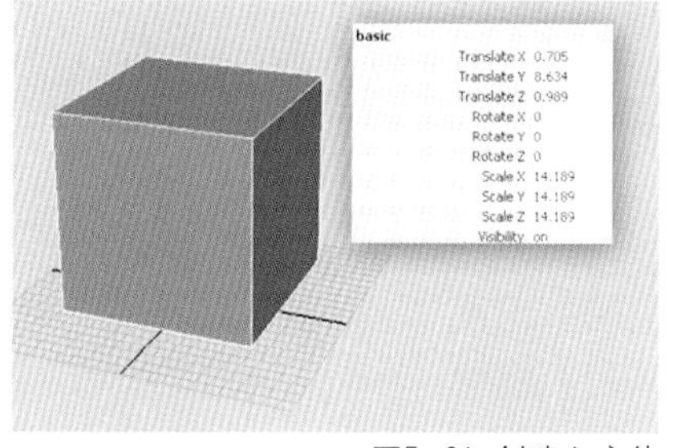

图5-21 创建立方体

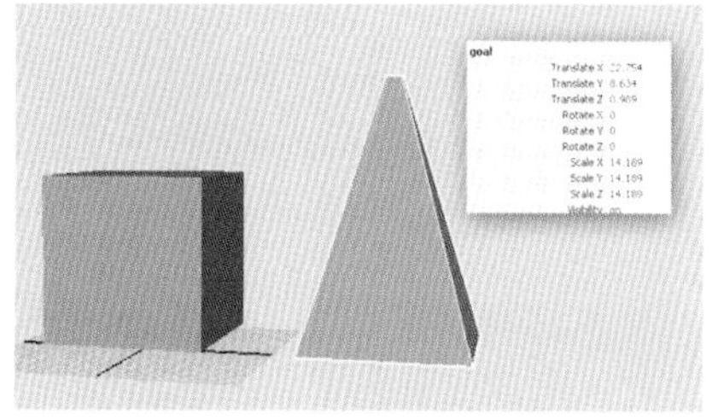

图5-22 复制并改变立方体形状

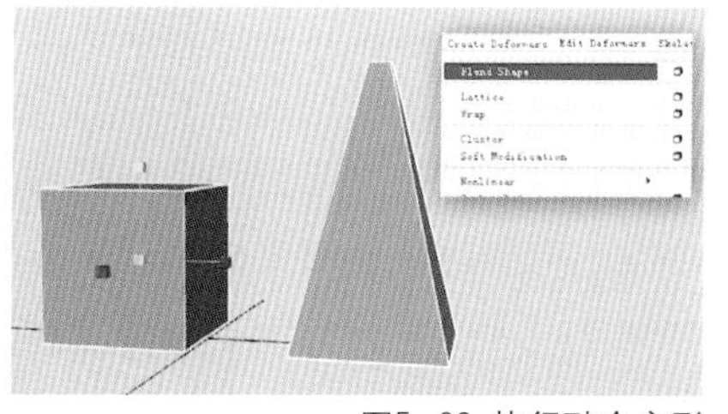

图5-23 执行融合变形

形的振幅，也就是模型变形的幅度；Wavelength（波长）确定正弦变形的波长，波长越长，形变越平滑柔和，波长越短，模型形变越剧烈；Dropoff（衰减）控制形变幅度的衰减系数；Offset（偏移）影响物体形变端点的幅度，并不会影响变形的振幅和衰减。

以一个圆柱体为例，高的方向上加一定数量的段数，运行Create Deformers/Nonlinear/Sine，得到正弦变形效果。如图5-17。

●Nonlinear（非线性变形）—Twist（扭曲变形）：使模型产生扭曲、螺旋的效果。

Low bound：下限。

High bound：上限。

Start angle：初始角度。

End angle：结束角度。

以一个长方体为例，运行Create Deformers/Nonlinear/Twist，并调整参数，得到扭曲变形效果。如图5-18。

●Nonlinear（非线性变形）—Wave（波浪变形）：用曲线对模型进行控制，常用于水波的制作，其中Min/Max radius（最小/大半径），用来控制波纹的半径大小；Wavelength（波长）用来控制波浪的波长；Dropoff（衰减）用来控制波浪的衰减；Offset（偏移）用来控制波浪变形的偏移值。

以一个Polygon平面为例，运行Create Deformers/Nonlinear/Wave，得到波浪变形效果，删除历史记录后确定模型。如图5-19。

●Blend Shape（融合变形）：通过记录物体上点的位置的改变将结构相同、元素点不同的物体通过融合过渡目标物体的效果。通常融合变形的物体是从原物体中复制出来的，在角色动画中可以用来制作表情动画等。操作面板在Create Deformers下拉菜单下Blend Shape（融合变形）选项。如图5-20。

其中Blend Shape node（融合变形节点）需要输入变形名称。Envelope（系数）控制该变形系数，默认值为1；Origin（原点）控制变形中形变物体与目标物体在模型的空间位置变形；Target shape option（目标形状选项），前面打钩与否为开关。

以一个Polygon物体为例。首先创建一个Polygon物体，命名为Basic。如图5-21。

其次，复制Basic立方体，起名字为Goal，并调节其顶点改变形状。如图5-22。

然后选中Goal立方体并最后加选Basic立方体，运行Blend Shape命令。如图5-23。

最后打开Windows（窗口）下拉菜单中的Blend Shape（融合变形）命令，查看变形效果，对上面的滑块进行拖动可以看到立方体在Basic与Goal之间进行融合变形。如图5-24。

●Lattice（晶格变形）：使用立方体框架结构对物体的顶点点阵进行编辑，具体操作执行Create Deformers/Lattice命令。如图5-25。

以一个卡通角色的耳朵变形为例，首先打开一个模型场景，选择角色后切换到点模式，并选择模型耳朵上面的点，执行Create Deformers/Lattice命令。如图5-26。

运行晶格命令后，在所选择位置会生成一个方形的调节工具，将晶格编辑切换到点模式（鼠标右键），对点进行调节，可以产生变形效果。如图5-27。

●Warp（包裹变形）：使用简单的模型来控制复杂模型的一个变形器，它根据物体之间的位置及接近程度来决定变形的控制效果，可以用于NURBS或Polygon物体的变形控制，具体操作为执行Create Deformers/Warp命令。如图5-28。

这里以一个角色头顶挤压效果为例进行包裹变形讲解。首先打开角色场景模型，创建一个NURBS球体，作为包裹变形物体，调整大小及位置将被变形的角色模型头部完全包裹住。如图5-29。

然后选中角色模型，再选择外面包裹的球体，运行Create Deformers/Warp命令，把Max distance设置为10，可以调整NURBS球体上的控制点，达到想要的效果。如图5-30。

●Cluster（簇变形）：将物体的元素模式编辑为簇进行调节，可以通过权重值的变化实现多种效果，具体操作执行Create Deformers/Cluster命令。如图5-31。

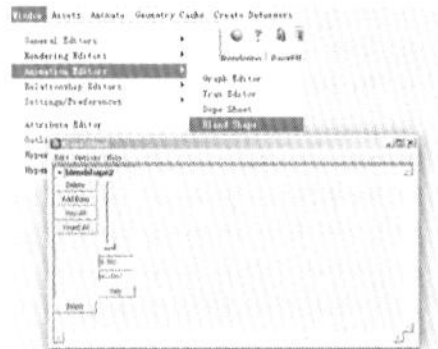

图5-24 查看变形效果

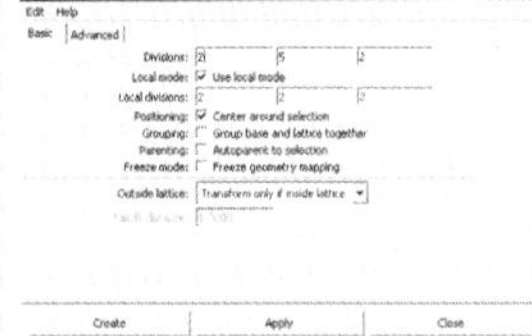

图5-25 晶格变形面板

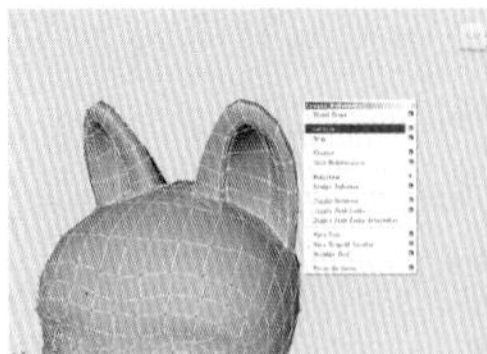

图5-26 执行晶格命令

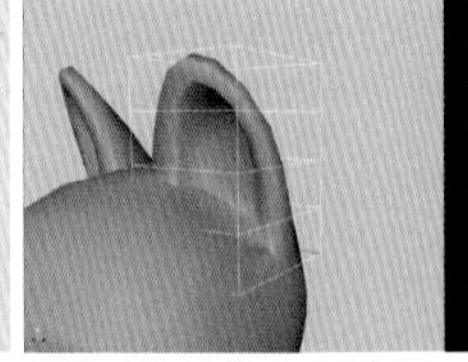

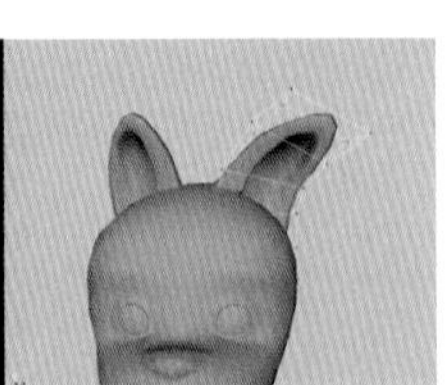

图5-27 晶格变形效果

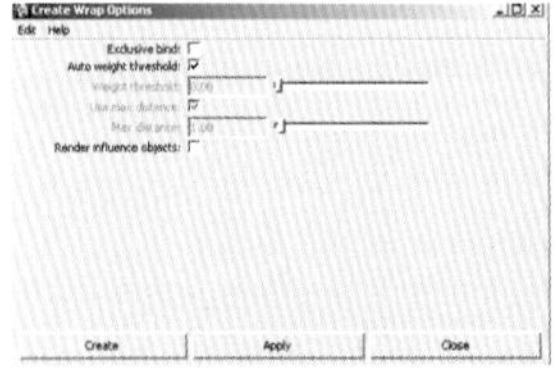

图5-28 包裹变形面板

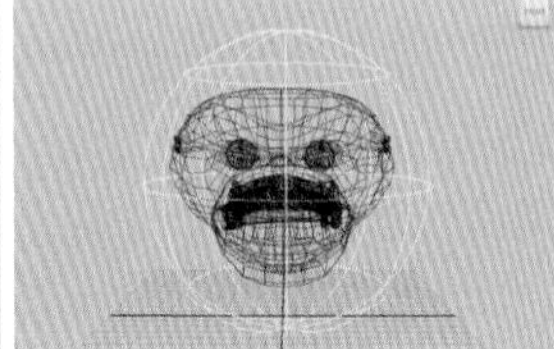

图5-29 包裹模型操作

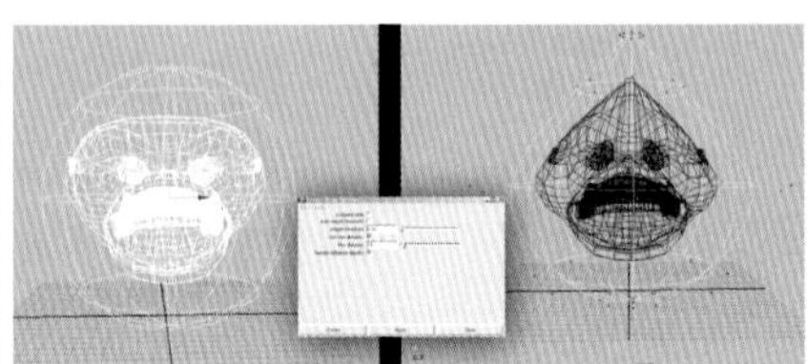

图5-30 包裹变形编辑

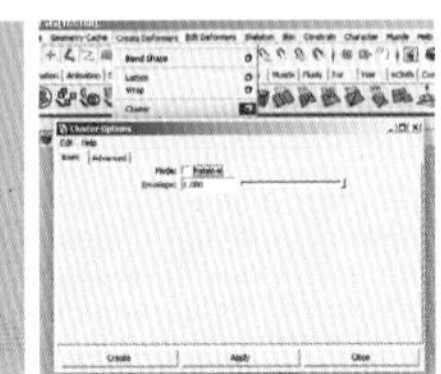

图5-31 簇变形面板

将模型进行簇变形后，切换到点编辑模式，可以看到黑白的变化，白色为受控单位，黑色不受控制，可以通过涂刷对其编辑。

这里通过一个角色表情设置小实例来演示簇变形的操作。首先打开场景模型，选择模型后切换到点模式并选择需要做变形的点。如图5-32。

然后运行Create Deformers/Cluster，建立簇点，并运行Edit Deformers/Paint Cluster Weights Tool（涂刷簇权重工具），打开涂刷权重画笔扩展窗口后，调节笔刷大小以及权重设置在模型上进行涂刷调节。如图5-33。

●Sculpt Deformer（雕刻刀变形器）：利用生成的球状对物体进行变形，可以模拟类似液体在管道中的流动、眼球带动眼皮的运动、脸颊部位咀嚼的动作、下咽物体时食道处运动等等动作，具体操作为选择被编辑的物体后执行Create Deformers/ Sculpt Deformer命令，调整球形的大小及位置对模型进行影响。如图5—34。

●Wire Deformer（线变形器）：通过曲线的形状来使模型发生相应的变形，而曲线是由CV点构成的，所以最终还可以转化为簇来控制曲线进而控制模型变形。

用来进行变形控制的线可以是一条，也可以是多条（可以在创建之前就选好线，也可以在创建一个之后再添加），既可以用一个节点来控制多条的影响效果，也可以在一个模型上制作多个节点，这种变形模式可以用来制作例如眼眉的运动、虫子蠕动这样的运动控制。

该命令具体操作是先在模型表面附近创建一条Curves曲线，运行Create Deformers/Wire Deformer后选择模型并按键盘【Enter】键，之后按键盘【Shift】键加选曲线，最后按键盘【Enter】键即可创建Wire变形。如图5—35。

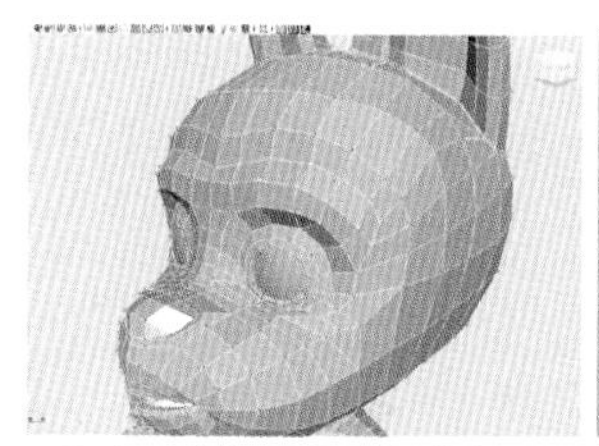
图5—32 选择需要进行簇变形的点

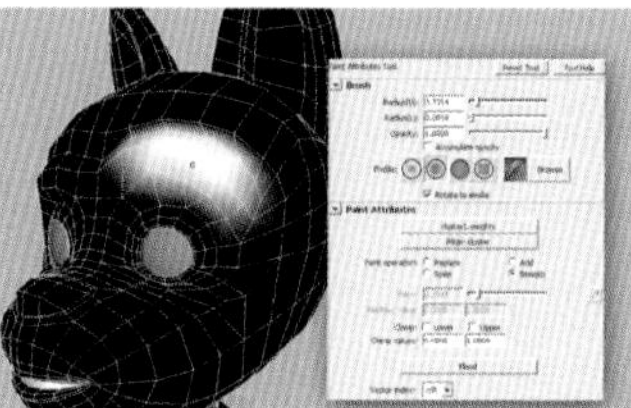
图5—33 簇权重的笔刷调节

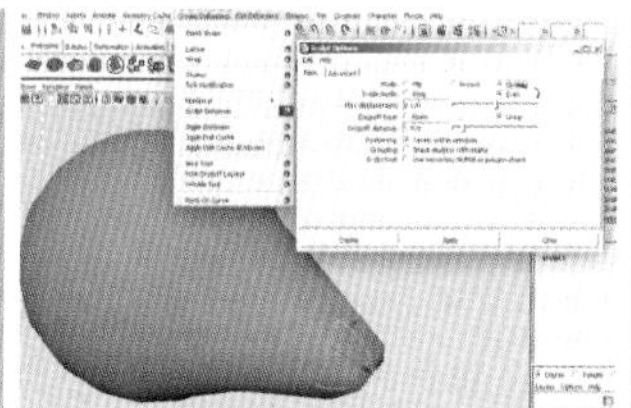
图5—34 雕刻刀变形器

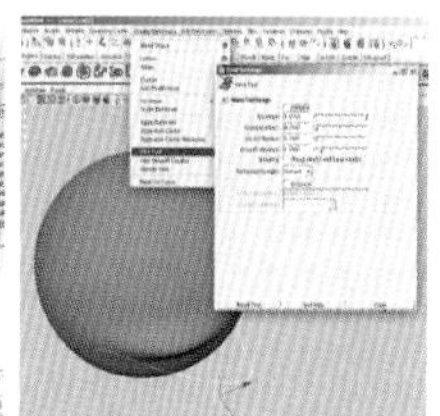
图5—35 线变形器操作

在角色动画中，Wire Deformer（线变形器）常常用来做角色的细微表情，如皱眉、扬眉等表情。如图5—36。

●Wrinkle Tool（褶皱变形）：该命令可以快速地创建褶皱效果，可以用点控制，也可以用线控制；可以在物体上创建，也可以先创建曲线，再加到物体上去。

●Jiggle（抖动变形）：在物体运动的同时产生逐渐减弱消失的抖动形变，常用来模拟人或动物肥胖的肚子等等。其中Stiffness（刚性系数）用来调整抖动的幅度大小，值越大，抖动的弹性越小，频率会增加；Damping（阻尼系数）调整的数值越高会减少抖动，反之会增强抖动弹力；Jiggle Weight（抖动权重）参数可以改变物体局部的抖动变形范围；Direction bias（方向偏移）用于设置抖动的方向。

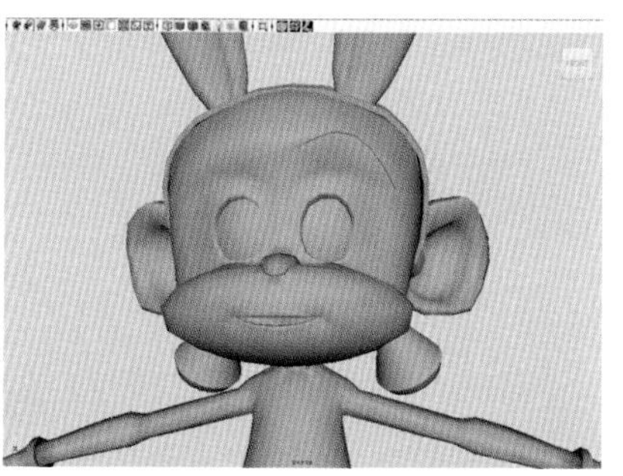
图5—36 线变形器控制的角色眉毛

（2）Max中的变形动画

在3dsmax中，同样提供了多种的变形动画工具，多数与Maya的使用方式类似，它们主要集中在Creat（创建）面板及Modify（修改）面板中，常用的编辑命令如下：

●Bend（弯曲）：将物体按照一定参数弯曲，具体操作为选择物体后进入Modify（修改）面板，执行Bend（弯曲）命令，调节弯曲参数（需要注意的是原始物体应具备一定的段数，否则会产生错误结果）。如图5—37。

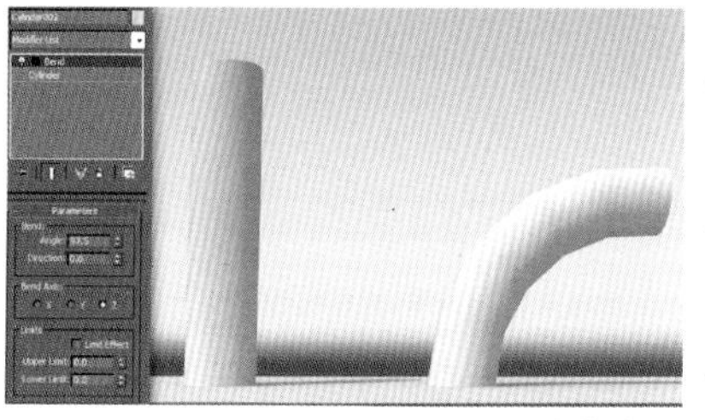
图5—37 弯曲变形

●Taper（锥化）：将物体按照一定参数进行锥化，具体操作为选择物体后进入Modify（修改）面板，执行Taper（锥化）命令，调节锥化参数（需要注意的是原始物体应具备一定的段数，否则会产生错误结果）。如图5—38。

图5—38 锥化变形

●Twist（扭曲）：将物体按照一定参数进行扭曲，具体操作为选择物体后进入Modify（修改）面板，执行Twist（扭曲）命令，调节扭曲参数（需要注意的是原始物体应具备一定的段数，否则会产生错误结果）。如图5—39。

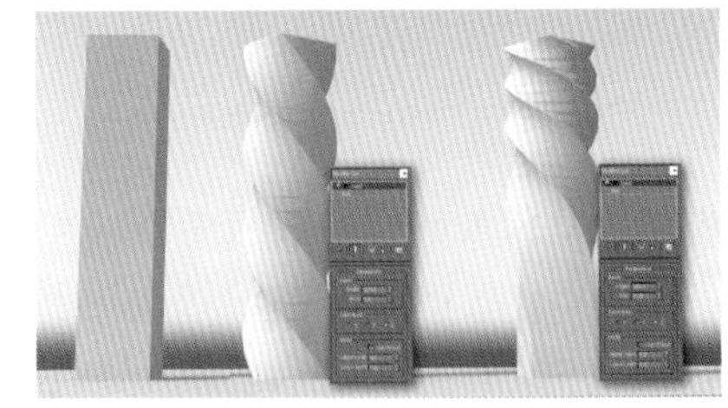
图5—39 扭曲变形

●Noise（噪声）：将物体按照一定参数进行噪声变形处理，具体操作为选择物体后进入Modify（修改）面板，执行Noise（噪声）命令，调节具体参数（需要注意的是原始物体应具备一定的段数，否则会产生错误结果）。如图5—40。

图5—40 噪声变形处理

●FFD修改器：类似Maya的晶格变形，通过外部变形器上的点来控制物体表面，具体操作为选择物体后进入Modify（修改）面板，执行FFD命令（需要注意的是原始物体应具备一定的段数，否则会产生错误结果）。

3dsmax提供多种FFD模式，主要是控制点数的区别，比如FFD 2X2X2就是每根控制线上只有2个控制点，共8个控制点；FFD 4X4X4就是每根控制线上有4个控制点，共64个控制点。此外，3dsmax除了方盒变形外还提供了圆柱形的FFD变形器。如图5—41。

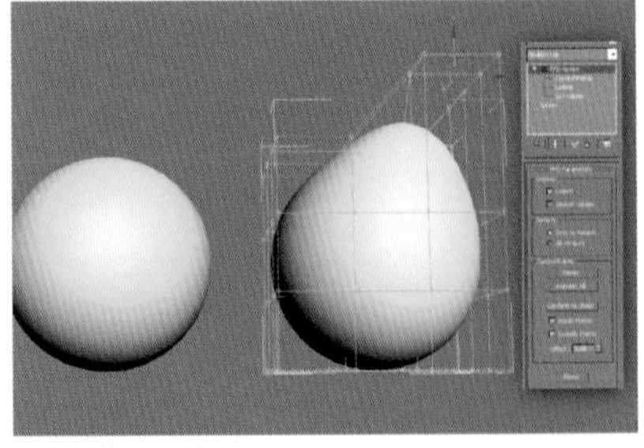
图5—41 FFD变形器

●空间扭曲变形：3dsmax在Creat（创建）面板还提供空间扭曲的变形器，丰富模型制作的手段。如图5—42。

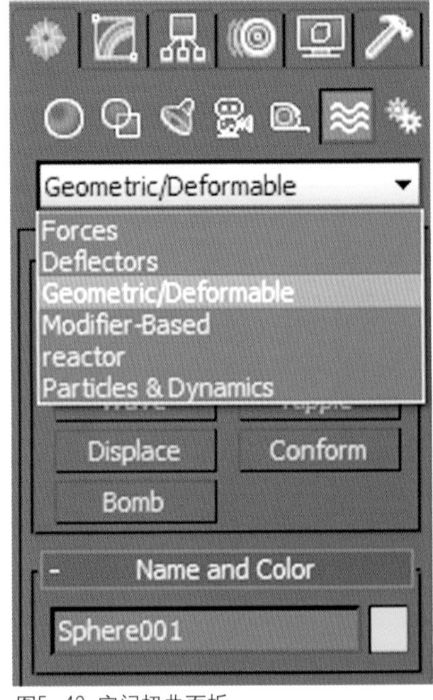

图5—42 空间扭曲面板

比较常用的有Wave（波浪）、Ripple（涟漪）、Bomb（爆炸）等等。

Wave（波浪）的操作为先创建对象物体，再执行Create（创建）面板中的SpaceWarps（空间扭曲）面板，选择Geometric/Deformable（几何体/可变形）下面的Wave（波浪）命令，然后选择对象物体后执行Bind Space Warps（绑定空间扭曲）命令。如图5—43。

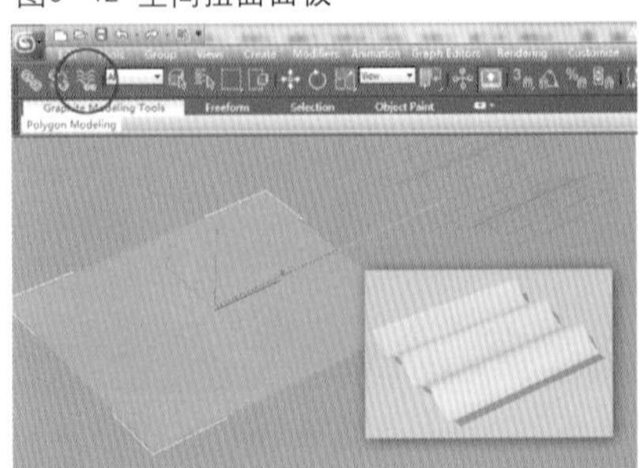
图5—43 波浪变形

Ripple（涟漪）的操作与Wave（波浪）相同，在Ripple（涟漪）的属性面板可以调节Ripple（涟漪）的具体参数，这些参数也可以进行动画的设置。如图5—44。

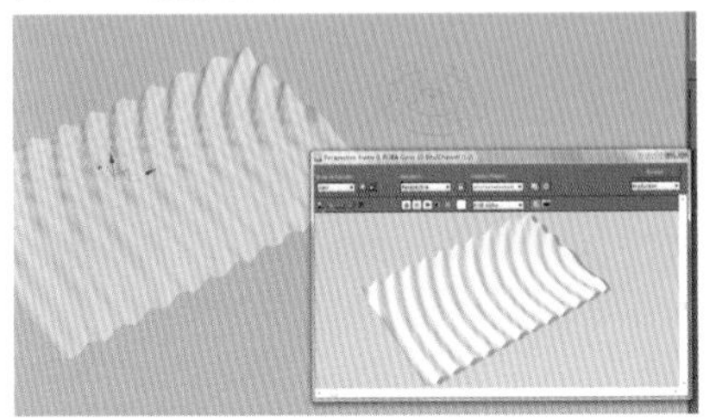
图5—44 涟漪变形

5.2 角色动画技术

角色动画是三维动画流程中比较重要而且比较复杂的一部分，也是整个角色动画制作的精髓所在，掌握角色动画的制作，不但是一个软件熟悉的过程，更是角色运动规律、角色表演等内容不断加深体会的过程。

角色动画技术简单来讲可以分为三个部分就是创建内部骨骼、表面蒙皮、调节骨骼运动动画，这些主要部分中又包含了权重、驱动、约束等技术细节，在学习的过程中一定要注意循序渐进、稳扎稳打。

5.2.1 Maya中的模型绑定

Maya的模型绑定就是建立一个内部骨骼影响外部表面的过程，形象一点的说法就是骨骼的运动带动表面的运动，形成的表面变形就是角色动画。

（1）Maya骨骼概念

Maya的骨骼是概念化的骨头与关节组成的关联结构，包含骨骼与关节两个部分。如图5—45。

关节是骨骼与骨骼之间的连接点，每块关节可以连接多块骨头，关节控制着骨骼的旋转与移动，关节属性可以控制关节的运动。

一系列关节组成关节链，关节链中的关节是呈线性连接的，关节链中第一个关节是最高层级的关节，被称为整个关节链的“父关节”。如图5—46。

骨骼的创建操作为进入Skeleton（骨骼）下拉菜单Joint Tool（骨骼创建），在视图中点击鼠标左键进行创建，【回车键】结束创建。

其中Degrees of freedom（自由度）包含以下参数：

Orientation（方向）：设置骨骼点坐标方向，None时骨骼坐标方向与世界坐标方向一致，若选择其他选项，则第一个坐标轴指向子关节，第二坐标轴指向关节弯曲方向。

Second axis world orientation（第二坐标轴方向）：选择正数时，第二坐标轴指向关节弯曲方向的相反方向，反之则指向关节弯曲方向。

Scale compensate（缩放补偿）：启用缩放时子关节不受缩放影响，不启用时子关节将受缩放影响。

Create IK handle（创建IK手柄）：启用时创建关节的同时IK手柄同时被创建。

（2）IK与FK

在角色动画的制作过程中，产生两种控制技术，叫做FK（正向动力学）与IK（反向动力学）。FK（正向动力学）是根据父关节的旋转来计算得出每个子关节的位置；IK反向动力学是根据末端子关节的位置移动来计算得出每个父关节的旋转。

●IK Handle Tool（IK骨骼手柄）：创建反向动力学系统。如图5—47。

其中Current solver（解算方式）分为两种解算类型：ikRPsolver（旋转平面解算），需要集向量，一般用于胳膊骨骼的创建；ikSCsolver（IK链条解算），没有宣传平面和集向量控制。可以用于腿部、脚趾的创建。

●IK Spline Handle Tool（样条IK手柄）：以样条线来控制IK的一种方式，常用来做尾巴、蛇、鱼等的运动动作。如图5—48。

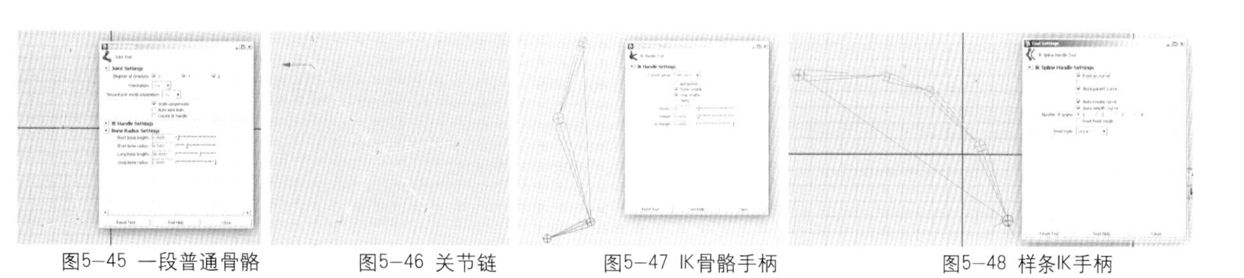

图5—45 一段普通骨骼　　图5—46 关节链与“父关节”　　图5—47 IK骨骼手柄　　图5—48 样条IK手柄

具体参数如下：

Root on curve：根关节到曲线；

Auto create root axis：自动创建父关节轴向；

Auto parent curve：自动曲线父子关系，创建曲线和骨骼的父子关系，骨骼移动的同时曲线也跟着移动；

Snap curve to root：吸附曲线到父关节，骨骼链会自动吸附到曲线上，并沿曲线变化进行匹配；

Auto create curve：自动创建曲线，运行命令的时候会自动创建一条曲线；

Auto simplify curve：自动平滑曲线，用于控制自动平滑IK样条曲线；

Number of spans：设置样条曲线的平滑度；

Root twist mode：父关节扭曲模式；

Twist type：扭曲类型。

●Insert Joint Tool（添加骨骼）：可以在已有的骨骼链上面添加新的骨骼。

●Reroot Skeleton（重新设置根骨骼）：选中骨骼运行此命令后可以将骨骼重新变为根部骨骼。

●Remove Joint（移除骨骼）：运行此命令可以将选中骨骼移除。

●Disconnect Joint（断开骨骼）：可以将骨骼的父子关系解除。

●Connect Joint（连接骨骼）：可以将断的骨骼进行连接。

●Mirror Joint（镜像骨骼）：可以将创建的骨骼进行镜像复制，常用在两边对称的创建，例如人的手臂、腿等。

●Orient Joint（骨骼坐标）：其中Orientation（方向）可以设置骨骼方向，默认为XYZ分布，也可以改为YZX/ZXY等多种分布模式；Second axis word orientation（第二届骨骼的世界坐标）用于设置第二届骨骼的世界坐标方向；Hierarchy（层级）在启用后可以同时对该骨节点下的所有子骨节点应用此操作；Scale（比例）用于控制是否可以重置局部缩放坐标，默认启用该复选框。

5.2.2 Max中的模型绑定

3dsmax作为动画制作的优秀工具，对角色的控制也有独到之处，就是除了内置的Bones（骨骼）以外，还提供了Character Studio（两足动物）骨骼控制系统及CAT骨骼控制系统，这些插件现在已内置到3dsmax中，根据不同需要结合使用。

（1）Max的骨骼

3dsmax的Bones（骨骼）菜单位于Creat（创建）面板的Systems（系统）面板，具体操作为：选择System（系统）面板下的Bones（骨骼）在视图以鼠标左键根据预设骨骼走向连续点击，最后点击键盘【Enter】键结束骨骼创建。如图5—49。

创建完单个骨骼链之后，再由父子关系将多个关节链组成全身骨骼的肢体链，并对部分骨骼链（腿部、胳膊）进行IK解算。IK解算命令在Animation（动画）菜单下IK Solvers中（IK解算器）的IK Limb Solvers（IK肢体解算器）。如图5—50。

选择角色物体，执行Modify（修改）面板下的Skin（蒙皮）添加之前建立的骨骼就完成了蒙皮的设置，之后还可作进一步的调整。如图5—51。

（2）Character Studio（两足动物）骨骼控制系统

Character Studio（两足动物）骨骼控制系统作为3dsmax一个重要的插入模块，最早由Autodesk公司多媒体分部Kinetix研制并提供上市，成为3dsmax动画制作比较流行的方法。如图5—52。

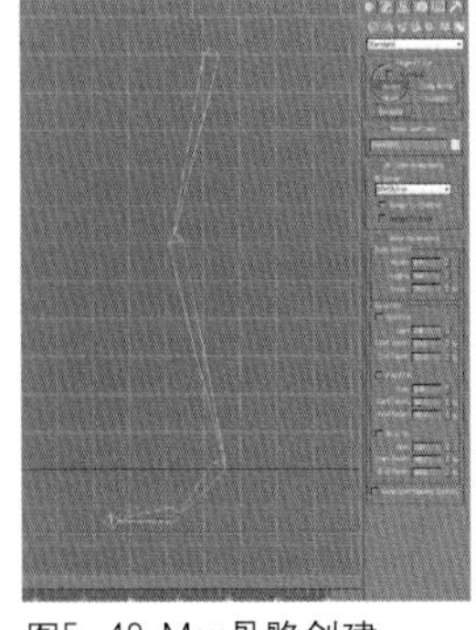
图5—49 Max骨骼创建

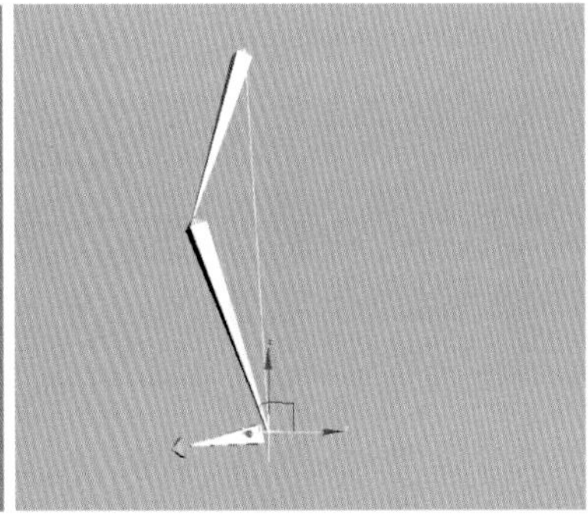
图5—50 IK肢体解算器

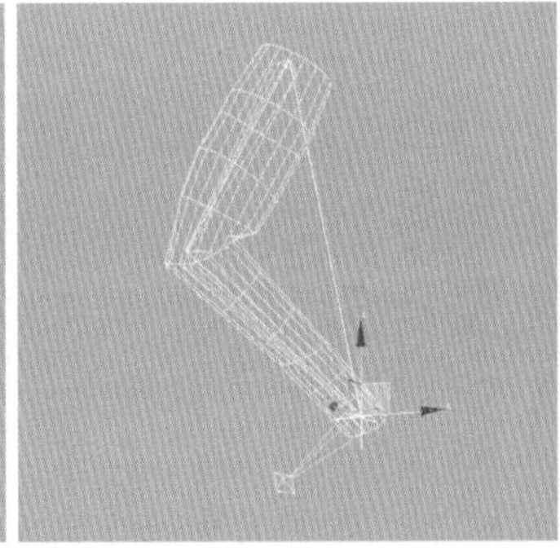
图5—51 蒙皮后的多边形物体

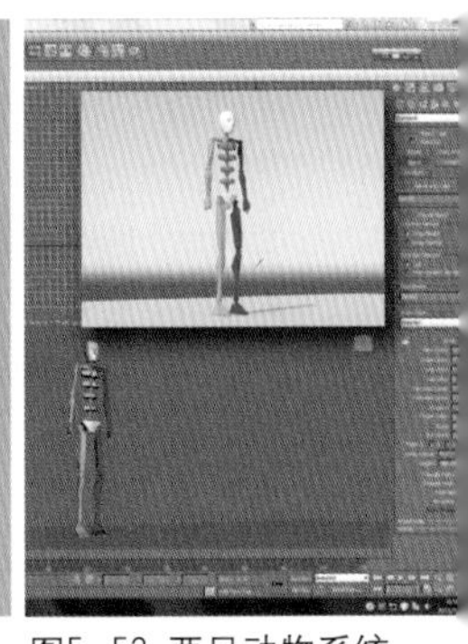
图5—52 两足动物系统

Character Studio由三个主要部分组成，即：Biped、Physique及群组。Biped是三维人物及动画模拟系统，它用于模拟人物及任何两足动物的动画过程。使用Biped来简单地设计步迹即可实现人物走上楼梯或跳过障碍等动作。

Physique是一个统一的骨骼变形系统，它用模拟人物（包括两足动物）运动时的复杂的肌肉组织变化的方法来再现逼真的肌肉运动。它可以把肌肉的鼓起、肌腱的拉伸、血管的扩张加到任何一种两足动物身上。

群组使用代理系统和行为制作群体性的动作，用来模拟多个角色的集体行为。

（3）CAT骨骼控制系统

CAT据说是一款动画人为动画人设计的动画插件，全称Character Animation Toolkit，由新西兰达尼丁的软件公司Character Animation Technologies推出，2003年该软件获得美国电视最高荣誉奖——艾美奖。利用该软件的工具组，能够更轻松地进行角色搭建、非线性动画、动画分层、动作捕捉输入和肌肉模拟。CAT快速、稳定、简单，整合了多种尖端功能，能够帮助艺术家更轻松地在3dsmax和3dsmax Design中制作角色动画。如图5—53。

利用Autodesk 3dsmax CAT可以更轻松地创建复杂多足的角色搭建。艺术家可以轻松地设计自定义的骨骼系统或是使用各种脊椎、头、骨骼、手指和脚趾模块创建从人类到微小生物等任何你想要的物体，3dsmax CAT还支持对蜈蚣等高度复杂骨骼系统的搭建。

CAT主要分为CATRig（角色搭建）、动作、层管理器、动画剪辑管理器、姿态管理器和关键帧动画等模块，可以自定义几乎所有种类的骨骼，并保证骨骼的高效灵活。

由于CAT出色的性能，3dsmax2011将这个原本外挂的插件进行集成，并移植到比如SoftimageXSI等软件中。

5.3 绑定与权重

当角色的骨骼建立完成后，还需要将骨骼的动作影响到角色的表面，这个过程就叫做绑定。

在3dsmax中选择角色后通过执行Modify（修改）面板下的Skin（蒙皮）可以进行绑定，如果是用Character Studio模块建立的骨骼系统，一般采用Physique进行绑定。

5.3.1 Maya中的绑定与权重

在Maya中进行绑定可以分为柔性蒙皮与刚性蒙皮：

●Smooth Bind（柔性蒙皮）：柔性蒙皮的特征可以是模型的外形跟随着骨骼的运动产生不同程度的变形，适合绑定生物体的角色，例如人、动物等。

Bind to（绑定到）：可以分为Joint hierarchy（全部骨骼），选中跟骨骼可以蒙皮到所有骨骼；Selected joints（已选择骨骼），只对选中的骨骼蒙皮等等。

●Rigid Bind（刚性蒙皮）：可以使模型的各个部分跟随骨骼运动，并不产生任何变形，使用与各个部分没有连接的模型，例如机器人、木偶等。

绑定好的骨骼需要设置每块骨骼的影响区域及范围，这种骨骼影响区域及范围的设置就叫做骨骼的权重设置。

在Maya中可以通过笔刷的方式

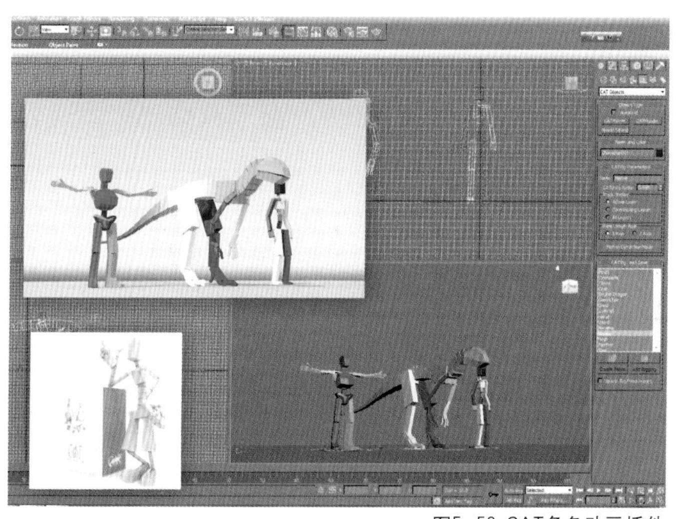

图5—53 CAT角色动画插件

进行权重设置，具体操作要先选择绑定完整的角色模型，按鼠标右键，执行Paint（笔刷）命令Skin Cluster（皮肤权重工具），在Tool Settings（工具设定）面板中，找到需要调节影响范围的骨骼，调整相关选项，在模型上使用笔刷。从模型表面的颜色可以看到，完全白色为骨骼完全影响的区域；完全黑色为骨骼无法影响的区域；灰色为有一定影响的区域，通过多个骨骼的权重设定实现完整模型的权重设定。如图5-54。

5.3.2 Max中的绑定与权重

在3dsmax通过Skin（蒙皮）命令可以进行绑定，具体操作为先选择需要绑定的角色，执行Modify（修改）面板下的Skin（蒙皮）命令，调整绑定后的参数。

骨骼权重的调节操作要在Skin（蒙皮）命令之下，根据名称找到骨骼，再点击Edit Envelopes（编辑封套），之后调整封套上的点来控制骨骼影响的区域。如图5-55。

5.4 约束设定

在动画模块中，约束是装配中很重要的部分，它的目的是通过一个对象对另一个对象产生一定的影响，进而对物体的状态提供限制性的条件，这里以Maya为例简单介绍约束的设定。

Maya提供了对物体点约束、目标约束和父子约束等多种约束命令。如图5-56。

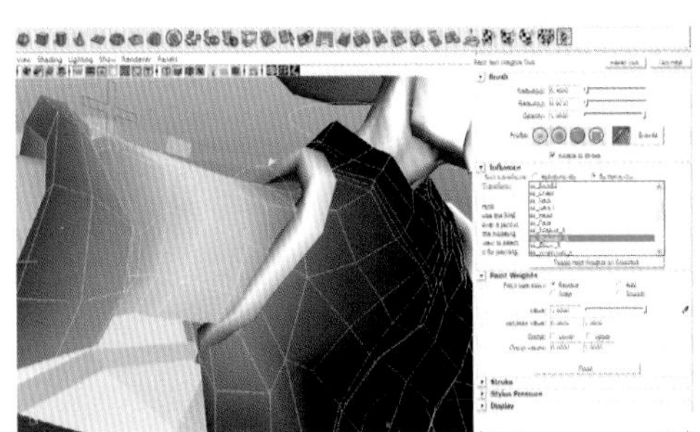
图5-54 Maya的骨骼权重设置

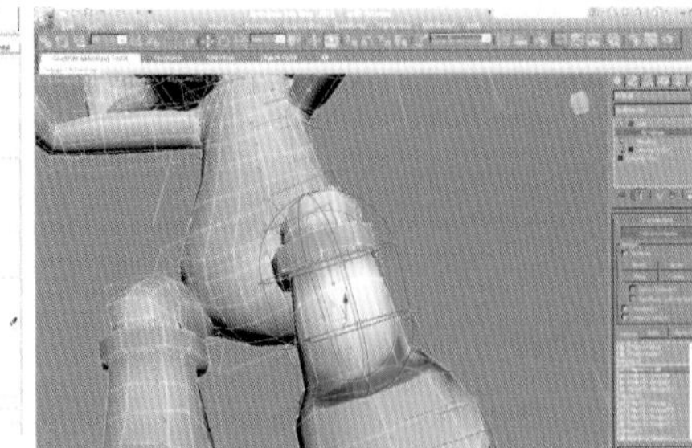
图5-55 3dsmax编辑骨骼权重

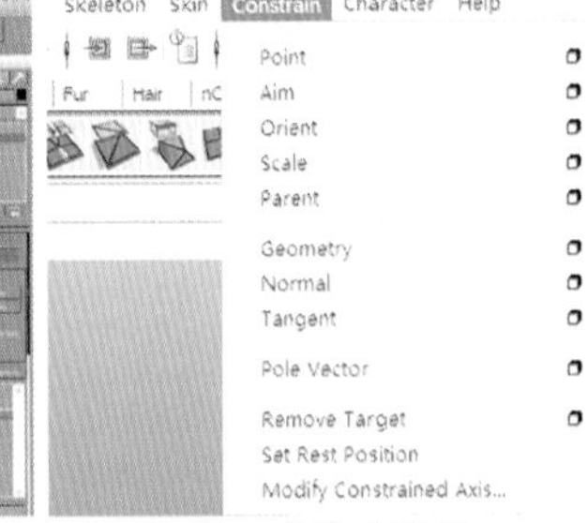

图5-56 Maya的约束菜单

●Point（点约束）：点约束是用一个物体的位移控制另一个物体的位移，可以选用X/Y/Z全部位移轴向的约束，也可以选用单个轴向的约束。其中Maintain offset（原始位置偏移开关）控制物体约束时中心位移的偏移，勾选后允许物体处于位移初始的偏移值；Constraint axes（约束轴向）选择对XYZ三个轴向的约束，默认选项是三个轴向全部作用；Weight（权重）设置受约束的程度。

●Aim（目标约束）：目标约束是用一个物体的空间坐标控制另一个物体的旋转，其中Maintain offset（原始位置偏移）勾选后允许被控制物体的旋转轴有初始的偏移值；Aim vector用来设置Aim向量在被约束物体局部空间中的方向，Aim向量指向目标点，从而迫使被控制物体对齐自身轴向，但一旦选择Maintain offset选项，该项将被忽略；Up vector是指Up向量在被约束物体局部空间中的方向，用于强行对齐物体的轴向；Constraint axes设置被约束的旋转轴向。

●Orient（旋转约束）：使用一个物体的旋转来控制另一个物体的旋转属性，与目标约束区分开来。目标约束是用一个物体的位移来约束另一个物体的旋转。

●Scale（比例约束）：使用一个物体的缩放来控制另一个物体的缩放属性。其中Maintain offset（原始位置偏移）勾选后允许被控制物体的缩放比例有初始的偏移值；Constraint axes设置被约束的缩放轴向。

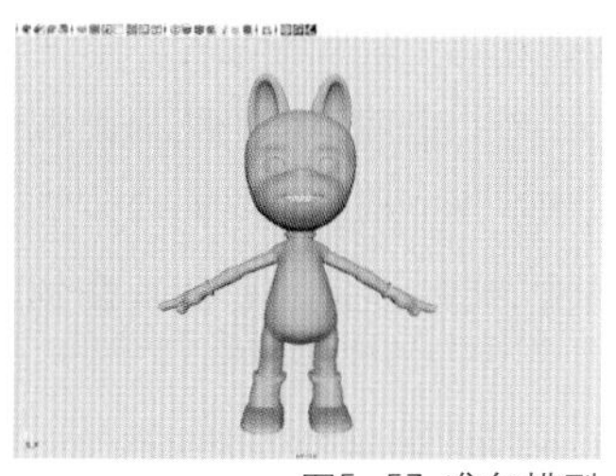

图5—57 准备模型

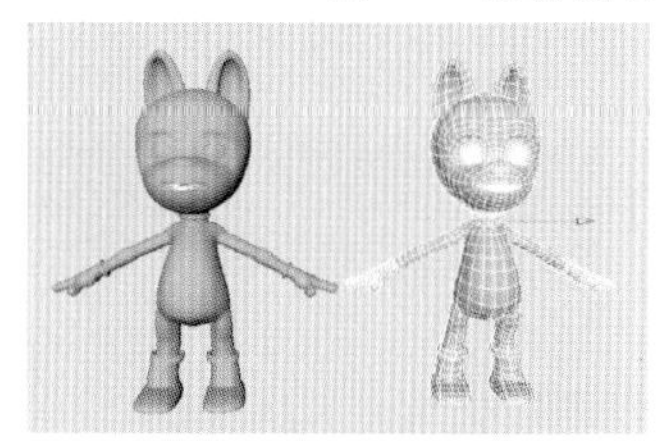

图5—58 融合表情目标体制作

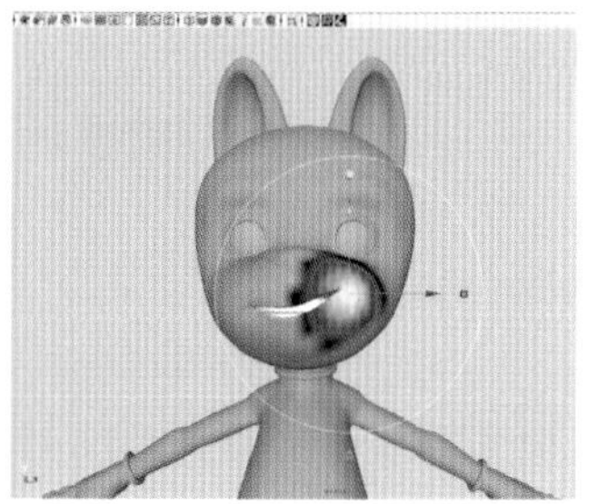

图5—59 表情的编辑

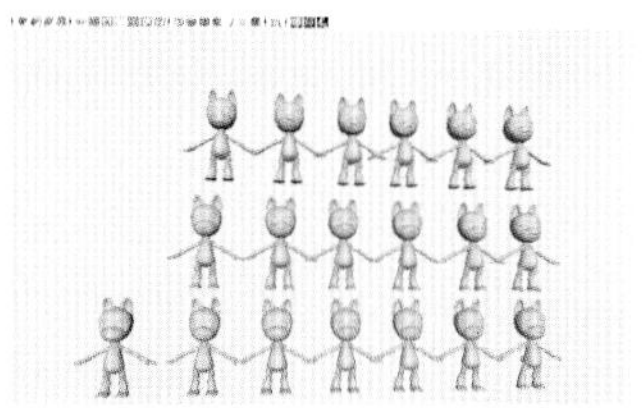

图5—60 融合变形目标体阵列

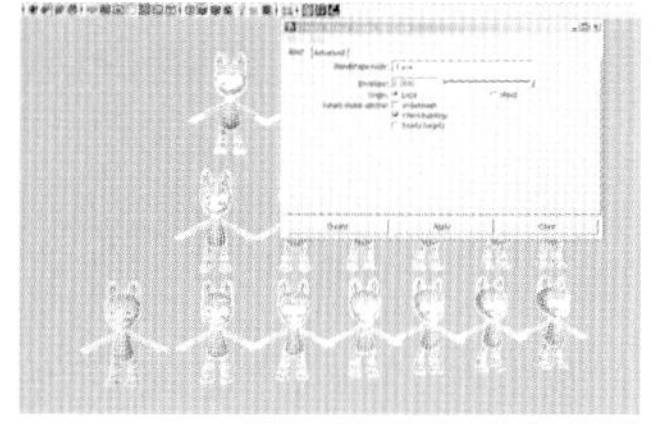

图5—61 运行融合变形

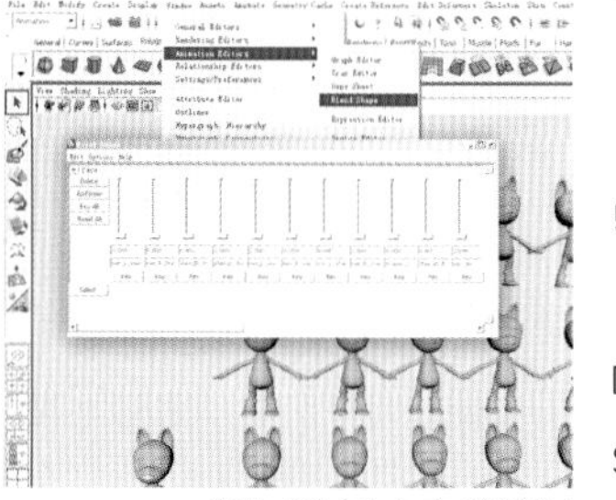

图5—62 融合变形控制

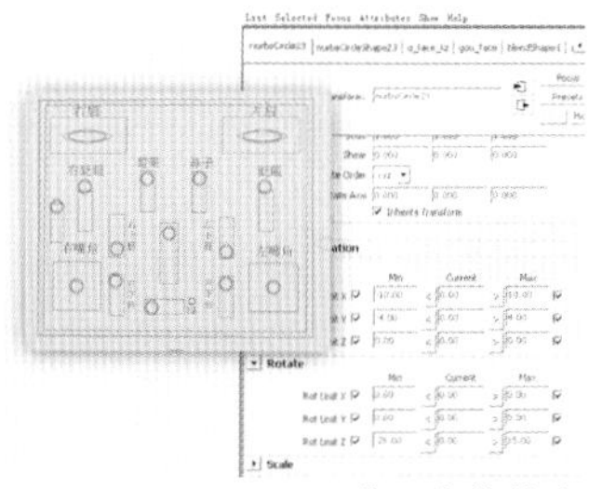

图5—63 位置变换约束

●Parent（父子约束）：可以用一个物体的位移旋转去控制另一个物体的位移旋转属性。

●Geometry（几何体约束）：是使用一个物体的表面信息约束另一个物体的位移，可以理解为将一个物体吸附到另一个物体的表面，并可以沿着物体的表面移动。

●Normal（法线约束）：使用一个物体的表面的法线信息约束另一个物体的旋转属性。一般可以配合Geometry约束使用。

●Tangent（切线约束）：可以使一个物体的Front轴向始终和切线方向保持一致，当曲线拐弯时，物体的轴向也随之改变。

●Pole Vector（极向量约束）：可以使“极矢量终点”跟随目标物体移动，一般在绑定设置IK手柄的时候使用，可以控制例如胳膊、膝盖等关节的IK手柄中极矢量终点的朝向。

5.5 角色表情解决方案

角色的喜、怒、哀、乐是动画表演中很重要的部分，一些特别的表情会让观众印象深刻，所以在角色动画的制作中，表情动画也占有比较重要的地位。

5.5.1 Maya中的表情动画设置方法

Maya软件的表情设置比较常用的有骨骼绑定调节和融合变形等方法，这里主要介绍融合变形的表情设置方式。

融合变形表情的制作主要用到Creat Deformers（创建变形）菜单中的Blend Shape融合变形命令，这里以一个卡通角色的表情设置为例进行具体步骤的讲解：

（1）打开所要制作的角色场景。如图5—57。

（2）将角色进行复制，作为融合表情的目标体，并命名为zui_L_shang。如图5—58。

（3）对目标体zui_L_shang进行表情的编辑，针对每个表情变形目标体都以同样方式制作，在制作变形时可以用Soft Modification（软变形工具）或Cluster（簇变形）等变形工具，或直接进行点模式下调节，需注意的是每个部位的变形只能在一个目标体上进行。如图5—59。

（4）制作各个需要融合变形的目标体阵列并分别命名。如图5—60。

（5）首先选择目标体，然后选择基本体，最后运行Create Deformers下的Blend Shape命令进行融合变形，并可以在Blend Shape融合变形中BlendShape node中输入名称。如图5—61。

（6）打开Window（窗口）下拉菜单中的Animation Editors（动画）选项，运行Blend Shape（融合变形）菜单。如图5—62。

（7）利用曲线绘制面部表情控制器，并给曲线进行位置变换的约束。如图5—63。

（8）打开Animate（动画）下拉菜单的Set Driven Key（驱动关键帧设置）点击Set（设置），进行曲线到blend变形的驱动控制。如图5—64。

（9）选择嘴角Nurbs Circle 20控制曲线，点击Load Driver载入驱动者，选择Blendshape面板中Select，点击Load Driven载入被驱动。如图5—65。

（10）使用Nurbs Circle 20的TranslateY（位移Y轴）来驱动融合变形的zui_L_shang，在全部是零状态点击Key。如图5—66。

（11）把Nurbs Circle 20上提到顶。将Blendshape里面zui_L_shang改到最大，最后把Nurbs Circle 20的TranslateY轴改到0，完成嘴角上提的驱动控制。如图5—67。

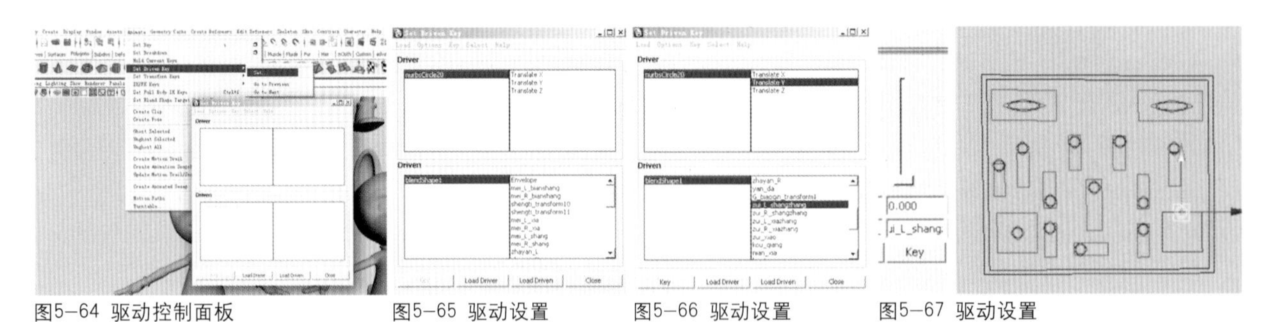

图5—64 驱动控制面板　图5—65 驱动设置　图5—66 驱动设置　图5—67 驱动设置

按照同样的方式将所有位置的融合变形进行驱动，完成最终的表情设置。

5.5.2 Max中的表情动画设置方法

3dsmax同样提供完整的表情设置技术方案，常用的也是使用骨骼控制表情及融合变形两种方案，这里只对融合变形进行简单介绍。

3dsmax的融合变形同样需要复制出丰富的目标形体，形成表情库，这里以一个茶壶的变形为例，首先将茶壶物体复制，再分别进入多边形编辑模式（可以使用软选择），进行点编辑，得到几个变形物体。如图5—68。

选择原始物体，进入Modify（修改）面板，运行Morpher命令。如图5—69。

依次在empty（空白项）上面点击鼠标右键，选择Pick from Scene，在窗口中点击变形之后的茶壶物体，分别将4个变形后的茶壶载入空白项。如图5—70。

载入变形物体之后，对载入物体后面的数量进行调节，原始茶壶会根据不同的数字组合发生形变，这也是3dsmax进行表情动画的制作原理。如图5—71。

要想做到比较丰富的表情设计，一般需要制作10～20个调整变形后的模型文件，这些模型还可以按照比例互相混合产生更丰富的角色表情。为了更好地控制也可以采用类似Maya软件的表情控制面板来进行控制。如图5—72。

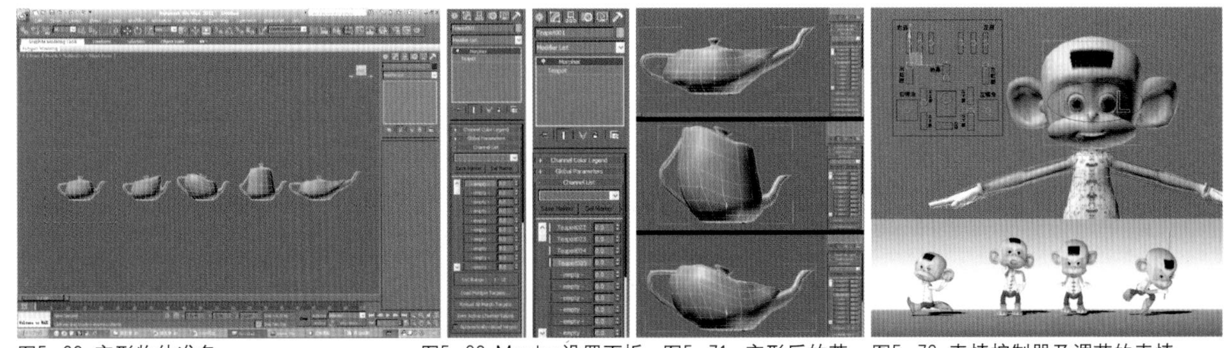

图5—68 变形物体准备　图5—69 Morpher设置面板　图5—70 Morpher设置面板　图5—71 变形后的茶壶物体　图5—72 表情控制器及调节的表情

5.5.3 其他表情解决方案

由于表情调节的复杂性与重要性，业界也衍生出很多专门处理表情的软件及插件，比如3dsmax就有表情动画插件JetaReyes、Yuz Kontrol及FxLda BonyFace等等；Maya也有专门的表情制作插件The Face Machine。如图5—73。

图5—73 The Face Machine插件

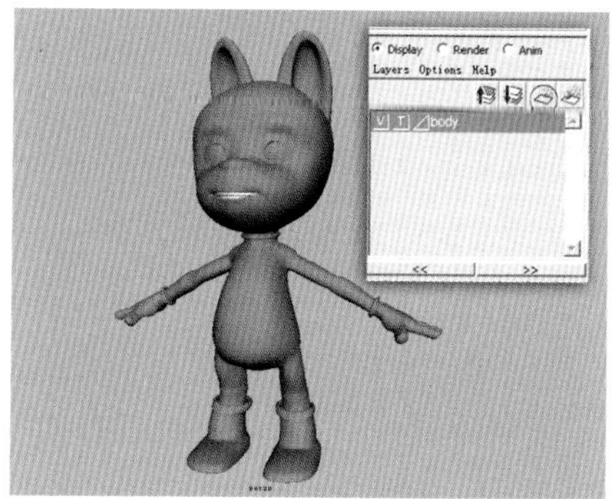
图5—74 更改显示

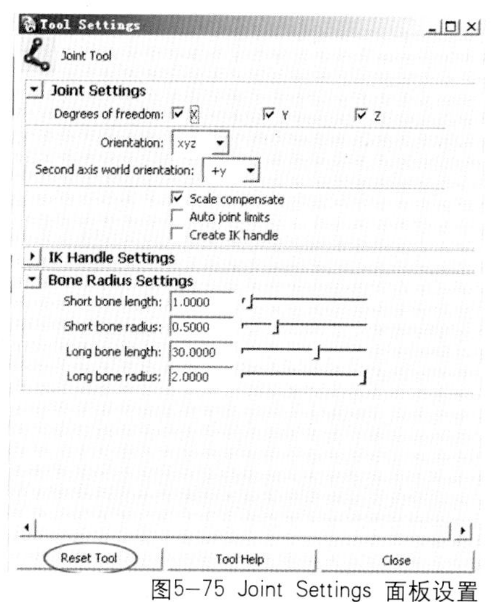

图5—75 Joint Settings 面板设置

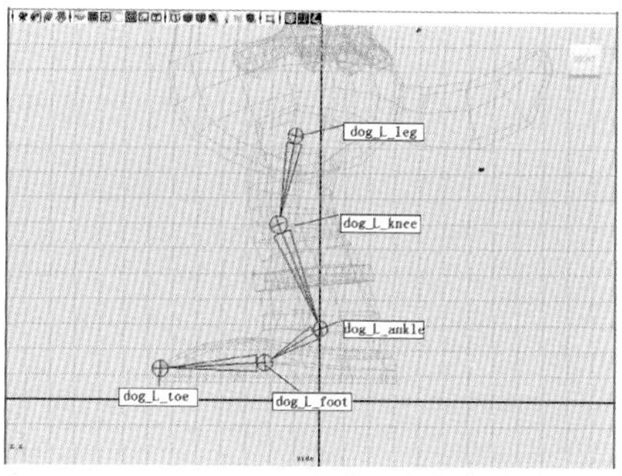

图5—76 腿部骨骼创建

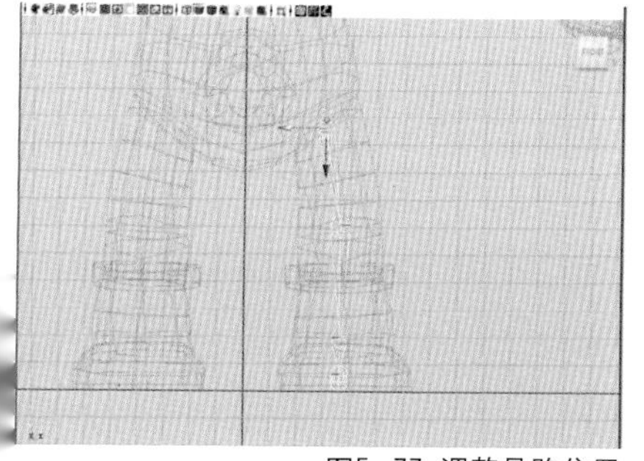
图5—77 调整骨骼位置

5.6 角色绑定与动画实例

5.6.1 文件准备

在角色绑定之前都要进行模型的准备工作，一般包括多边形检查、清除历史记录、更改显示等操作。

多边形检查是指清除一些在模型制作中多余的点或者线、面，对于在线段上孤立存在的点，使用删除键可以直接清除，对于有些多余的元素，则要采用点焊接的方式将它们合并在一起再处理。

清除历史记录要选择模型后执行Edit（编辑）下拉菜单中的Delete by Type（删除类型），选择History（历史记录）进行删除，经过删除历史记录的模型能减轻计算机的计算负担，提高计算机运行速度。

在通道盒中点击通道栏建立图层，并修改到T模式显示，这样的显示修改既可以使模型以灰度显示又可以避免误选操作。如图5—74。

5.6.2 骨骼创建

（1）腿部骨骼的创建

●单击Skeleton/Joint Tool命令的扩展按钮，在打开的Joint Settings面板中单击Reset Tool按钮来还原所有参数为默认值。如图5—75。

●在侧视图里依次创建dog_L_leg（腿）、dog_L_knee（膝盖）、dog_L_ankle（脚踝）、dog_L_foot（脚）、dog_L_toe（脚尖）对应的关节。按【Enter】键结束操作。并依次分别命名dog_L_leg、dog_L_knee、dog_L_ankle、dog_L_foot、dog_L_toe。如图5—76。

创建关节时，如果关节过大，妨碍观察，可以选择Display（显示）下拉菜单中的Animation（动画）选择Joint Size（骨骼尺寸）命令来调整关节显示大小，数值可以在0到无限大调节，主要根据画面的尺寸进行调节。

●切换到前视图，因为默认创建的骨骼都在视图的中央，这里需要在前视图中对骨骼进行调节，尽量放置在角色模型的中间部位。如图5—77。

需要注意的是：在侧视图创建腿部骨骼时，整个骨骼要有一定角度，膝盖部位要往前倾一些，对以后的IK反向动力学有很大作用。

在选择移动骨骼时，如果选择并移动了某个关节，所有在这个关节之下的关节都会随着移动。如果只想移动选中的关节，可以有两种方式：第一种在移动工具模式下按键盘【Insert】键来显示枢轴操纵器，然后移动轴点来移动该关节；另外一种是在移动工具模式下，可以同时按键盘【D】键，显示枢轴操纵器，然后移动轴点来移动该关节。

●镜像骨骼：在场景中选择角色左腿的根骨节点，然后单击Skeleton（骨骼）菜单下Mirror Joint（镜像骨骼）命令右侧扩张窗口。在弹出的窗口设置Mirror across为YZ，将YZ作为镜像轴面；在Replacement names for duplicated joints（复制节点代替名称）设置Search for（寻找）为L；Replace with（替换为）设置为R，单击Mirror命令执行操作，执行命令后在左腿右侧产生另外一条腿，且名称修改为了右腿部分。如图5—78。

Mirror Joint（镜像骨骼）命令是一种相当特殊的复制关节的命令，它不但允许选择镜像的平面、镜像后关节与原关节的关系，还可以替换镜像后关节名称中需要修改的部分，例如本案例中，镜像后的关节名称已经对应地变成了dog_R_leg、dog_R_knee、dog_R_ankle、dog_R_foot、dog_R_toe。

如果发现关节不能被正确地镜像，可以先为它们创建一个组，将这个组镜像后再解散它。

（2）脊椎骨骼的创建

创建骨骼的时候，关节的设置主要取决于对象的运动特征，在要求不太高的绑定时都会对绑定的骨骼加以简化，例如在创建腿部时我们简化了脚趾的骨骼。在创建脊椎骨骼时我们也没有必要把所有的脊椎骨骼依次创建出来，根据角色运动方式可以只考虑创建dog_waist、dog_chestA、dog_chestB、dog_nackA这四个骨骼，分别命名。

考虑到这3个关节的运动方式，它们是需要用坐标轴来旋转的，所以在创建的时候方向用None参数。如图5—79。

（3）手臂骨骼的创建

手臂的骨骼创建要注意肩膀位置的骨骼，因为手臂的运动靠肩膀来带动，在创建时不要忽视了肩膀的关节。

●单击Skeleton（骨骼）菜单下Joint Tool（骨骼工具）命令右侧的扩展窗口按钮，在打开的设置面板中单击Reset Tool（复位工具）将所有参数设置为默认值，此时坐标的方向为XYZ设置。

切换到顶视图，对骨骼进行创建，依次为dog_L_shoulder、dog_L_arm、dog_L_forearm、dog_L_hand对应的关节，按键盘【Enter】键结束创建，需要注意在肘关节时骨骼是向后微微弯曲，用于后面IK手柄设置。如图5—80。

●切换到前视图中，对手臂的关节位置进行调整，放置在模型的中间，并对应好每个关节转折点。如图5—81。

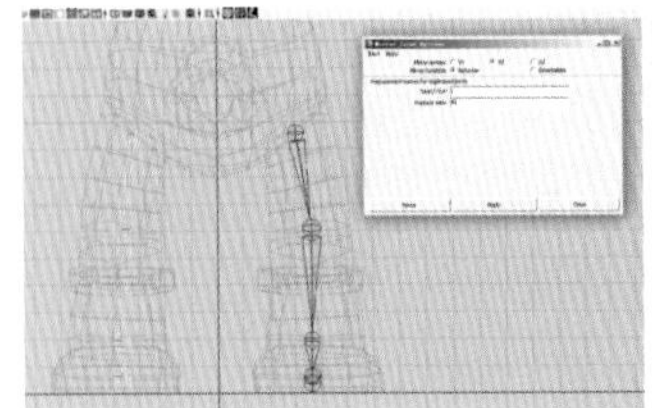

图5—78 镜像骨骼

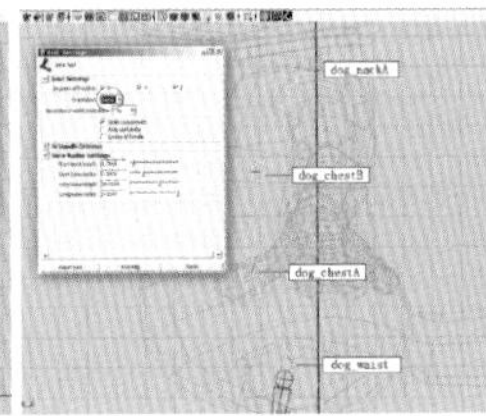

图5—79 建立脊椎骨骼

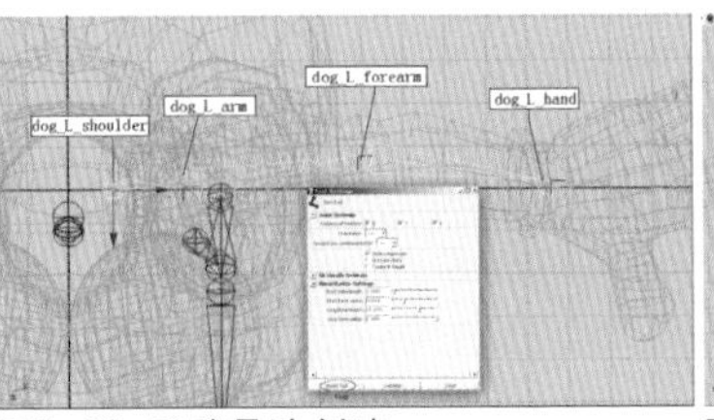

图5—80 手臂骨骼创建

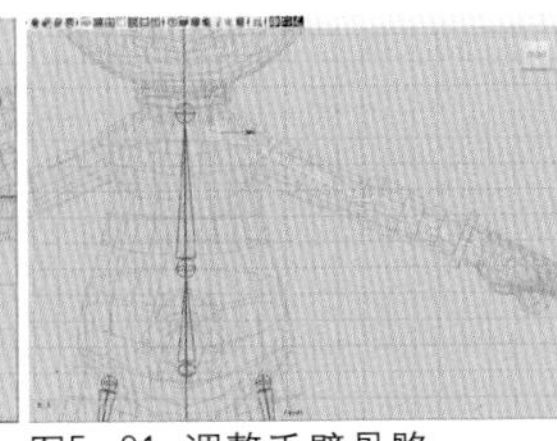

图5—81 调整手臂骨骼

●镜像骨骼：与镜像腿部骨骼相同，选中角色左腿的根骨节点，然后单击Skeleton（骨骼）菜单下Mirror Joint（镜像骨骼）命令右侧扩张窗口。在弹出的窗口Mirror across为YZ，将YZ作为镜像轴面。在Replacement names for duplicated joints（复制节点代替名称），设置Search for（寻找）为L，Replace with（替换为）设置为R，单击Mirror命令执行操作。

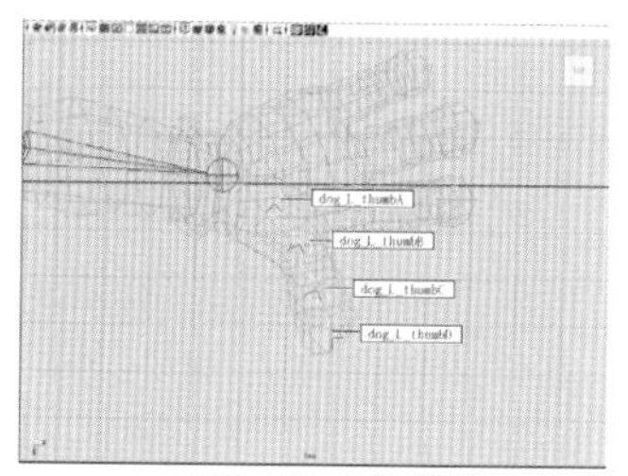
图5-82 大拇指骨骼创建

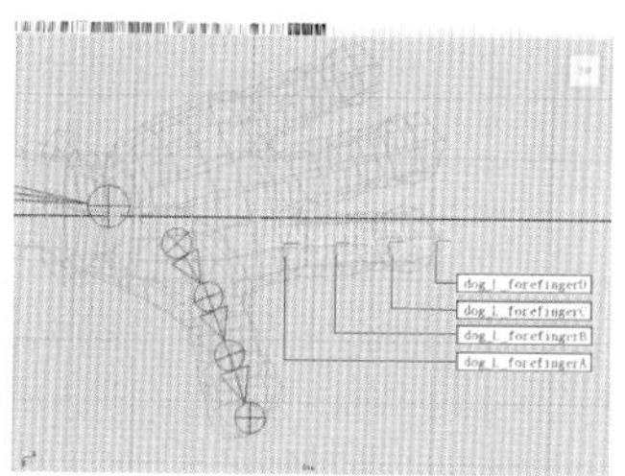
图5-83 食指骨骼创建

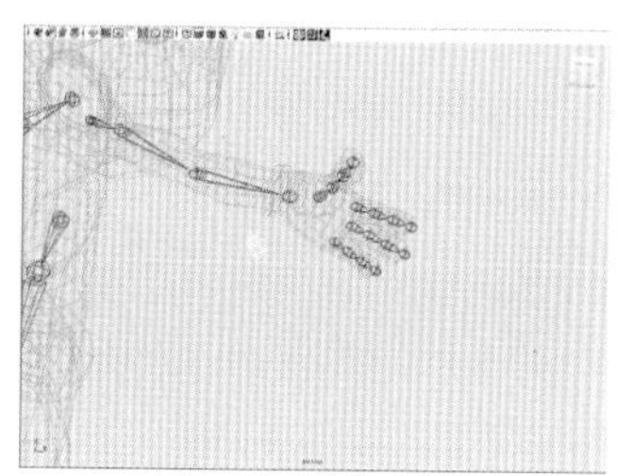
图5-84 调整手指骨骼位置

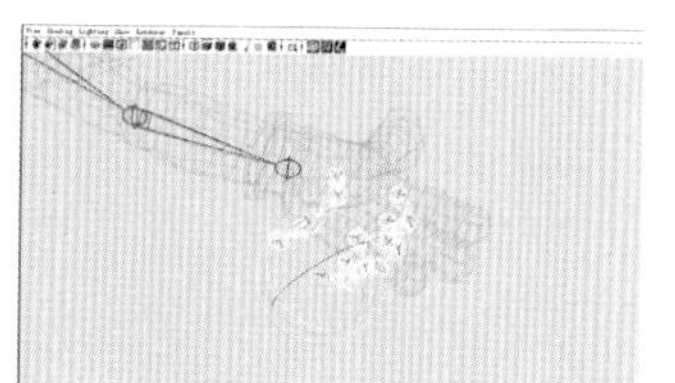
图5-85 观察骨节轴向位置

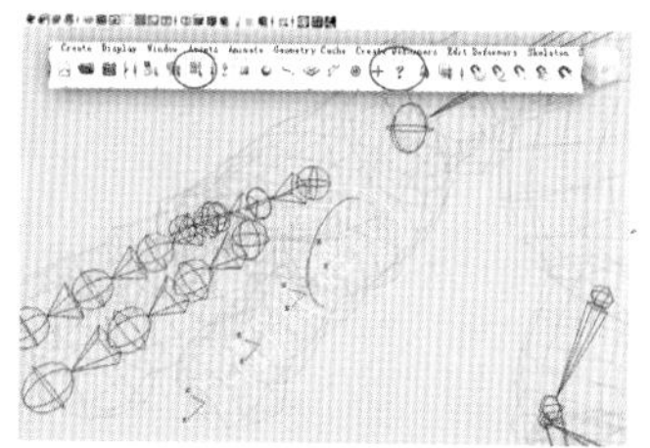
图5-86 调节手指关节方向

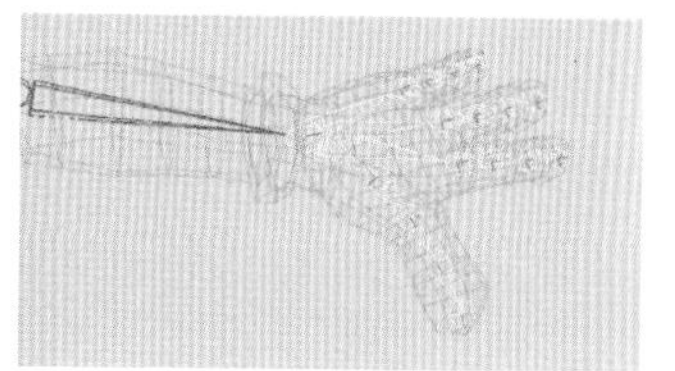
图5-87 建立手指父子关系

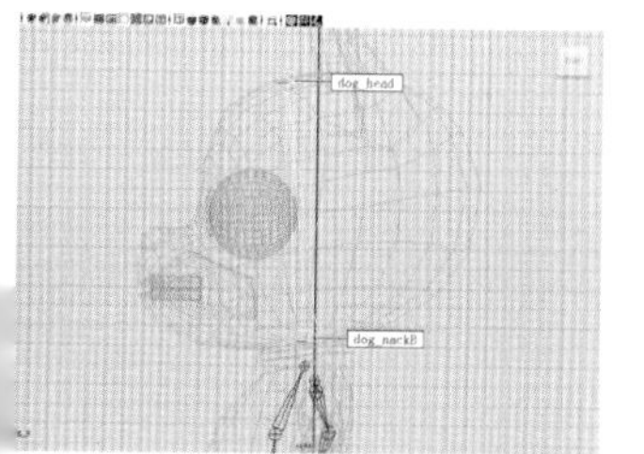
图5-88 头部骨骼创建

（4）手指骨骼的创建

一般来说根据手指的弯曲方向，应该在顶视图中设置大拇指，然后在前视图中设置其他的手指，但如果对手指的运动进行观察，很容易发现手指并不是向外平行弯曲的，而是向手中心弯曲，这样保证了人可以牢牢地抓住手中心的物体。

●在顶视图中使用默认参数（默认参数坐标方向为XYZ），为大拇指创建骨骼。创建4根关节，从根部依次命名为dog_L_thumbA、dog_L_thumbB、dog_L_thumbC、dog_L_thumbD。如图5-82。

●为食指创建骨骼，将食指的4个关节从根部依次命名为dog_L_forefingerA、dog_L_forefingerB、dog_L_forefingerC、dog_L_forefingerD。应注意尽可能保证4个关节在一条直线上。如图5-83。

●用相同手法创建出其他手指的关节，并依次命名，并在透视图中调整关节的位置，与模型匹配对应。如图5-84。

●在透视图中调整完毕后，依次选择每个骨节在Y轴下旋转检验手抓感觉是否正确。如果有的方向向上，有的方向向下，说明骨节的轴向位置不正确。如图5-85。

●取消旋转操作，按键盘【F9】键进入按成分选择模式，在状态栏中点击 （各种类型成分）按钮，查看关节轴向。如果有方向不一致的，需要把关节调节一致，并采用旋转方式进行检验。如图5-86。

●选中手指父关节再加选dog_L_hand关节，然后按键盘【P】键，把所有手指都与dog_L_hand建立父子关系。如图5-87。

（5）创建连接四肢和躯干的骨骼

本设定主要是为了完成躯干的动作，但是考虑到了人的头部在运动中对身体平衡的重要作用，也需要把头部骨骼创建出来。

●在头部内创建关节并命名为dog_nackB、dog_head。如图5-88。

●将dog_head设为dog_neckA的子物体；将dog_L_shoulder和dog_R_shoulder设为dog_chest的子物体；将dog_L_leg和dog_R_leg设为dog_waist的子物体，最后将全身的骨骼进行连接，完成整个角色骨骼系统的创建。如图5-89。

5.6.3 创建反向动力学系统以及控制系统

总体控制：

首先创建控制系统大盘，命名为dog_control，运行Mofify（修改）菜单下Freeze Transformations（冻结）命令进行归零属性设置，然后将骨骼作为大盘物体的子物体。如图5-90。

（1）腿部IK手柄的设置

根据腿部的运动方式，脚提起的时候膝盖向前运动，在腿部创建IK（反向动力学手柄）模拟脚部带动膝盖运动的方式。

●运行Skeleton（绑定）菜单下面IK Handle Tool（反向动力学手柄工具）后面的扩展窗口，选取RP结算方式（此方式需要由基向量控制旋转方向）。分别选取dog_L_leg、dog_L_ankle，完成IK手柄的创建，命名为dog_L_leg_IK，另一条腿也同样运行。如图5—91。

●首先创建一个Polygons正方体，然后创建CV曲线，运行Create（创建）命令下面CV Curve Tool（创建CV曲线）后面扩展面板，将Curve degree修改为1 Linear。

完成后按键盘【V】键，采用点捕捉模式将CV曲线锁定到刚才创建的正方体上，并删除Polygons物体。

选择CV线框，运行Modify（修改）命令下Center Pivot（中心点归位），将其放置在骨骼脚部位，命名为dog_L_foot_control，并将中心点放置到脚踝部位，并运行Mofify（修改）命令下Freeze Transformations（冻结）冻结归零属性。

选择CV线框，按键盘【Insert】键，之后按【V】键将中心点以点吸附的形式吸附在脚踝部位，最后将其作为大盘的子物体。如图5—92。

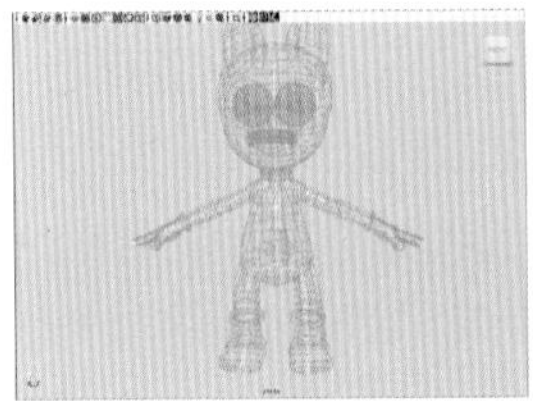
图5—89 完成整体骨骼创建

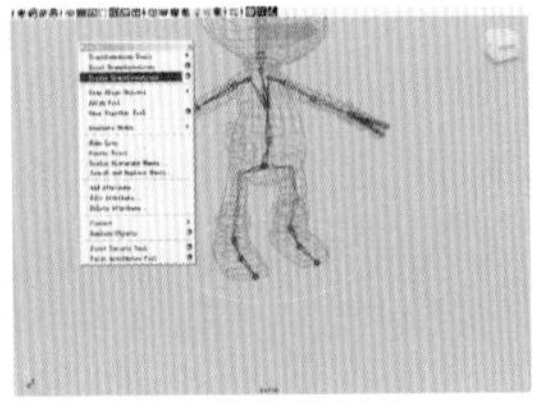
图5—90 大盘物体创建

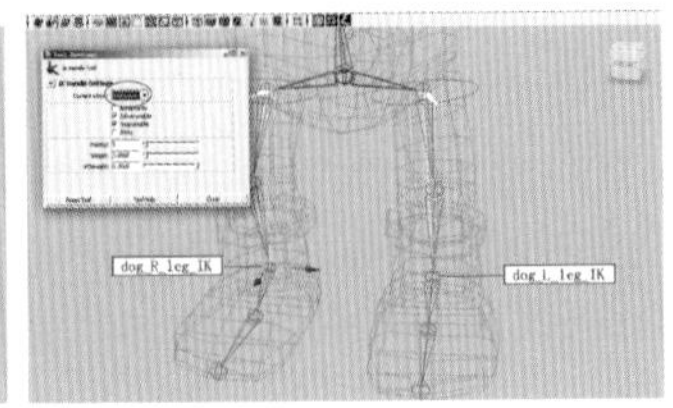

图5—91 腿部IK手柄创建

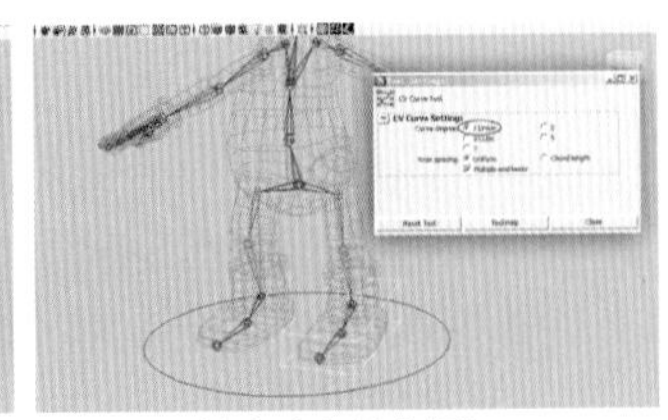
图5—92 创建脚部控制器

●创建极向量，命名dog_L_knee_control，并给予dog_L_foot_control子物体。如图5—93。

●复制左边的脚控制到右脚并冻结归零，修改名称L变为R。如图5—94。

（2）反转脚的创建

●运行Skeleton（绑定）命令下IK Handle Tool（反向动力学手柄工具）后面的扩展窗口，点击Reset Tool恢复默认设置。选取dog_L_ankle、dog_L_foot创建第一个IK手柄命名为dog_L_foot_IK_A，再次运行IK Handle Tool，选取dog_R_foot、dog_R_toe创建第二个IK手柄命名为dog_L_foot_IK_B。如图5—95。

●进行打组设置。打开Outliner大纲窗口设置第一组，首先dog_L_foot_IK_B打一个组命名为dog_L_foot_G_A，并按键盘【Insert】键，并按【V】键将中心点吸附在脚心部位，此组控制脚尖沿脚心的旋转。如图5—96。

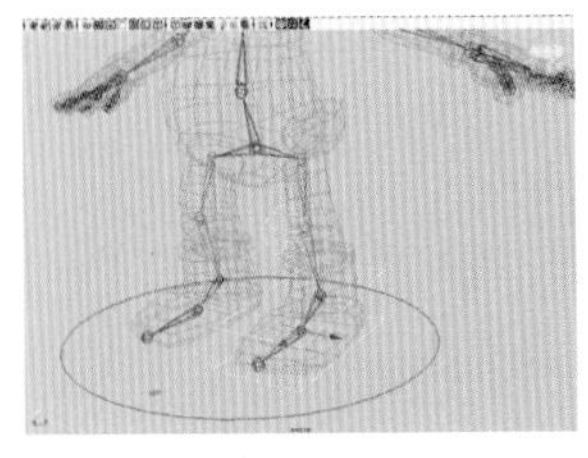
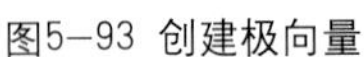
图5—93 创建极向量

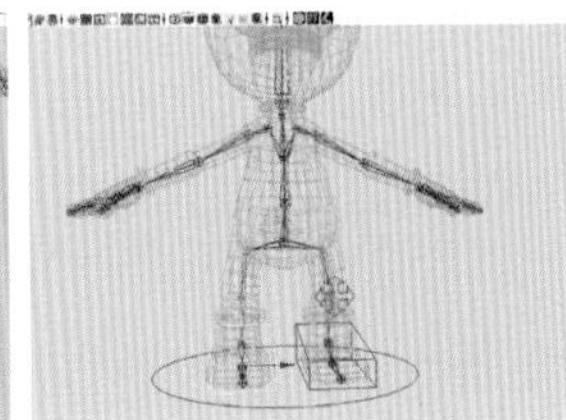
图5—94 建立左右脚控制

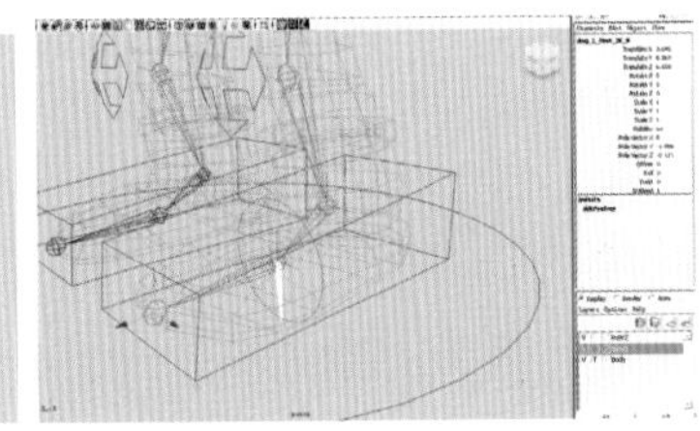
图5—95 创建IK手柄

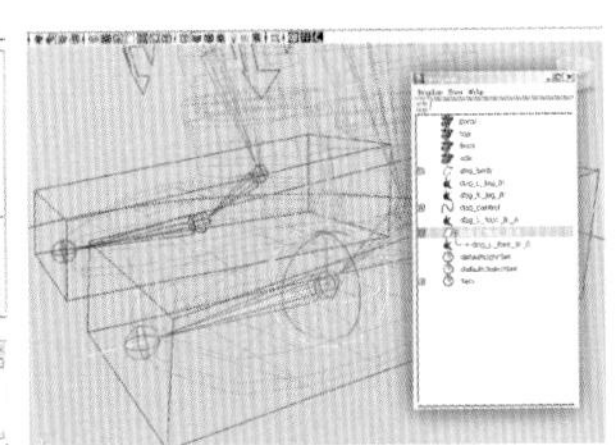
图5—96 反转脚第一组

●将dog_L_foot_IK_A与dog_L_leg_IK两个打组命名为dog_L_foot_G_B，设置成第二组，按键盘【Insert】键，并按【V】键将中心点吸附在脚心部位，此组控制脚跟沿脚心部位旋转。如图5—97。

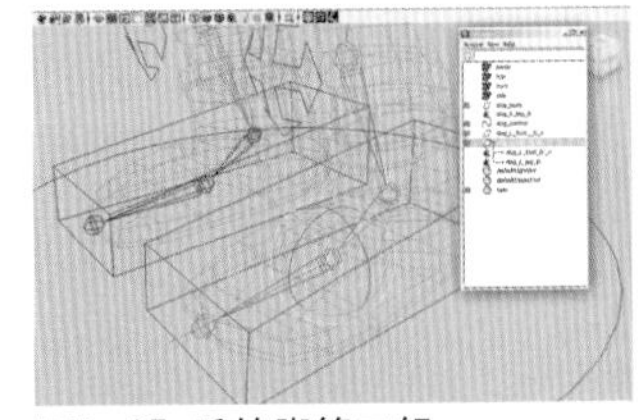
图5—97 反转脚第二组

●将上面的两个组dog_L_foot_G_A、dog_L_foot_G_B一起打个组，命名为dog_L_foot_toe，成为第三组，按键盘【Insert】键，并按【V】键将中心点吸附在脚尖部位，此组控制脚板沿脚尖旋转。如图5–98。

●将组dog_L_foot_toe打组，命名为dog_L_foot_heel，成为第四组，按键盘【Insert】键并将中心点放置在脚跟部位，此组控制脚板沿脚跟部位旋转。如图5–99。

●将组dog_L_foot_root再次打组，命名为dog_L_ankle，成为第五组，按键盘【Insert】键，并按【V】键将中心点吸附在脚踝部位，此组控制脚沿脚踝部位旋转。如图5–100。

●将组dog_L_ankle再次打组，命名为dog_L_foot成为第六组，按键盘【Insert】键并将中心点放置在脚踝部位，此组控制脚部位位移旋转。如图5–101。

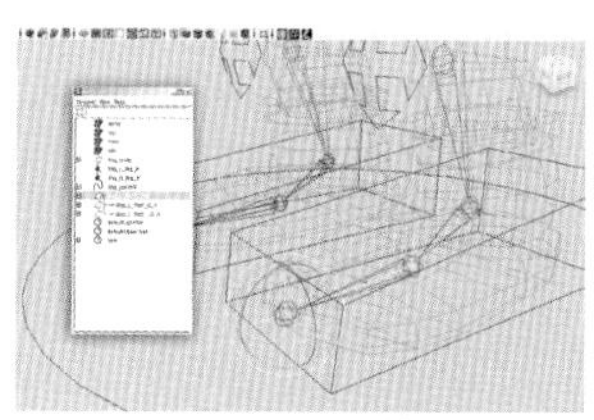

图5–98 反转脚第三组

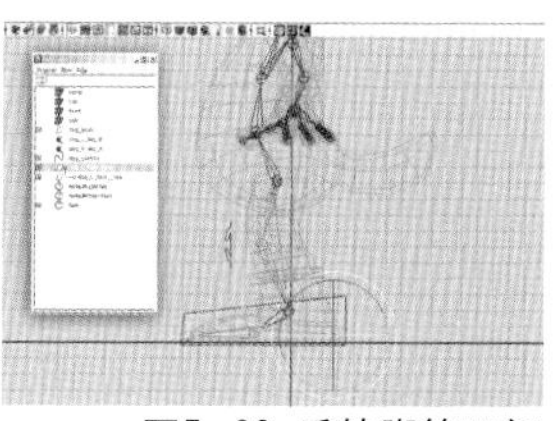

图5–99 反转脚第四组

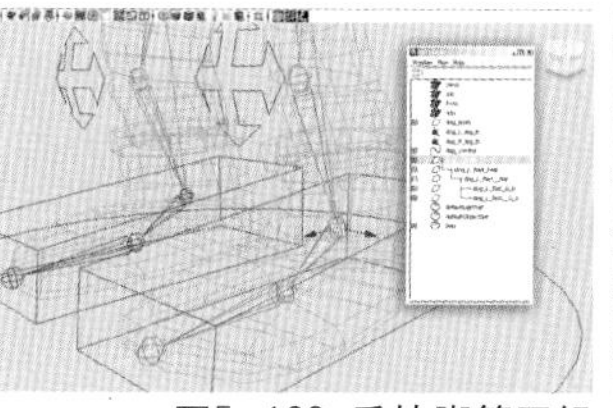

图5–100 反转脚第五组

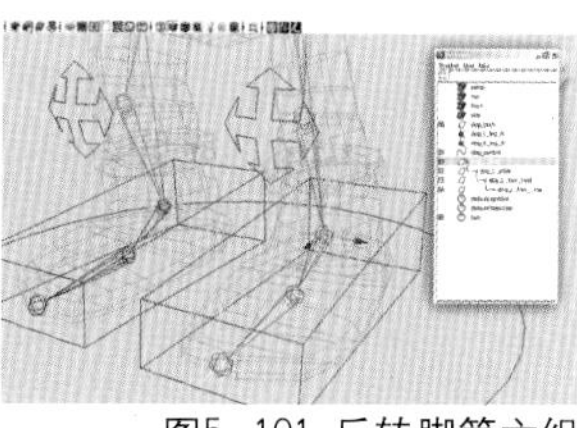

图5–101 反转脚第六组

（3）脚部驱动约束

●在大纲视图中选取曲线dog_L_foot_control按【Shift】加选组dog_L_foot，运行Constrain（约束）命令下Parent（父子约束）。如图5–102。

●选取极向量dog_L_knee_control，再按【Shift】加选dog_L_leg_IK，运行Constrain（约束）命令下Pole Vector（极向量约束）。如图5–103。

●编辑曲线通道属性

把不用的属性锁定隐藏，如Scale(缩放)。选中dog_L_foot_control在通道栏里进行编辑。如图5–104。

●为曲线添加通道属性

步骤：

（a）选中曲线运行Modify（修改）命令下的Add Attribute（添加属性）。在Long name添加属性名字raise ball（脚心轴抬高），点击Add。完成dog_L_foot_control曲线Raiseball属性的添加。如图5–105。

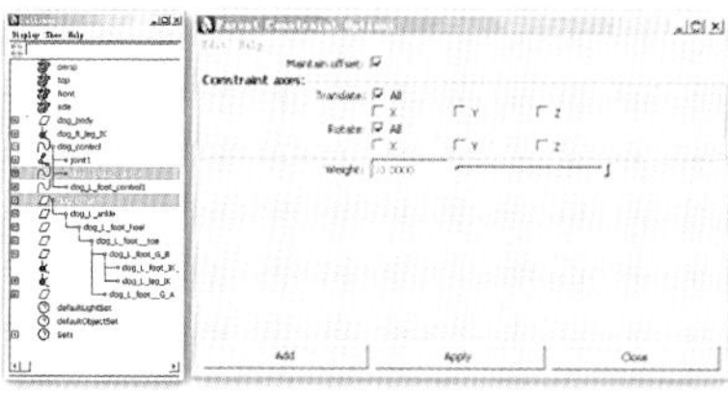

图5–102 父子约束

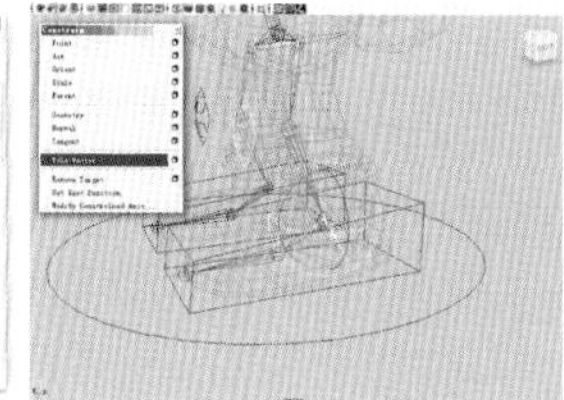

图5–103 极向量约束

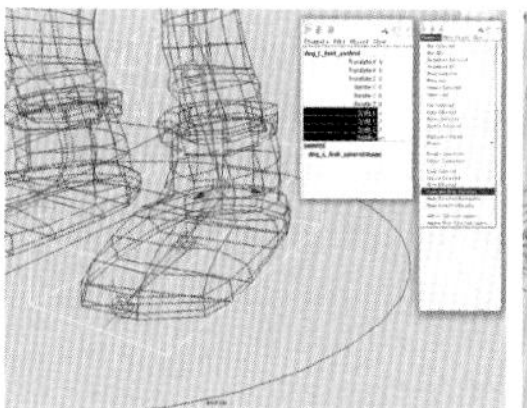

图5–104 锁定隐藏属性

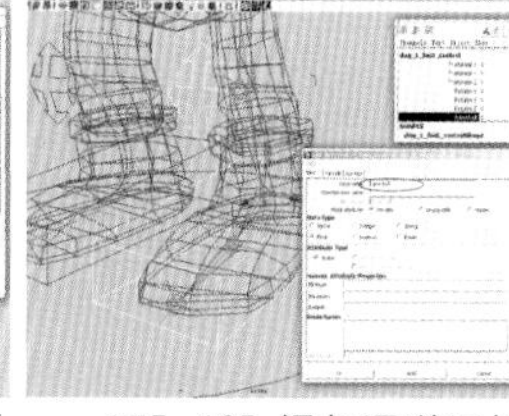

图5–105 添加通道属性

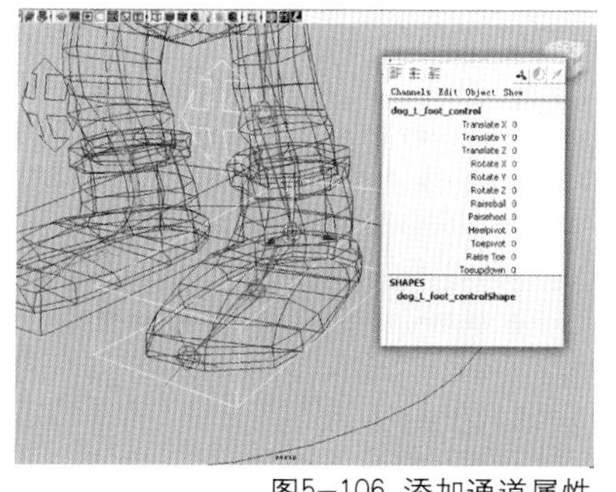

图5–106 添加通道属性

Add Attribute（添加属性）常用参数介绍：Long name可以填所加参数的名称。Minimum可以设置最小值，Maximum设置最大值，Default设置默认参数。

（b）继续添加paise heel（脚跟轴抬高）、heel pivot（脚跟枢轴）、toe pivot（脚尖枢轴）、raise toe（脚尖轴抬）、Toeupdown（脚尖上下）。如图5–106。

（4）创建脚部属性连接

●运行Window（窗口）命令下General Editors（总编辑）命令下Connection Editor（连接编辑器）。对左右两个属性进行连接，使左边的属性变化带动右边的变化。选择曲线dog_L_foot_control，点击Reload Left导入左边；选择组dog_L_foot_G_A，点击Reload Right导入右边。点击选中左边的Toeupdown，再点击选中右边rotateX，即完成了属性dog_L_foot_G_A连接。如图5–107。

●选择组dog_L_foot_G_B，点击Reload Right导入右边。点击选中左边的Raiseball，再点击选中右边rotateX，即完成了属性dog_L_foot_G_B连接。如图5–108。

●选择组dog_L_foot_toe，点击Reload Right导到右边。点击选中左边的RaiseToe，再点击选中右边rotateX，即完成了属性dog_L_foot_toe连接。如图5–109。

●选择组dog_L_foot_heel，点击Reload Right导入右边。点击选中左边的paiseheel，然后点击选中右边的rotateX。再点击选中左边的heelpivot，点击选中右边的rotateY。即完成了属性dog_L_foot_heel连接。如图5–110。

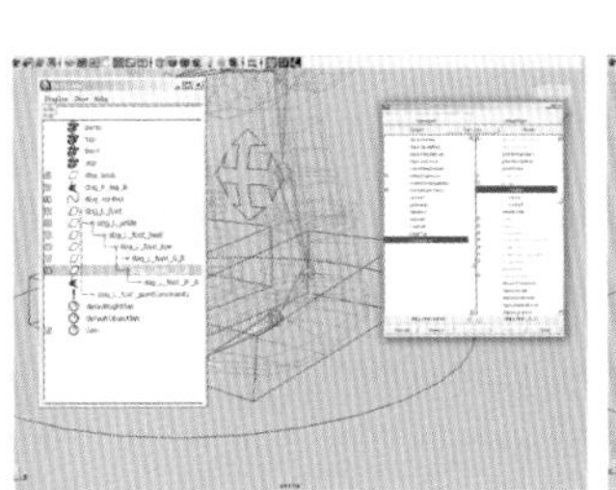
图5–107 属性dog_L_foot_G_A连接

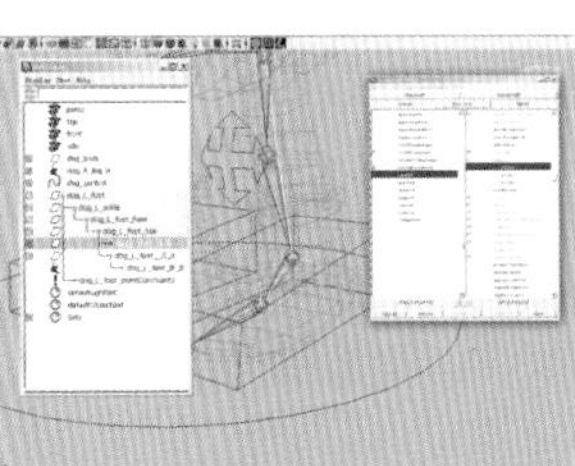
图5–108 属性dog_L_foot_G_B连接

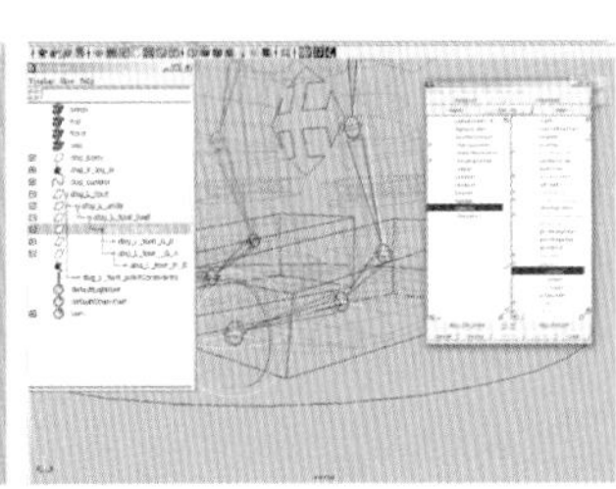
图5–109 属性dog_L_foot_toe连接

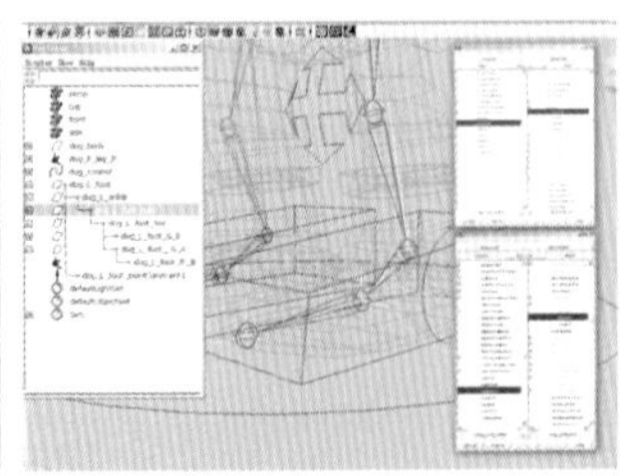
图5–110 属性dog_L_foot_heel连接

5.6.4 躯干控制器及约束

（1）脊椎控制器

●创建Curves控制器，吸附到骨骼dog_waist上，命名为waist_control。运行Modify（属性）命令下Freeze Transformations(冻结属性)。并将waist_control赋予大盘dog_control子物体。根据运动方式选中通道栏里不常用的变换将其锁定隐藏。选中ScaleX/Y/Z和Visibility按右键在弹出的选项中选取Lock and Hide Selected，将其锁定隐藏。如图5–111。

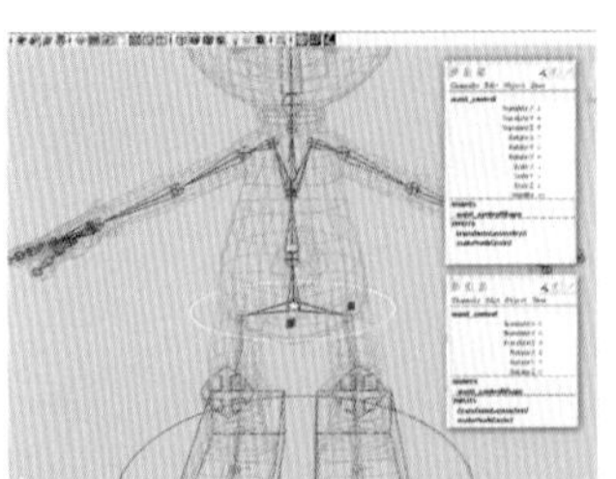
图5–111 创建waist_control控制器

●创建Curves控制器，吸附到骨骼dog_chestA上，命名为chestA_control。运行Modify（属性）命令下Freeze Transformations(冻结属性)。并将chestA_control赋予臀部dog_waist子物体。根据运动方式选中通道栏里不常用的变换将其锁定隐藏，选中TranslateX/Y/Z、ScaleX/Y/Z和Visibility按右键在弹出的选项中选取Lock and Hide Selected，将其锁定隐藏。如图5–112。

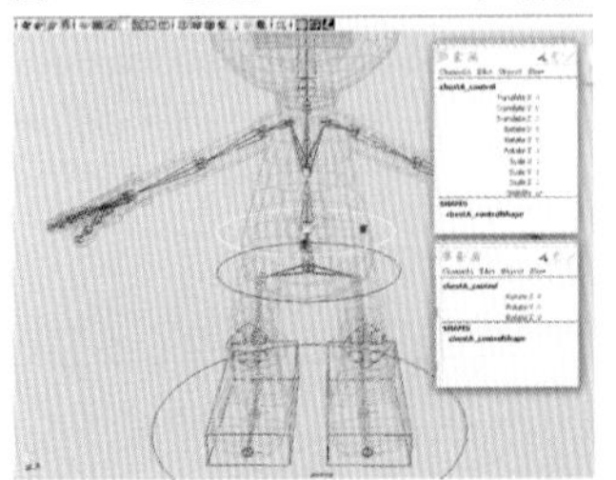
图5–112 创建chestA_control控制器

●创建Curves控制器，吸附到骨骼dog_chestB上，命名为chestB_control，运行Modify（属性）命令下Freeze Transformations(冻结属性)。并将chestB_control赋予chestA_control子物体。如图5–113。

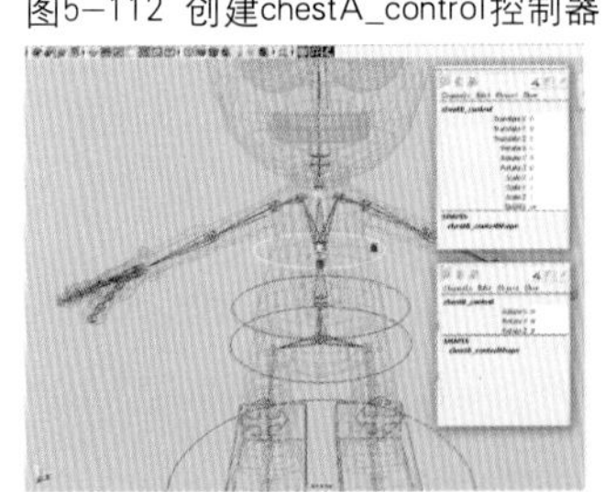
图5–113 创建chestA_control控制器的过

（2）脊椎的控制约束

●选waist_control按键盘【Shift】加选骨骼dog_waist，运行Constrain（约束）命令下parent（父子约束）。如图5–114。

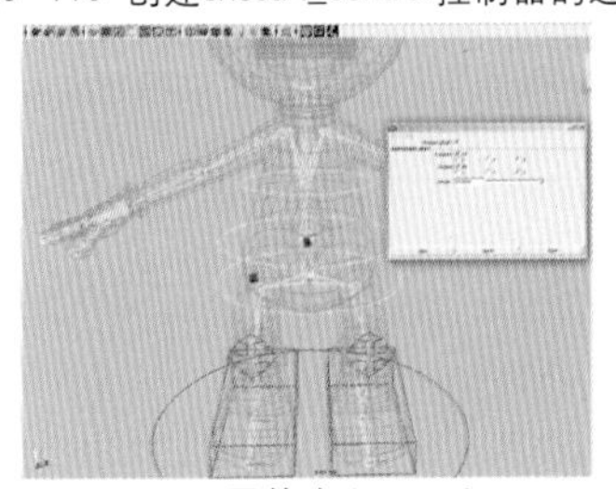
图5–114 父子约束dog_waist

●选chestA_control按【Shift】加选骨骼dog_chestA，运行Constrain（约束）命令下Orient（方向约束）。如图5—115。

●选chestB_control按【Shift】加选骨骼dog_chestB，运行Constrain（约束）命令下Orient（方向约束）。如图5—116。

（3）头颈控制

●创建nackA_control控制器，吸附到骨骼dog_nackA上，命名为nackA_control，运行Modify（属性）命令下Freeze Transformations（冻结属性）。并将nackA_control赋予chestB_control子物体。根据运动方式选中通道栏里不常用的变换将其锁定隐藏。选中TranslateX/Y/Z、ScaleX/Y/Z和Visibility按右键在弹出的选项中选取Lock and Hide Selected，将其锁定隐藏。如图5—117。

●创建Curves控制器，吸附到骨骼dog_nackB上，命名为nackB_control，运行Modify（属性）命令下Freeze Transformations（冻结属性）。并将nackB_control赋予nackA_control子物体。根据运动方式选中通道栏里不常用的变换将其锁定隐藏。选中TranslateX/Y/Z、ScaleX/Y/Z和Visibility按右键在弹出的选项中选取Lock and Hide Selected，将其锁定隐藏。如图5—118。

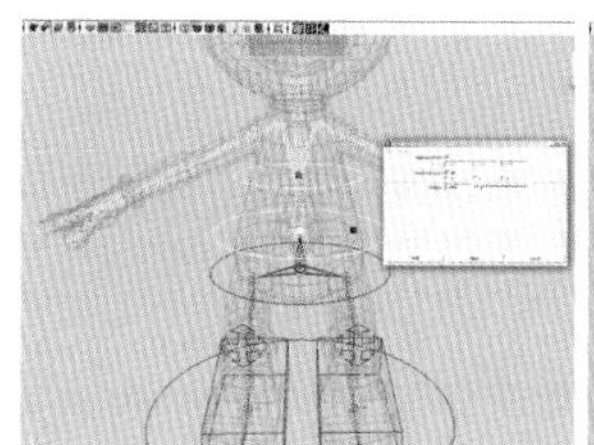
图5—115 方向约束dog_chestA

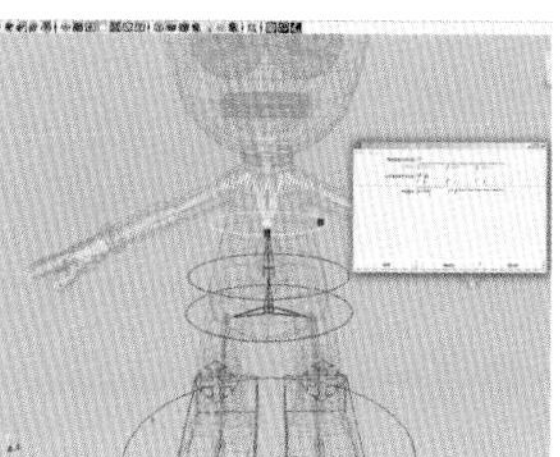
图5—116 方向约束dog_chestB

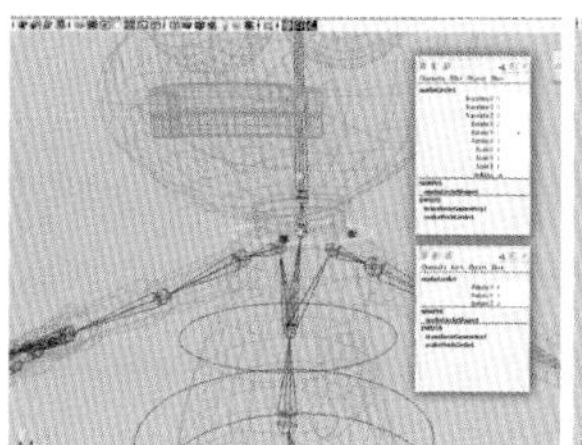
图5—117 创建nackA_control控制器

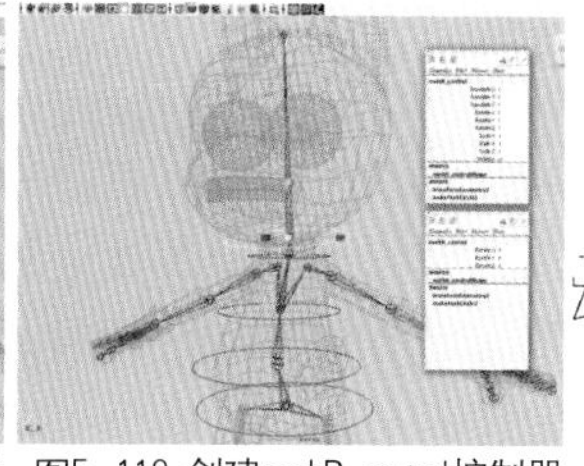
图5—118 创建nackB_control控制器

（4）创建头颈约束

●选nackA_control按【Shift】加选骨骼dog_nackA，运行Constrain（约束）命令下Orient（方向约束）。如图5—119。

●选nackB_control按【Shift】加选骨骼dog_nackB，运行Constrain（约束）命令下Orient（方向约束）。如图5—120。

（5）胳膊和手的控制约束

●给胳膊创建IK反向动力学手柄：运行Skeleton（绑定）命令下 IK Handle Tool，选取RP结算方式，分别选取dog_L_arm、dog_L_hand。完成IK手柄的创建，命名为dog_L_arm_IK。如图5—121。

●创建一个曲线吸附到骨骼dog_L_shoulder上，命名shoulder_L_control。运行Modify（属性修改）命令下Freeze Transformations（冻结归零属性）。赋予chestB_control子物体。根据运动方式选中通道栏里TranslateX/Y/Z、ScaleX/Y/Z和Visibility锁定隐藏。如图5—122。

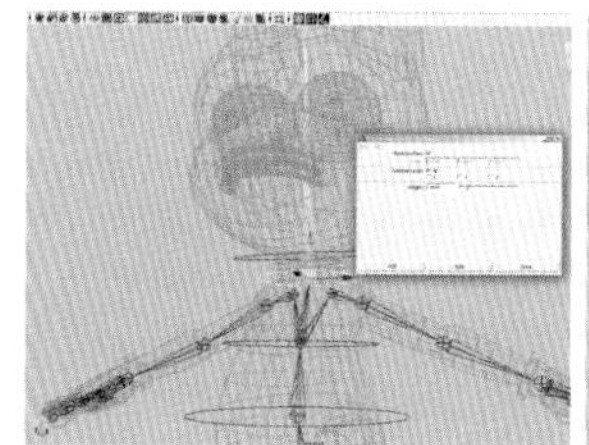
图5—119 方向约束dog_nackA

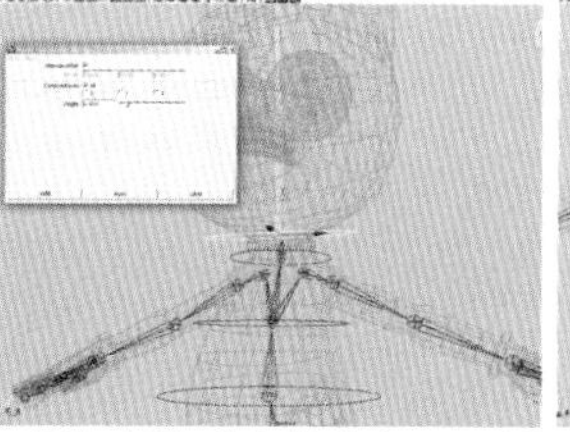
图5—120 方向约束dog_nackB

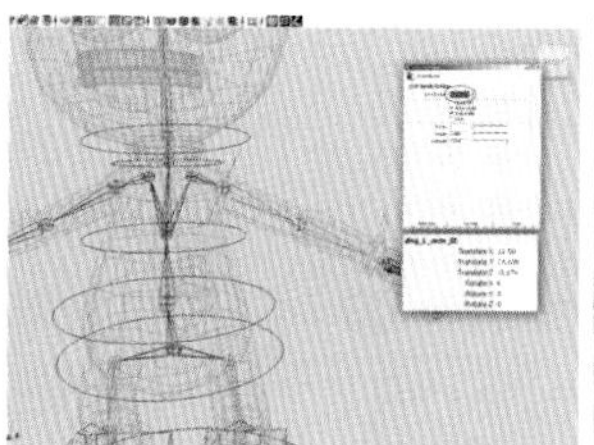
图5—121 左胳膊反向动力学手柄

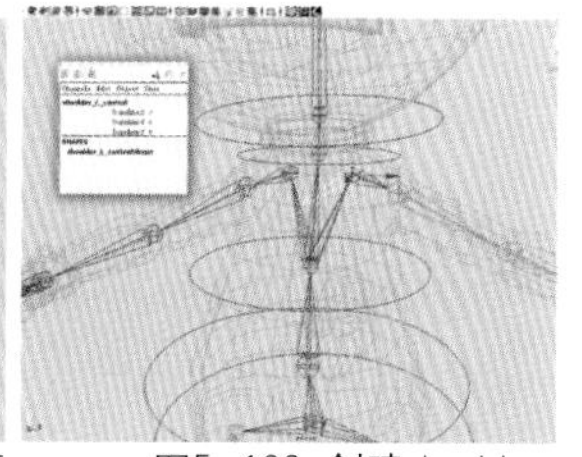
图5—122 创建shoulder_L_control控制器

●创建肩膀的约束。选取控制器shoulder_L_control按键盘【Shift】加选骨骼dog_L_shoulder，运行Constrain（约束）命令下Orient（方向约束）。如图5—123。

●创建手的控制器。建一个曲线吸附到骨骼dog_L_hand上，命名dog_L_hand_control。运行Modify（属性修改）命令下Freeze Transformations（冻结归零属性）。赋予大盘dog_ control子物体。将ScaleX/Y/Z和Visibility锁定隐藏。如图5—124。

●建立手臂IK约束。选择控制器dog_L_hand_control，按键盘【Shift】加选dog_L_hand_IK手柄。运行Constrain（约束）命令下Point（点约束）。如图5—125。

●建立手部约束。选择控制器dog_L_hand_control，按键盘【Shift】加选骨骼dog_L_hand。运行Constrain（约束）命令下Orient（旋转约束）。如图5—126。

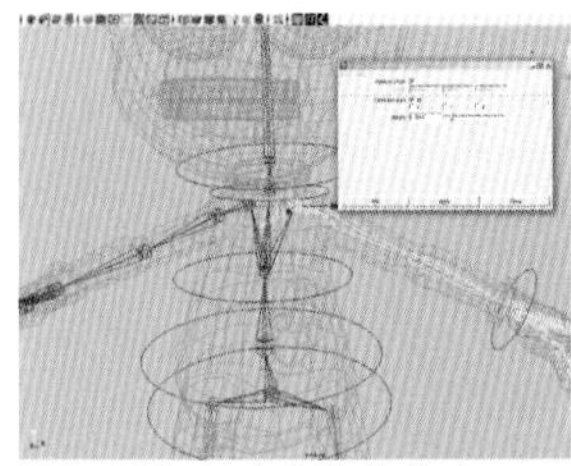
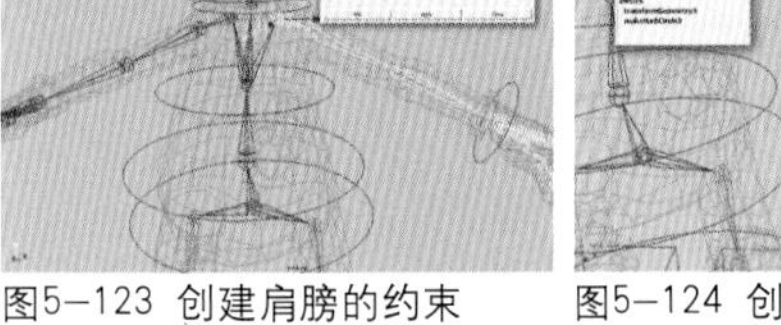
图5—123 创建肩膀的约束

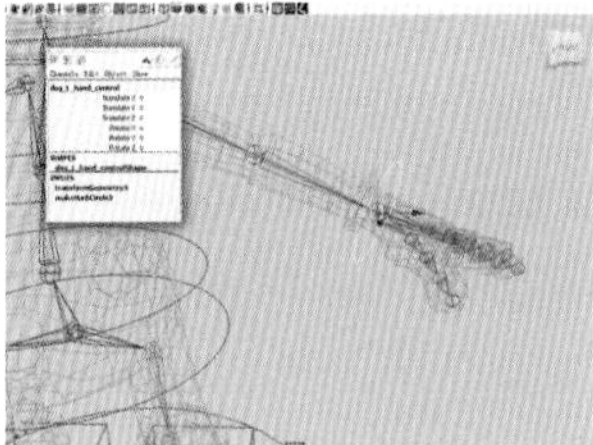
图5—124 创建手的控制器

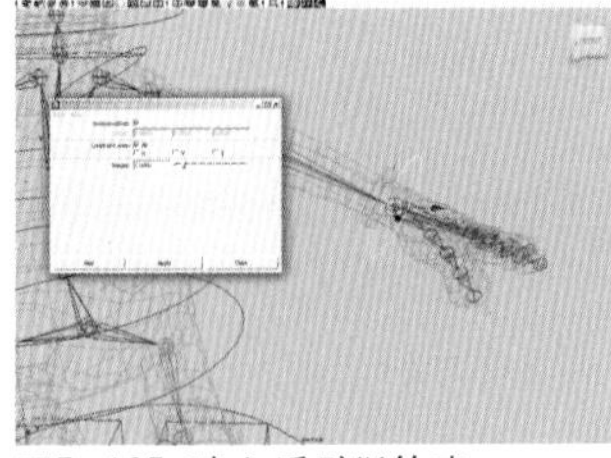
图5—125 建立手臂IK约束

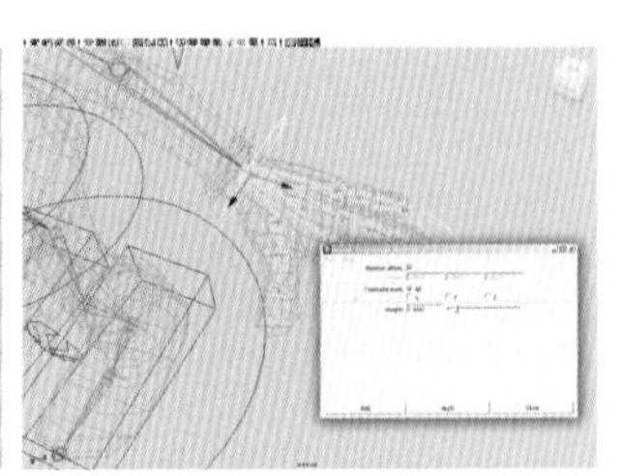
图5—126 建立手部约束

●创建手臂极向量控制。建一个曲线吸附到骨骼dog_L_forearm上，命名dog_L_hand_control，向后适当移动。运行Modify（属性修改）命令下Freeze Transformations（冻结归零属性）。将RotateX/Y/Z、ScaleX/Y/Z和Visibility锁定隐藏。赋予大盘dog_ control子物体。如图5—127。

●创建极向量约束。在大纲里面选择dog_L_hand_control再【Ctrl】键加选dog_L_hand_IK，运行Constrain（约束）命令下Pole Vector极向量约束。如图5—128。

（6）创建手指控制

●创建手指控制器。建一个曲线命名为leftWristControl放置手指前面，冻结属性，赋给dog_L_hand_control子物体。将其所有通道栏属性锁定隐藏。如图5—129。

●为dog_L_hand_control添加属性。运行Modify（修改）命令下Add Attribute（添加属性），依次添加Thumb（拇指）、Index（食指）、Mid（中指）、Pinkie（小指）、Spread（张开）、Fist（拳），并设置Minimum最小值为—2，Maximum最大值10。如图5—130。

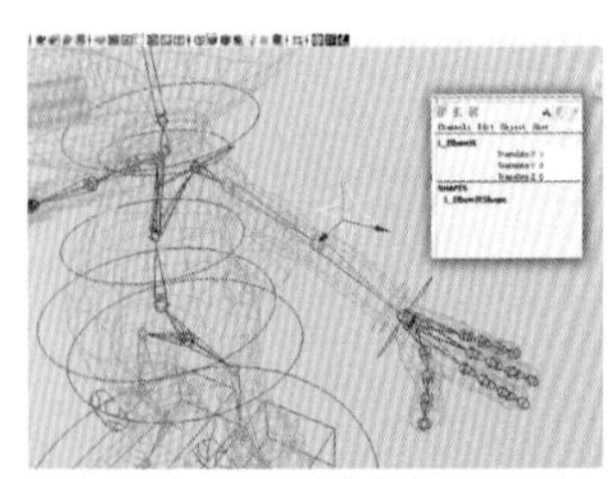

图5—127 创建手臂极向量控制

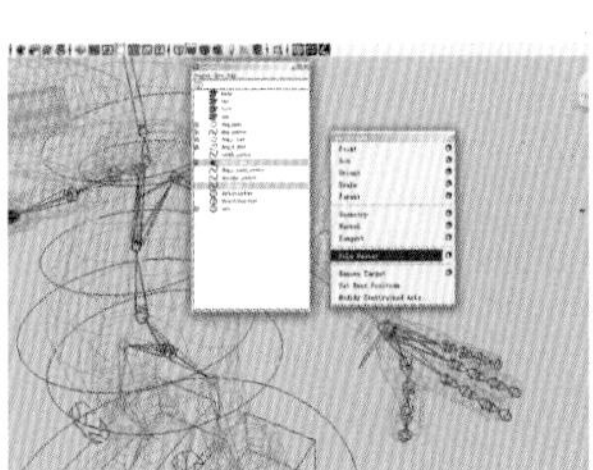
图5—128 创建极向量约束

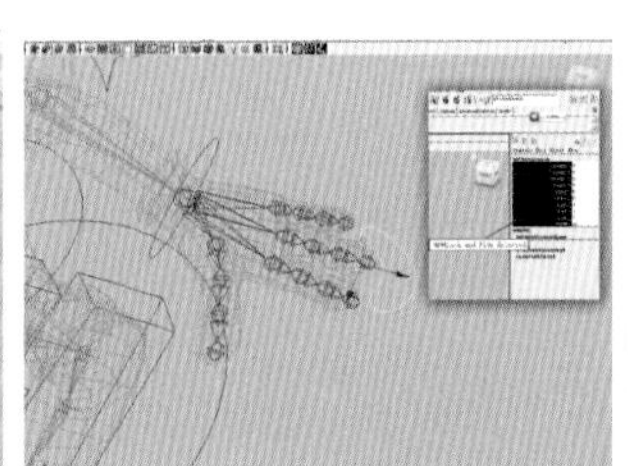
图5—129 创建手指控制器

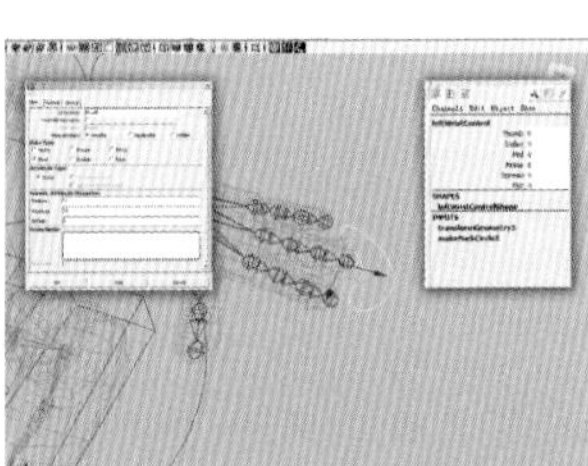
图5—130 完成手指控制器属性添加

●建立左边手部驱动连接。运行Animate（动画）命令下Set Driven Key（设置驱动关键帧）命令下Set（设置），设置驱动可以使Driver（驱动者）的属性变化引起Driven（被驱动者）相应属性的变化。选择leftWristControl点击Load Driver载入Driver（驱动者）。如图5—131。

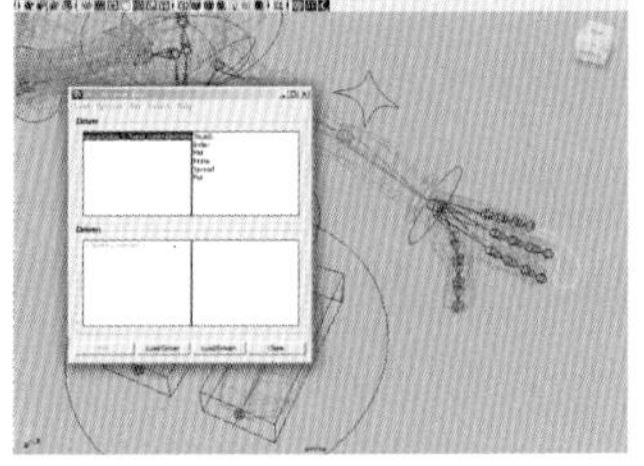
图5—131 载入驱动属性

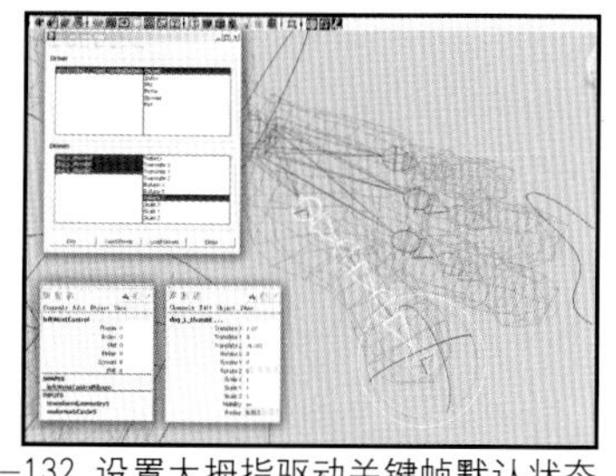
5-132 设置大拇指驱动关键帧默认状态

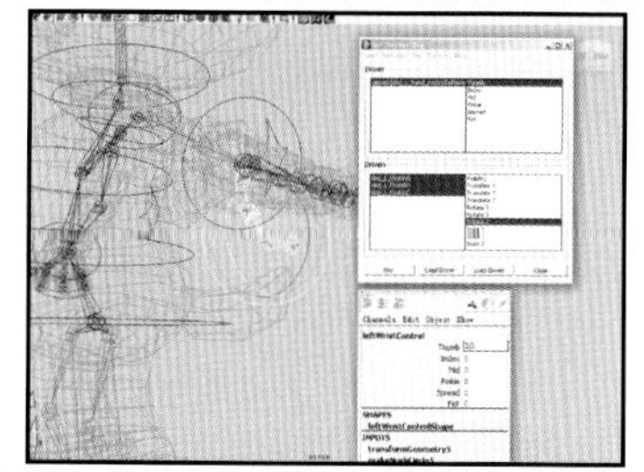
5-133 设置大拇指驱动关键帧弯曲状态

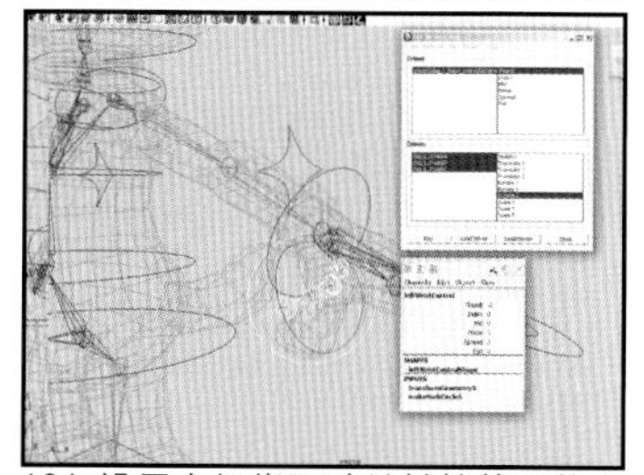
5-134 设置大拇指驱动关键帧伸展状态

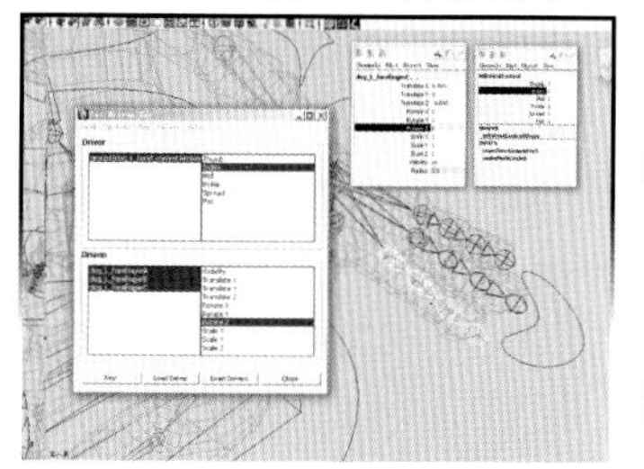
图5-135 设置食指驱动关键帧默认状态

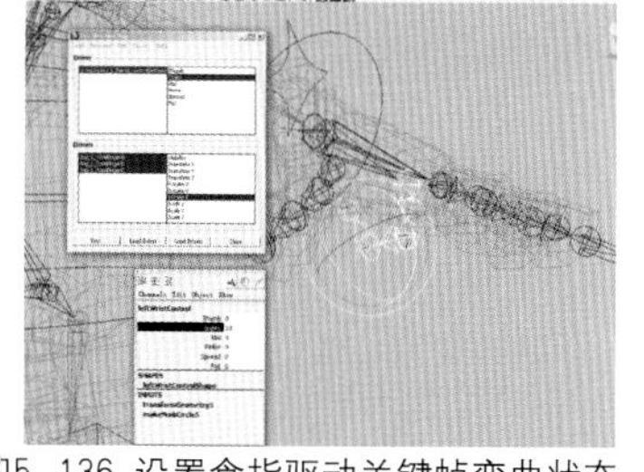
图5-136 设置食指驱动关键帧弯曲状态

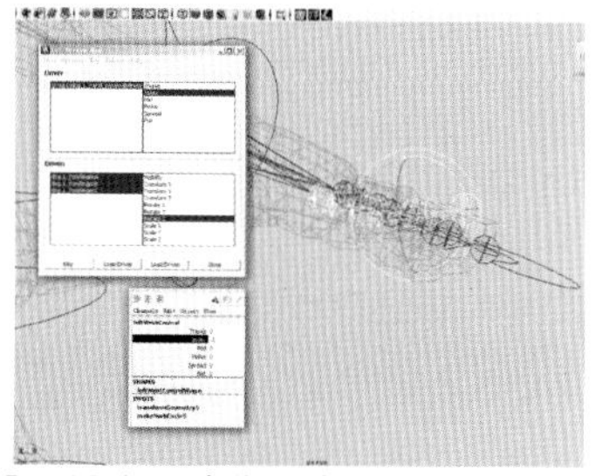
图5-137 设置食指驱动关键帧伸展状态

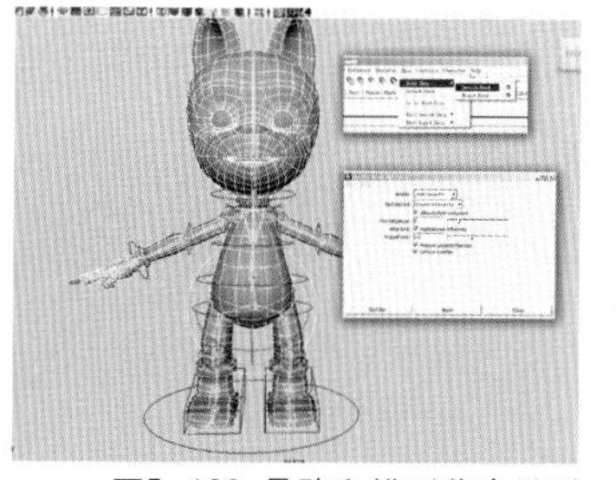
图5-138 骨骼和模型蒙皮关联

●依次选择骨骼dog_L_thumbA、dog_L_thumbB、dog_L_thumbC.点击Load Driven导入被驱动者。选择驱动者leftWristControl框里选取Thumb(大拇指)。选择被驱动者Dog_L_thumbA、Dog_L_thumbB、Dog_L_thumbC框里选取RotateZ。当前leftWristControl的Thumb（拇指）属性为0，Dog_L_thumbA、Dog_L_thumbB、Dog_L_thumbC的RotateZ为0 ，点击Key设置帧。如图5—132。

●修改leftWristControl的Thumb属性为10，调整Dog_L_thumbA、Dog_L_thumbB、Dog_L_thumbC的RotateZ处于紧握状态，点击Key设置帧。如图5—133。

●修改leftWristControl的Thumb属性为—2，调整Dog_L_thumbA、Dog_L_thumbB、Dog_L_thumbC的RotateZ处于伸展状态，点击Key设置帧。将leftWristControl的Thumb属性修改为0，完成大拇指的驱动设置。如图5—134。

●依次选择骨骼dog_L_forefingerA、dog_L_forefingerB、dog_L_forefingerC，点击Load Driven导入被驱动者。当前leftWristControl的Index（食指）属性为0，dog_L_forefingerA、dog_L_forefingerB、dog_L_forefingerC的Rotate Z为0 ，点击Key设置帧。如图5—135。

●修改leftWristControl的Index（食指）属性为10，调整dog_L_forefingerA、dog_L_forefingerB、dog_L_forefingerC的 Rotate Z处于紧握状态，点击Key设置帧。如图5—136。

●修改leftWristControl的index（食指）属性为—2，调整dog_L_forefingerA、dog_L_forefingerB、dog_L_forefingerC的Rotate Z处于伸展状态，点击Key设置帧。将leftWristControl的Index属性修改为0，完成食指的驱动设置。如图5—137。

●其余两个手指就不一一制作了，方法相同，不再赘述。

5.6.5蒙皮权重

●选中根骨骼并按键盘【Shift】键加选场景中的模型dog_body，运行Skin（皮肤）命令下Bind Skin(蒙皮)命令下Smooth Bind(柔性蒙皮)，单击Apply将骨骼和模型蒙皮关联。如图5—138。

注意：骨骼蒙皮之前要对模型的历史记录进行删除。蒙皮之后就不能再进行历史记录的清除，否则蒙皮效果会被打断。

骨骼一旦蒙皮，Maya就会自动记录骨骼在绑定时的位置，所以在绑定后如果改变了骨骼的位置，可以通过调用Skin命令下Go To Bind Pose命令来使骨骼恢复到绑定时候的位置。而如果通过移动IK来测试时，就无法利用Go to Bind Pose来恢复骨骼位置，为了解决这个问题，可以选择Modify命令下Evaluate Nodes命令下Ignore All命令，这样可以暂时取消对于各种变换节点的运算，包括IK的解算。

注意：在恢复到绑定的姿势之后，需要对应使用Evaluate All命令打开变换节点的运算。

5.6.6 权重设置

●选择根骨骼，运行Modify命令下Evaluate Nodes命令下Ignore All命令，暂时取消对于各种变换节点的运算，包括IK的解算。如图5—139。

●检查权重分布状况。旋转dog_L_arm时躯干有些变形，是由于躯干受到了dog_L_arm关节权重的影响。如图5—140。

●编辑权重。选中模型运行Skin命令下Edit Smooth Skin命令下Paint Skin Weights Tool的扩展窗口将涂刷皮肤权重工具调出来，进入权重涂刷面板。如图5—141。

注意：模型上白色显示为受当前选中骨骼控制，黑色为不受控，灰色为受部分控制。Maya中每个点所受控的权重值为1，分布给所受控制的骨骼。

●在骨骼显示窗口里面按键盘上下键，找到所要调整的部分骨骼dog_chestA并增加对模型的控制。按键盘B键可以对画笔半径大小进行调节。如图5—142。

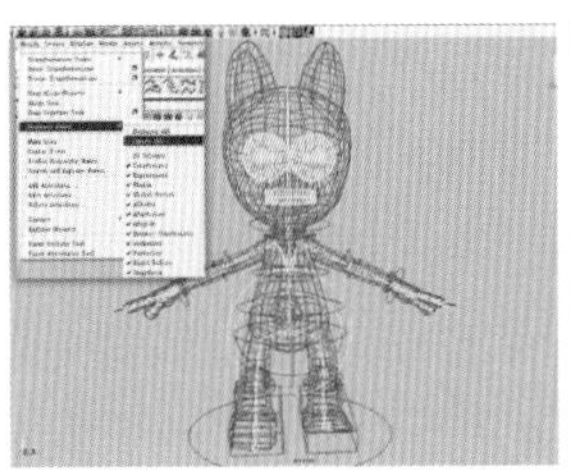
图5—139 取消变换节点的运算

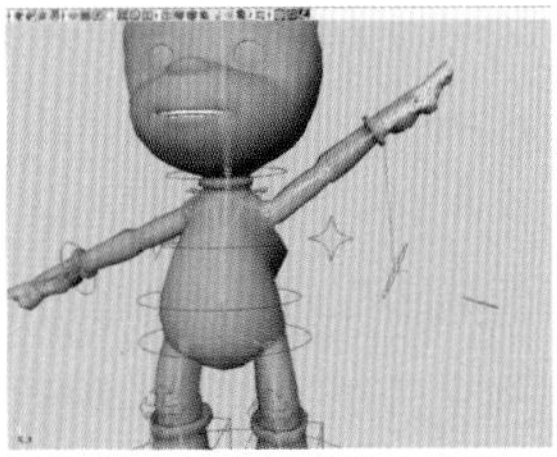
图5—140 检查权重分布状况

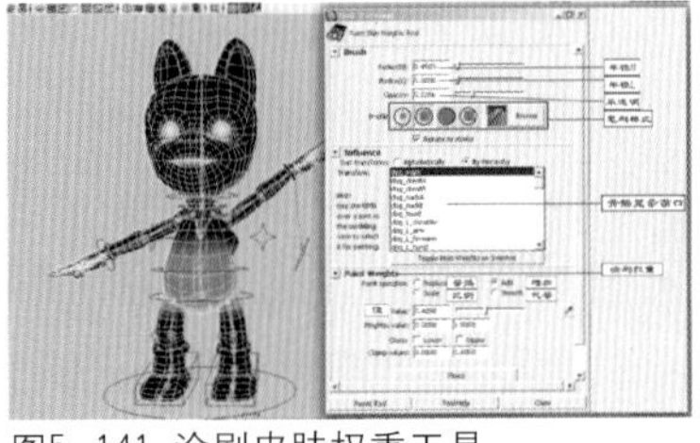
图5—141 涂刷皮肤权重工具

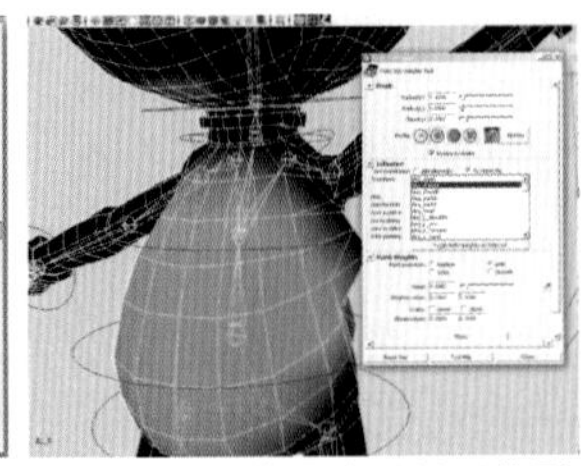
图5—142 调节骨骼对模型的影响

注意：权重可以只刷一半，另一半可以运行Skin命令下Edit Smooth Skin命令下Mirror Skin Weights进行镜像复制。

● 编辑头颈肩的权重。如图5—143、图5—144。

● 编辑躯干权重。如图5—145、图5—146。

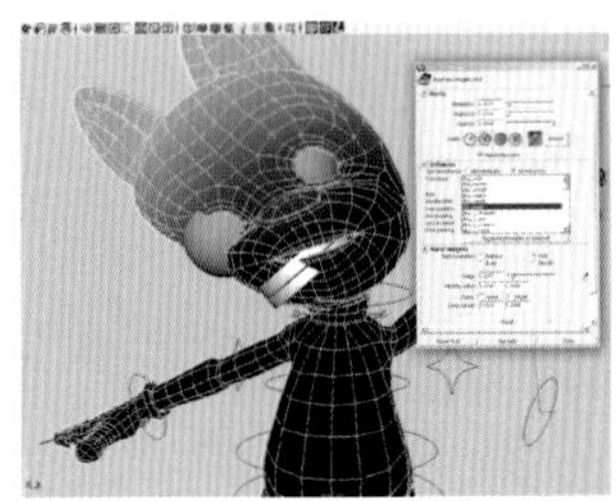
图5—143 编辑前权重效果

图5—144 编辑后权重效果

图5—145 编辑前权重效果

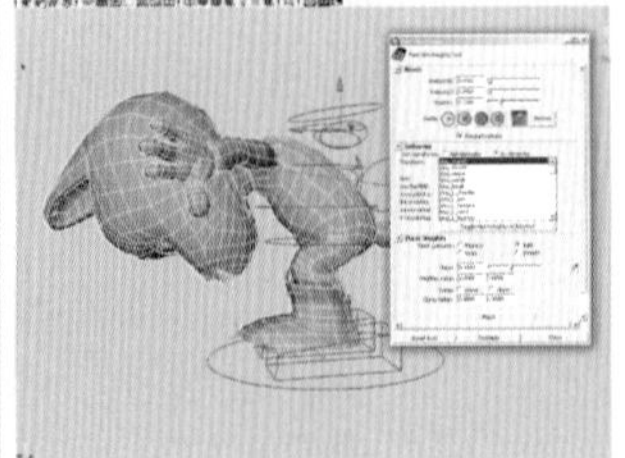
图5—146 编辑后权重效果

● 手部权重编辑。如图5—147、图5—148。

● 权重编辑完成后运行Skin命令下Go to Bind Pose恢复到绑定状态。运行Modify命令下Evaluate Nodes命令下Evaluate All恢复全部的节点控制。如图5—149。

● 镜像权重，完成绑定。选择模型，运行Skin（皮肤）命令下Edit Smooth Skin（编辑柔性蒙皮）命令下Mirror Skin Weights（镜像权重）的扩展面板进行设置，点击Apply运行。如图5—150。

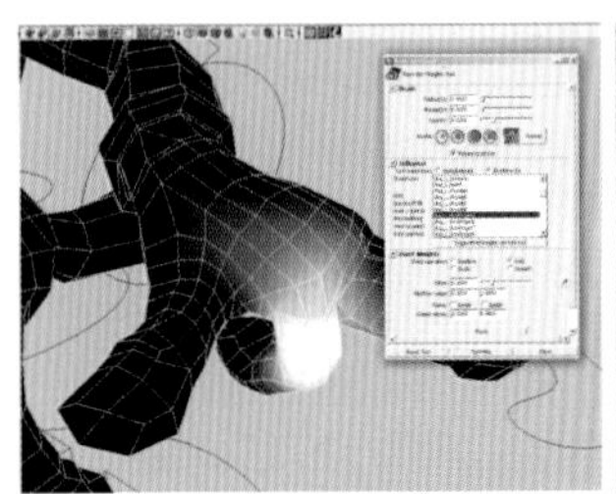
图5—147 编辑前权重效果

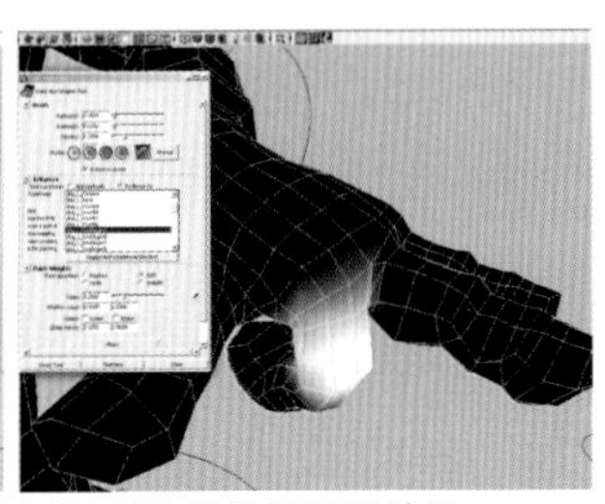
图5—148 编辑后权重效果

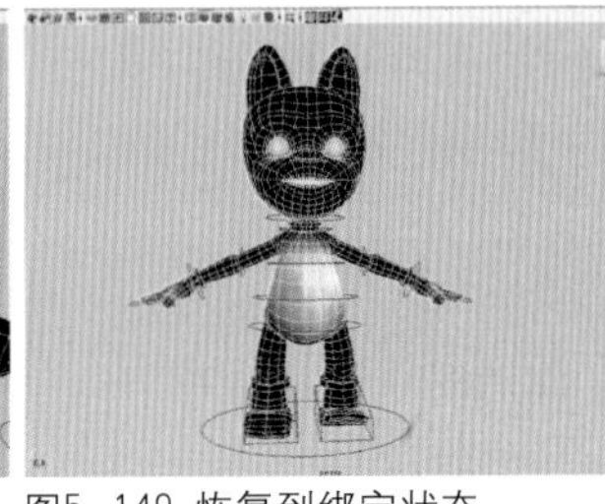
图5—149 恢复到绑定状态

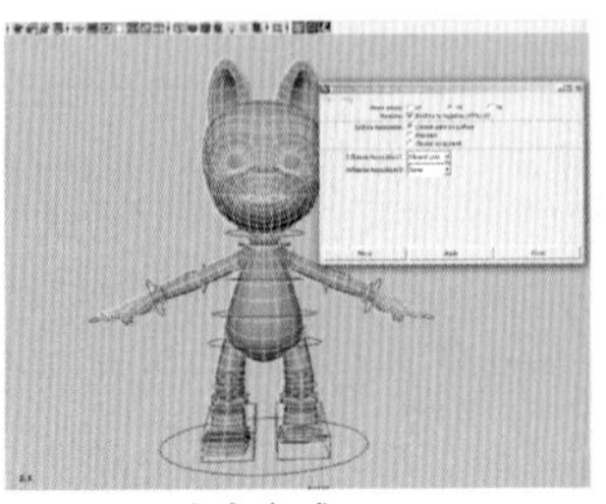
图5—150 绑定完成

第六章 特效篇

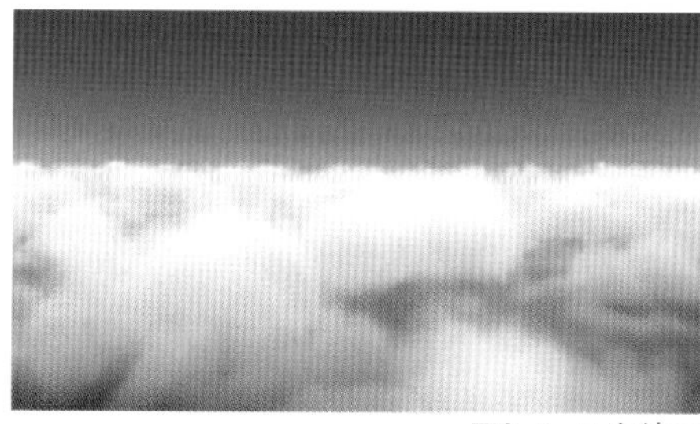
图6-1 云海效果

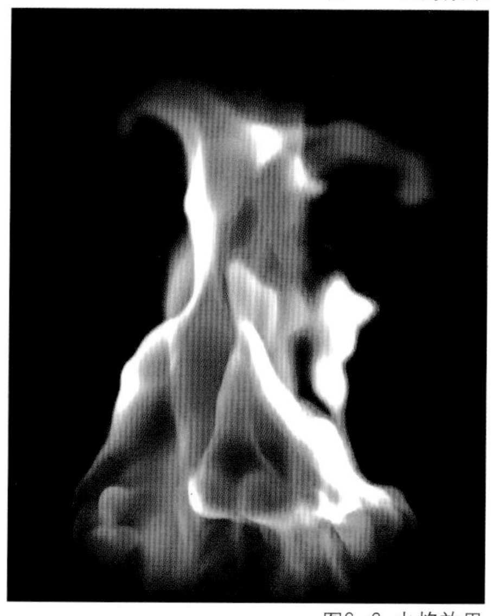
图6-2 火焰效果

图6-3 烟与火效果

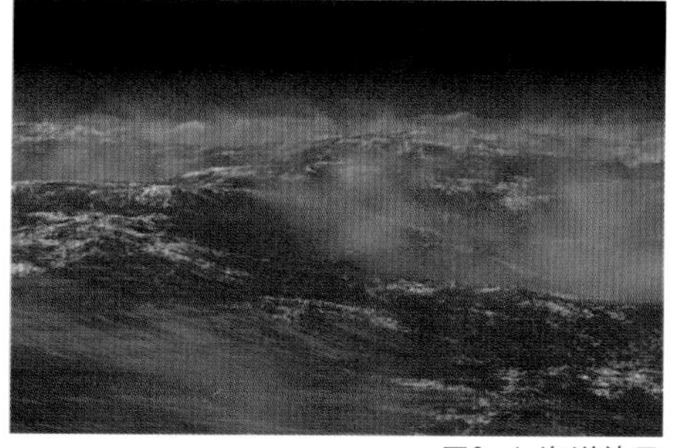
图6-4 海洋效果

6.1 三维技术中特殊效果解决方案

6.1.1 流体及动力学

动力学及流体的介绍：

动力学是描述对象如何运动的物理学的一个分支，更多的是运用物理学规则去模拟自然力，对指定对象进行相关的操作，如：产生粒子或流体，使粒子或流体受到各种自然力，像重力、风力的影响，同时可以让其产生各种浮力、扩散等效果，然后使软件计算出如何对对象设置动力学的解算，从而最终实现这一效果。动力学制作的效果可创建逼真的运动，而使用传统的关键帧动画是难以实现的。例如，燃烧的火焰、爆炸的烟火、各种烟雾、液体的流动等自然效果。

流体（Fluid Effects）作为Maya软件动力学中非常重要的一块，主要取决于它能制作出非常逼真的自然效果。是一种真实地模拟和渲染流体运动的技术。Maya通过在每一个时间处解算Navier–Stokes（流体动力学方程式）来模拟流体运动。可以创建动力学流体的纹理、各种应用力，使其与几何体碰撞和移动几何体，影响柔体以及与粒子交互使用。流体可以创建解算器各种2D和3D大气云层、火焰燃烧效果、烟火爆炸效果、海洋波浪效果、太空和液体效果，也可以使用流体动画纹理来获得更加独特的、与众不同的效果。如图6–1～图6–4。

Maya流体的分类：

Maya流体（Fluid Effects）可以分为两大类：一是封闭式流体（Fluid）；二是开放式流体（Ocean）。封闭式流体（Fluid）主要用来制作烟雾、火焰、云雾、爆炸、液体等效果。封闭式流体（Fluid）是指该流体的解算空间可以由一个容器所包括，这样可以在一定范围内进行解算，从而在我们需要制作的范围内即可完成，以避免空间无限过大而加重计算机的解算负担。开放式流体（Ocean）（如图6–4）用来制作海洋场景，由于多年以前的一部灾难电影中大量使用了暴风海洋，从而在软件中提供了一个专门制作各种海水效果的系统，不论是平静如湖的海面，还是波涛汹涌的海水都可以表现得淋漓尽致，同时还可以使对象如漂浮物、船、摩托艇等漂浮在海洋表面上，并让这些对象随着海浪的起伏等运动作出相应的反应。

封闭式流体（Fluid）的原理及调节：

封闭式流体从空间解算又分为3D式流体和2D式流体，由于2D式流体是在3D式流体基础上去掉了纵向深度上Z的解算空间，只保留X.Y两个方向的空间，所以掌握了3D式流体的解算方法就掌握了2D流体的解算。3D流体容器的深度是为两个或更多体素的流体容器。如图6−5、图6−6。

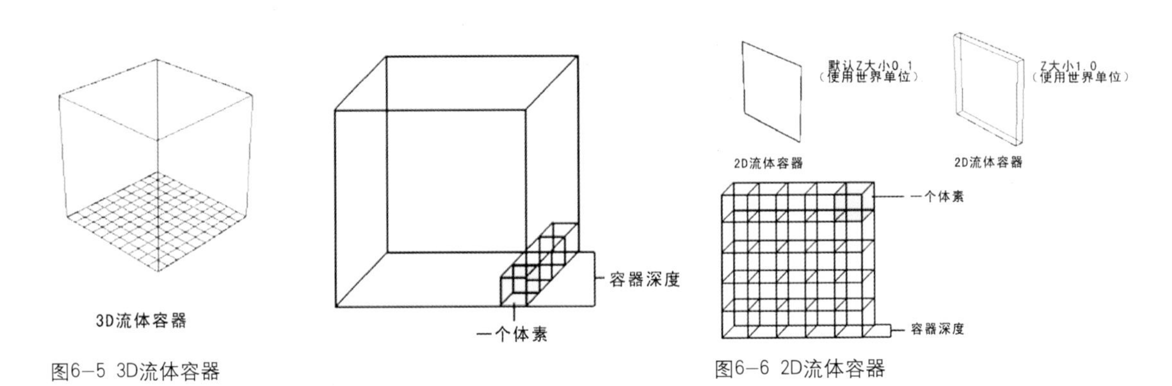

图6−5 3D流体容器

图6−6 2D流体容器

2D式流体由于在纵向Z的深度方向上没有解算空间，所以它的应用首先因镜头和一些相关的流体和物体的碰撞等受到了限制，另外在改为液态效果时就更无法达到三维空间效果，但在解算时间上2D式流体在速度上远远快于3D式流体，所以在实际应用时要根据具体的制作内容来进行选择，在参数的调节和其他相关应用上没有什么区别。

Fluid（流体）整体容器的内容：

Fluid（流体）整体容器从内容上包括两大部分，一部分是流体“发射器”，一部分是流体“容器内容”。如图6−7。

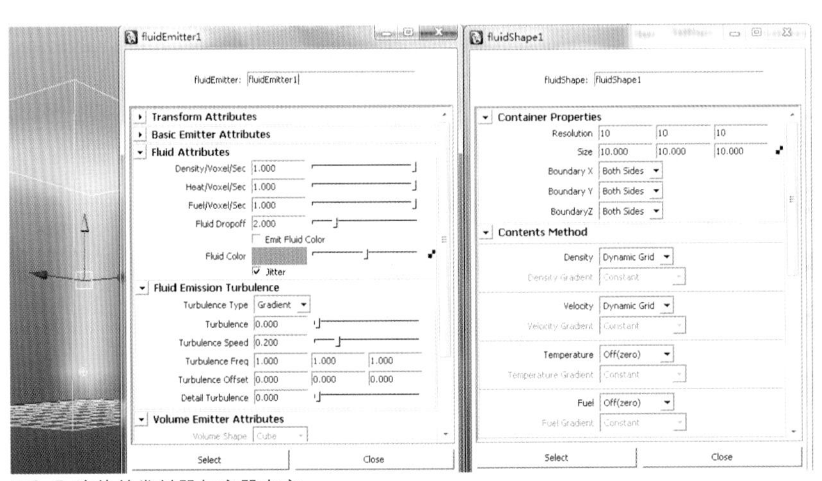

图6−7 流体的发射器与容器内容

第一部分：fluidEmitter（发射器）内容介绍

流体发射器是将流体内容中的特性：Density（密度）、Temperature（温度）、Fuel（燃料）和Color（颜色），添加到流体容器。流体发射器可创建流体特性值并修改栅格的体素，将这些值用作模拟播放内容。需要注意的是流体发射器必须在流体容器的边界内才能发射。

（1）Emitter Type（发射器类型）和Volume（体积）发射器的形状

●Omni（点发射）：将发射器类型设定为泛向点发射器。流体特性在所有方向发射。

●Surface（表面）：从NURBS或者多边形曲面上的或其附近的随机分布位置发射流体特性。当从某个对象发射时，发射器是曲面发射器。

●Curve（曲线）：从曲线上的或其附近的随机分布位置发射流体特性。

●Volume（体积）：从闭合的体积发射流体，从Volume Shape（体积形状）选项中选择形状。这里要注意的是如果选择Volume（体积），请确保发射器大于一个体素。

体积形状的选择在下面的展开面板Volume Emitter Attributes中的Volume Shape下拉菜单中，都包括Cube（方形）、Sphere（球形）、Cylinder（圆柱形）、Cone（圆锥形）、Torus（圆环形）。如图6–8。

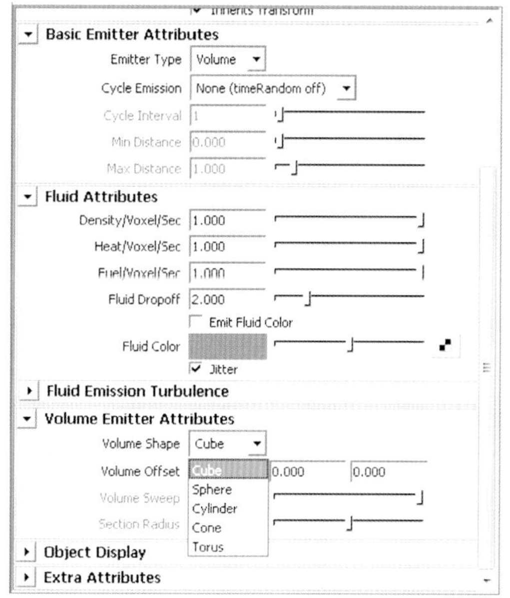

图6–8 体积发射类型

（2）Fluid Attributes（流体属性）

●Density/Voxel/Sec（密度/体素/秒）：设定每秒将Density（密度）值发射到容器内栅格体素的平均速率。负值会从栅格中移除Density（密度）。

●Heat/Voxel/Sec（热量/体素/秒）：设定每秒将Temperature（温度）值发射到容器内栅格体素的平均速率。负值会从栅格中移除热量。

●Fuel/Voxel/Sec（燃料/体素/秒）：设定每秒将Fuel（燃料）值发射到容器内栅格体素的平均速率。负值会从栅格中移除Fuel（燃料）。

●Fluid Dropoff（流体衰减）：设定流体发射的衰减值。对于Volume（体积）发射器，该衰减值指在远离体积轴时发射的衰减量（取决于体积形状）。对于Omni（点发射类型）、Surface（表面发射类型）和Curve（曲线发射类型）的发射器，该衰减值取决于发射点，并从Min Distance（最小距离）到Max Distance（最大距离）发射。

●Jitter（抖动）：默认时此值是启用状态，此选项可在发射体积的边缘提供更好的抗锯齿效果。

（3）Fluid Emission Turbulence（流体发射紊乱）

Turbulence Type（紊乱类型）：包含两种类型，可以选择要应用于流体发射的紊乱类型。

Gradient（渐变）：应用在空间内平滑排列的紊乱。

Random（随机）：应用随机紊乱。

●Turbulence（紊乱）：模拟一段时间内形成的紊乱风力的强度。

●Turbulence Speed（紊乱速度）：紊乱随时间改变速率。紊乱每1.0/秒Turbulence Speed（紊乱速度）无缝地循环一次。可以在此时间节点上设置时间值。

●Turbulence Freq（紊乱频率）：控制有多少重复的紊乱函数包含在发射器边界体积内部。较低的值会创建非常平滑的紊乱。

●Turbulence Offset（紊乱偏移）：使用此选项可以平移体积内的紊乱。设置该值可以模拟吹起紊乱的风。

●Detail Turbulence（细节紊乱）：频率第二高的紊乱的相对强度。这可用于在大比例中

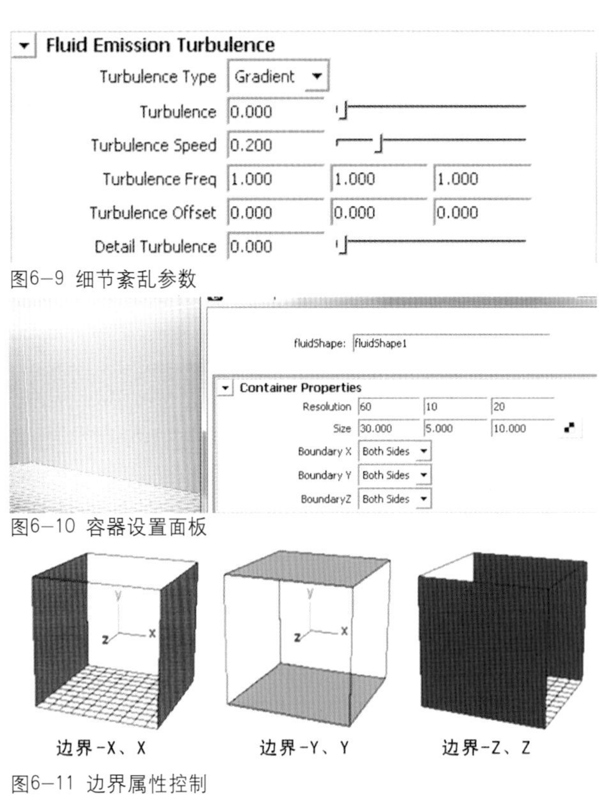

图6—9 细节紊乱参数

图6—10 容器设置面板

图6—11 边界属性控制

创建精细的特征。第二个紊乱上的速度和频率均高于主紊乱。当Detail Turbulence（细节紊乱）不为零时，由于要计算第二个紊乱，因此模拟的运行速度可能会稍微变慢。如图6—9。

第二部分：容器内容介绍

（1）容器特性

Resolution（分辨率）：以体素为单位定义流体容器的分辨率，用于 3D 流体的默认分辨率为10、10、10，2D 流体的默认值为40、40。较高的分辨率产生更精细的细节，但会增加模拟和渲染时间。

Size（大小）：以厘米为单位定义流体容器的大小。在输入大小尺寸值时，大小尺寸与栅格分辨率成比例，即使不使用任何栅格来定义特性值（使用所有渐变样式值）。例如，如果大小为30、5、10，有效分辨率将为60、10、20。如果大小与分辨率不成比例，则其中一个轴的质量将高于另一个轴的质量，这样就会使每个体素不是正方体，所渲染出来的效果会产生某个轴向的质量品质过高，而其他的轴向质量过低，整体画面将出现问题，所以在使用流体Fluid容器时先要将此处的尺寸Size和分辨率Resolution先设置好。如图6—10。

Boundary X（边界X）、Boundary Y（边界Y）、Boundary Z（边界Z）可以控制边界属性，边界属性控制解算器在流体容器的边界处处理特性值的方式。边界的使用对流体产生的运动效果会有明显的影响，一方面可以控制流体粒子流动的效果，另一方面可以控制不该运算解算的内容。如图6—11。

Maya提供了以下五种选择边界的方式：

1. None（无）：使流体容器的所有边界保持开放状态，以便流体行为就像边界不存在一样。

2. Both Sides（两侧）：关闭流体容器的两侧边界，以便它们类似于两堵墙。

3. –X Side（–X侧）、–Y Side（–Y侧）或–Z Side（–Z侧）：分别关闭–X、–Y或–Z边界，从而使其类似于墙的作用。

4. X Side（X侧）、Y Side（Y侧）或Z Side（Z侧）：分别关闭X、Y或Z边界，从而使其类似于墙的作用。

5. Wrapping（折回）：导致流体从流体容器的一侧流出，在另一侧进入。如果需要一片风雾，但又不希望在流动区域不断补充Density（密度），这将会非常有用。

（2）Contents Method（内容方式）

Maya提供了四种内容方式，Density（密度）/Velocity（速度）/Temperature（温度）/Fuel（燃料），这四个方式可以应用在不同的效果制作中。比如：在只是制作一些烟雾效果，而并非爆炸效果时就不需要使用Temperature（温度）/Fuel（燃料）这样的方式，一旦我们需要制作出高温爆炸燃烧或者燃烧的火焰效果时就可以使用Temperature（温度）/Fuel（燃料）这样的方式。所以在使用还是关闭时，提供了以下四种选择方式：

1. Off (zero)（禁用(零)）：在整个流体中将特性值设定为0。设定为Off（禁用）时，该特性对动力学模拟没有效果。

2. Static Grid（静态栅格）：为特性创建栅格，允许您用特定特性值填充每个体素[使用流体发射器、Paint Fluids Tool（绘制流体工具）或初始状态缓存]。虽然这些值可以在动力学模拟中使用，但是它们不能由于任何动力学模拟而更改。

3. Dynamic Grid（动态栅格）：为特性创建栅格，允许您使用特定特性值填充每个体素[使用流体发射器、Paint Fluids Tool（绘制流体工具）或初始状态缓存]，以便用于任何动力学模拟。

4. Gradient（渐变）：使用选定的渐变以便用特性值填充流体容器。Gradient（渐变）值在Maya中预定义而不使用栅格。Gradient（渐变）值用于动力学模拟的计算，但是这些值不能因为模拟而更改。因为模拟不需要任何计算，所以它们渲染的速度比栅格值快。如图6—12。

如果使用了最后一种Gradient（渐变）的方式，那么在每个渐变方式下提供了以下选项：

Constant（恒定）：在整个流体中将值设定为1。

X Gradient（X渐变）：设定值沿X轴从1到0的渐变。

Y Gradient（Y渐变）：设定值沿Y轴从1到0的渐变。

Z Gradient（Z渐变）：设定值沿Z轴从1到0的渐变。

—X Gradient（—X渐变）：设定值沿X轴从0到1的渐变。

—Y Gradient（—Y渐变）：设定值沿Y轴从0到1的渐变。

—Z Gradient（—Z渐变）：设定值沿Z轴从0到1的渐变。

Center Gradient（中心渐变）：设定值从中心的1到沿着边的0的渐变。如图6—13。

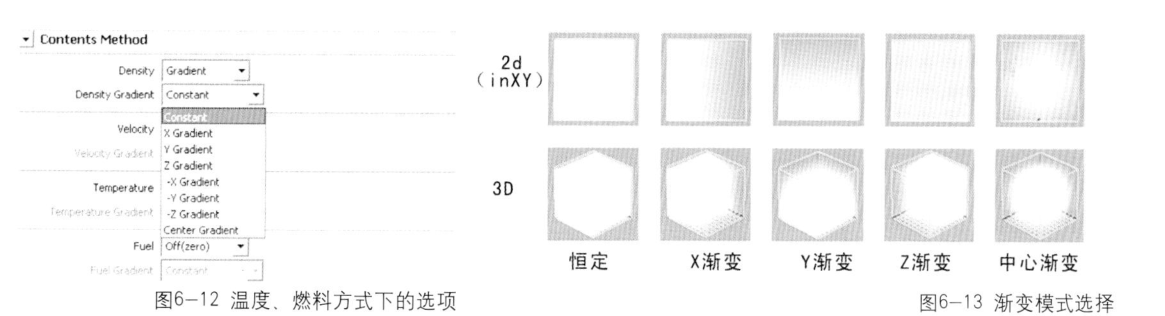

图6—12 温度、燃料方式下的选项

图6—13 渐变模式选择

（3）Dynamic Simulation（动力学模拟）

若要模拟流动的动态效果，Contents Method（内容方式）必须设定为Dynamic Grid（动态栅格）且Velocity（速度）不能为Off（禁用）。在模拟期间，使用"Navier—Stokes"流体动力学解算器求解容器中的值，并将这些值替换为新值以创建流体运动。

●Gravity（重力）：Gravity（重力）设置是内置的重力常量，它模拟发生模拟世界中质量的地球引力。负值会导致向下的拉动（相对于世界坐标系），如果Gravity（重力）为0，则Density Buoyancy（密度浮力）和Temperature Buoyancy(温度浮力)没有效果。

●Viscosity（粘度）：Viscosity（粘度）表示流体流动的阻力或材质的厚度及非液态程度。该值很高时，流体像焦油一样流动。该值很小时，流体像水一样流动。

●Friction（摩擦力）：定义在Velocity（速度）解算中使用的内部摩擦力。可以与发生碰撞的物体之间产生摩擦力，以便更好地模拟流体的烟雾或液体运动的效果。

●Damp（阻尼）：在每个时间步长上定义阻尼接近零的Velocity（速度）。当值为1时，流动完全被抑制，当边界处于开放状态以防止强风逐渐增大并导致不稳定性时，少量的阻尼可能会很有用。

●Solver（解算器）：Navier—Stokes解算器最适合流体、空气以及有流动产生旋涡但不向外展开或向内压缩的其他情况，默认是使用此种解算器。

●Start Frame（开始帧）：设定在哪个帧之后开始流模拟。

●Simulation Rate Scale（模拟速率比例）：缩放在发射和解算中使用的时间。提高此值可以加快解算速度，比如在制作火焰时，由于在自然效果中，火焰燃烧的温度和气流的值都比较高，所以在制作时可以提高此值来加快燃料和温度的值。

（4）Contents Details（内容详细信息）

Density（密度）：Density（密度）表示现实世界中流体的材质特性，可以将它视为流体的几何体。

●Density Scale（密度比例）：流体容器中的Density（密度）缩放值，在下面的示例中，Density（密度）设定为Constant（恒定），这意味着它在整个流体容器中的值均为1。使用小于1的Density Scale（密度比例）缩放Density（密度）值为0.5和0.25时，Density（密度）的不透明度会降低，并且可以看到流体中包含红色球。如图6—14。

●Buoyancy（浮力）：需要在Dynamic Grid（动态栅格）使用时有效。如果Buoyancy（浮力）值为正，则Density（密度）表示比周围介质轻的物质，例如水中的气泡，因此将会上升。负值会导致Density（密度）下降。

●Dissipation（消散）：Density（密度）在栅格中逐渐消失的速率。在每个时间步上从每个体素中移除Density（密度）。在以下示例中，Dissipation（消散）值设定为1。如图6—15。

●Diffusion（扩散）：定义在Dynamic Grid（动态栅格）中Density（密度）扩散到相邻体素的速率。在以下示例中，Diffusion（扩散）值设定为2。如图6—16。

●Velocity（速度）：流体在容器中流动的速度变化。

●Velocity Scale（速度比例）：速度比例X、速度比例Y、速度比例Z，将流体容器内的Velocity（速度）值与Scale（比例）值相乘，缩放不影响方向。

●Swirl（旋涡）：Swirl（旋涡）在流体中生成小比例旋涡和涡流。它可用模拟添加细节，但在某些情况下，高Swirl（旋涡）值会在流体中导致瑕疵以及不稳定性。

密度比例=1

密度比例=0.5

密度比例=0.25

图6—14 密度比例

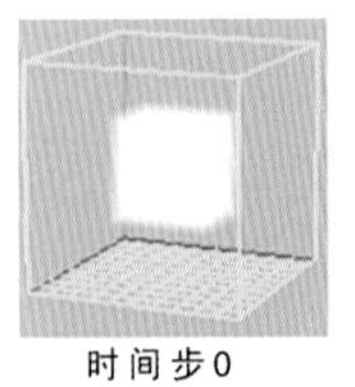
时间步0
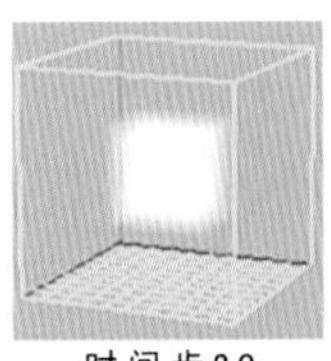
时间步20
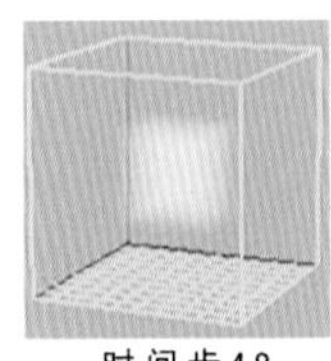
时间步48

图6—15 消散设置

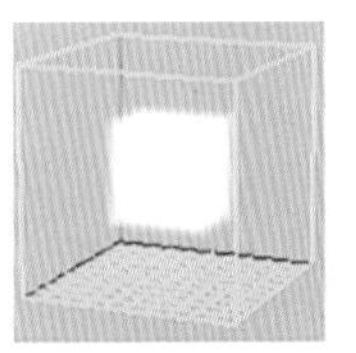
时间步0
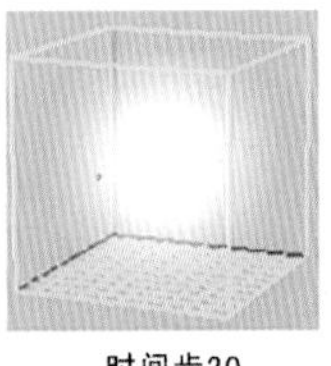
时间步20
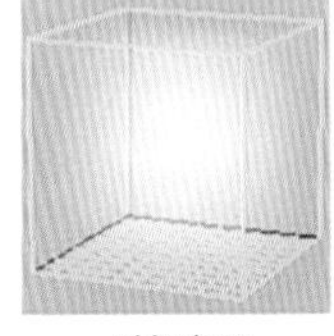
时间步48

图6—16 扩散设置

Turbulence（紊乱）

●Strength（强度）：增加该值可增加紊乱应用的力的强度。

●Frequency（频率）：降低频率会使紊乱的漩涡更大。如果紊乱强度为零，则不产生任何效果。

●Speed（速度）：定义紊乱模式随时间更改的速率。

Temperature（温度）

●Temperature Scale（点温度比例）：与容器中定义的Temperature（温度）值相乘。

●Buoyancy（浮力）：为Temperature（温度）解算定义内置的浮力强度。

●Dissipation（消散）：定义Temperature（温度）在栅格中逐渐消散的速率。在每个时间步上，都将从每个体素中移除Temperature（温度），Temperature（温度）值变得更小。

●Diffusion（扩散）：定义Temperature（温度）在Dynamic Grid（动态栅格）中的体素之间扩散的速率。

●Turbulence（紊乱）：应用于Temperature（温度）的紊乱上的乘数。

Fuel（燃料）

Fuel（燃料）与Density（密度）结合使用可定义发生反应时的情形。Density（密度）值表示正在发生反应的物质，Fuel（燃料）值描述反应的状态。Temperature（温度）可以点燃Fuel（燃料）以开始反应（例如，爆炸效果）。随着反应的进行，燃料值将从未发生反应（值为1）更改为完全反应（值为0），当温度大于Ignition Temperature（点燃温度）时，Fuel（燃料）开始燃烧。

●Fuel Scale（燃料比例）：与容器中定义的Fuel（燃料）值相乘。

●Reaction Speed（反应速度）：Reaction Speed（反应速度）定义在温度达到或高于Max Temperature（最大温度）值时，反应从值1转化到0的快速程度。值为1.0时会导致瞬间反应。

●Ignition Temperature（点燃温度）：Ignition Temperature（点燃温度）定义将发生反应的最低温度。在此温度时反应速率为0，随后增加到在Max Temperature（最大温度）时由Reaction Speed（反应速度）定义的值。

●Max Temperature（最大温度）：Max Temperature（最大温度）定义一个温度，超过该温度后反应会以最快速度进行。

●Heat Released（释放的热量）：定义整个反应过程将有多少热量释放到Temperature（温度）栅格。这是指在初始点火后有多少反应维持下来。给定步骤中增加的热量与已发生反应的材质的百分比成比例，此时需要将Temperature Method（温度方法）设定为Dynamic Grid（动态栅格）才能使用此选项。

●Light Released（释放的光）：Light Released（释放的光）定义反应过程释放了多少光。这将直接添加到着色的最终白炽灯强度中，而不会输入任何栅格中。

●Light Color（灯光颜色）：Light Color（灯光颜色）定义反应过程所释放的光的颜色。Light Released（释放的光）属性以及给定时间步中发生反应的Density（密度）量会缩放该灯光的总体亮度。

（5）Shading（着色）

●Transparency（透明度）：Transparency（透明度）与Opacity（不透明度）结合使用可确定有多少光可以穿透已定义的Density（密度）。Transparency（透明度）可缩放单通道Opacity（不透明度）值，使用Transparency（透明度）可以调整Opacity（不透明度），并且还可以设定其颜色。

●Glow Intensity（辉光强度）：控制辉光的亮度（流体周围光的微弱光晕）。Glow Intensity（辉光强度）的默认值为0，因此不向流体中添加辉光，随着Glow Intensity（辉光强度）的增加，辉光效果的外观大小也会增加。

●Dropoff Shape（衰减形状）：定义一个形状用于定义外部边界，以创建软边流体。如图6－17。

将Dropoff Shape（衰减形状）设定为Use Falloff Grid（使用衰减栅格）可以定义任意衰减区域，为发射的流体选择Use Falloff Grid（使用衰减栅格）时，流体不显示在体积中。

●Edge Dropoff（边衰减）：定义Density（密度）值向由Dropoff Shape（衰减形状）定义的边衰减的速率。0.0值将导致无衰减。随着该值的增加，Density（密度）将从衰减形状的中心向各个边平滑地褪色。如图6－18。

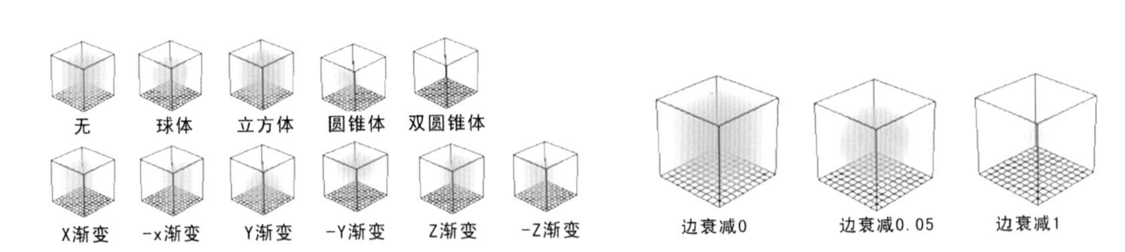

图6－17 衰减形状

图6－18 边衰减

●Color（颜色）：Color（颜色）渐变可定义用于渲染流体的颜色值的范围。从该范围选择的特定颜色对应于选定的Color Input（颜色输入）的值。Color Input（颜色输入）值0将映射到渐变左侧的颜色，Color Input（颜色输入）值1将映射到渐变右侧的颜色，0和1之间的值映射到与渐变上的位置对应的颜色[相对于Input Bias（输入偏移）]。颜色表示有多少传入光被吸收或散射，如果为黑色，所有光都被吸收，而白色流体可散射所有传入光。

通过向渐变中添加位置标记并更改标记处的颜色，可在渐变上定义颜色。请参见设定流体属性渐变。

●Selected Position（选定位置）：该值指示选定颜色在渐变上的位置（在左侧的 0 到右侧的1之间）。

●Selected Color（选定颜色）：表示渐变上选定位置的颜色。若要更改颜色，请单击Selected Color（选定颜色）框并从Color Chooser（颜色选择器）中选择新的颜色。

●Interpolation（插值）：控制渐变上位置之间的颜色混合方式。默认设置为Linear（线性）。

●None（无）：颜色之间没有插值。每种颜色都是不同的。

●Linear（线性）：在RGB颜色空间中通过线性曲线对值进行插值。

●Smooth（平滑）：沿钟形曲线对值进行插值，以便渐变上的每种颜色都可控制它周围的区域，然后快速地混合到下一种颜色。

Spline（样条线）：通过样条曲线对值进行插值，为了更平滑地进行过渡，将相邻位置标记处的颜色考虑在内。

●Color Input（颜色输入）：定义用于映射颜色值的属性。

●Constant（恒定）：将整个容器中的颜色设定为渐变结束时的颜色(1.0)。

X Gradient（X渐变）、Y Gradient（Y渐变）、Z Gradient（Z渐变）和Center Gradient（中心渐变）将整个容器中的颜色设定为对应于渐变颜色的渐变（从1到0）。

其他所有选项均将Color Input（颜色输入）设定为与来自栅格的值相对应的颜色。例如，如果Density（密度）为Color Input（颜色输入），则颜色渐变开始处的颜色用于Density（密度）值0，渐变结束处的颜色用于Density（密度）值1，中间值将根据Input Bias（输入偏移）进行映射。

●Input Bias（输入偏移）：颜色Input Bias（输入偏移）调整选定Color Input（颜色输入）的灵敏度。0和1输入值始终映射到渐变的开始和结束，而偏移确定值0.5映射到渐变正中的位置。如果Input Bias（输入偏移）值为0.0，则Color Input（颜色输入）值 0.5 将映射到颜色渐变的正中间。

可以使用整个范围的颜色来表示值，而不是使用与渐变中某一部分的颜色非常接近的值，例如，如果Density（密度）为Color Input（颜色输入）且容器中的Density（密度）值全部接近0.1，则可以使用Input Bias（输入偏移）来移动渐变颜色范围，以便在渐变上使用整个颜色范围区分围绕0.1的Density（密度）值。如果不更改Input Bias（输入偏移），接近0.1的值的颜色差异可能不易察觉。如图6–19。

●Incandescence（白炽度）：Incandescence（白炽度）可控制由于自发光而从Density（密度）区域发射的光的数量和颜色。从该范围选择的特定颜色对应于选定的Incandescence Input（白炽度输入）值，白炽灯发射不受照明或阴影的影响。

Incandescence（白炽度）渐变定义白炽灯颜色值的范围。从该范围选择的特定颜色对应于选定的Incandescence Input（白炽度输入）值。Incandescence Input（白炽度输入）值0将映射到渐变左侧的颜色，Incandescence Input（白炽度输入）值1将映射到渐变右侧的颜色，0和1之间的值映射到与渐变上的位置对应的颜色[相对于Input Bias（输入偏移）]。其他参数可以参考上面颜色对应属性的解释。

●Opacity（不透明度）：Opacity（不透明度）表示有多少流体会阻止光线。Opacity（不透明度）曲线定义用于渲染流体的不透明度值范围。从该范围选择的特定不透明度值由选定的Opacity Input（不透明度输入）确定。如图6–20。

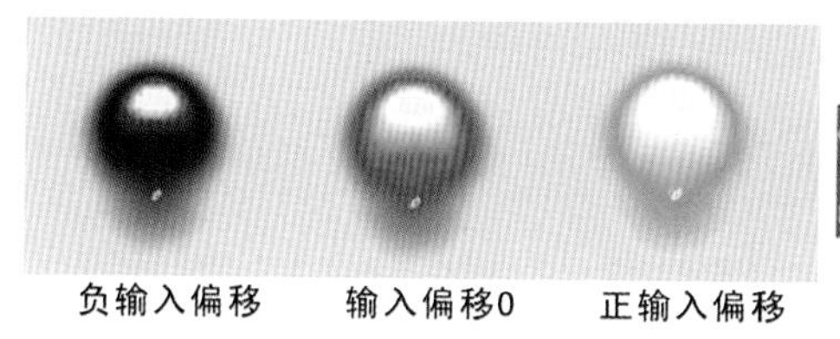

图6–19 输入偏移

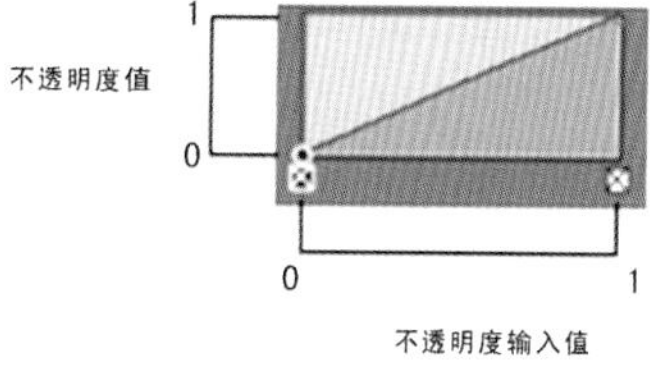

图6–20 不透明度

垂直部分表示从0（完全透明）到1（完全不透明）的Opacity（不透明度）值，水平部分表示从0到1的Opacity Input（不透明度输入）值。通过单击曲线图并拖动点，可使曲线定义任何输入值的不透明度。默认设置为线性，输入值为0时，没有透明度，输入值为0.5为半透明，输入值为1时为全透明。请参见设定流体属性渐变。

Density（密度）是默认的Opacity Input（不透明度输入），且默认的线性曲线使Opacity（不透明度）正好等于Density（密度）。假设无法获得大于1.0的不透明度，则大于1.0的Density（密度）将完全不透明，这将模拟流体的总饱和度（即，一块实体碳就有这么多烟）。若要提供Density（密度）硬边（例如，浓云的边），可以编辑Opacity（不透明度）曲线，以排除Density（密度）[低Density（密度）值]并定义硬衰减。如果正在处理非常薄的Density（密度），针对所需衰减在曲线上定位标记可能涉及标记始终都非常接近曲线的一条边。

Input Bias（输入偏移）属性允许使用易于阅读的布局（即不让值挤在一起）来定义函数

的常规外观，然后影响输入范围以将其映射到函数的所需部分。Texturing（纹理）也应用于不透明度输入而不是输出。这将允许使用Opacity（不透明度）曲线将硬边应用到纹理，而不是对边缘清晰的Density（密度）进行纹理处理。纹理上的增益只是表示纹理如何影响不透明度——较小的增益产生较小的效果。

（6）Textures（纹理）

使用内置到流体形状节点的纹理，可以增加采样时间，以获得高质量渲染。内置纹理的采样是自适应的。

●Texture Color（纹理颜色）：启用此选项可将当前纹理[由Texture Type（纹理类型）定义]应用到颜色渐变的Color Input（颜色输入）值。

●Texture Incandescence（纹理白炽度）：启用此选项可将当前纹理[由Texture Type（纹理类型）定义]应用到Incandescence Input（白炽度输入）值。

●Texture Opacity（纹理不透明度）：启用此选项可将当前纹理[由Texture Type（纹理类型）定义]应用到Opacity Input（不透明度输入）值。

●Texture Type（纹理类型）：选择如何在容器中对Density（密度）进行纹理操作。纹理中心就是流体的中心。

●Perlin Noise（柏林噪波）：用于SolidFractal纹理的标准3D噪波。

●Billow（翻滚）：具有蓬松的云状效果。翻滚是计算密集型操作，因此速度缓慢。

●Volume Wave（体积波浪）：空间中的3D波浪之和。

●Wispy（束状）：使用另一个噪波作为涂抹贴图的Perlin Noise（柏林噪波）。这会使噪波在位置中拉伸，从而创建有条纹的束状效果。

●Space Time（空间时间）：Perlin Noise（柏林噪波）的四维版本，其中时间是第4个维度。如图6–21。

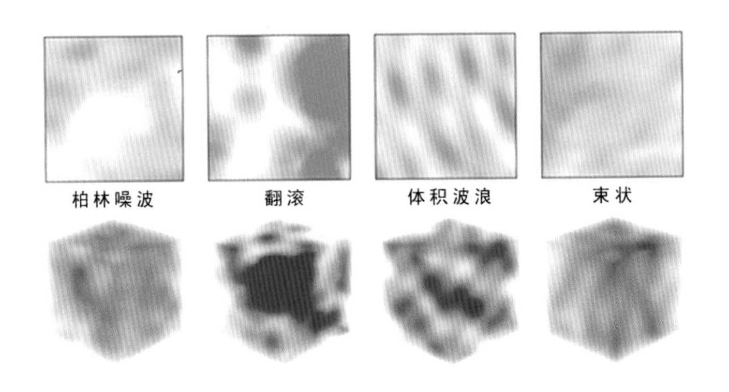

图6–21 纹理类型

●Color Tex Gain（颜色纹理增益）：确定有多少纹理会影响Color Input（颜色输入）值。如果颜色范围为红色到蓝色，将导致纹理发生从红色到蓝色的变化。Color Tex Gain（颜色纹理增益）为0时，没有颜色纹理。

●Incand Tex Gain（白炽度纹理增益）：确定有多少纹理会影响Incandescence Input（白炽度输入）值，如果白炽度的范围是红色到蓝色，将导致纹理发生从红色到蓝色的变化。Incand Tex Gain（白炽度纹理增益）为0时，没有白炽度纹理。

●Opacity Tex Gain（不透明度纹理增益）：确定有多少纹理会影响Opacity Input（不透明度输入）值。例如，如果不透明度曲线介于0.0到0.6之间，纹理将导致这些值之间的变化。Opacity Tex Gain（不透明度纹理增益）为0时，没有不透明纹理。

●Threshold（阈值）：添加到整个分形的数值，使分形更均匀明亮。如果分形的某些部分超出了范围（大于1.0），它们会被剪裁为1.0。

●Amplitude（振幅）：应用于纹理中所有值的比例因子，以纹理的平均值为中心。增加Amplitude（振幅）时，亮的区域会更亮，而暗的区域会更暗。如果将Amplitude（振幅）设定为大于1.0的值，会对超出范围的那部分纹理进行剪裁。

●Ratio（比率）：控制分形噪波的频率。增加该值可增加分形中细节的精细度。

●Frequency Ratio（频率比）：确定噪波频率的相对空间比例。

●Depth Max（最大深度）：控制纹理所完成的计算量。因为Fractal（分形）纹理过程可产生更详细的分形，所以需要花费更长的时间来执行。默认情况下，纹理会为正在渲染的体积选择适当的级别。使用Depth Max（最大深度）可控制纹理的最大计算量。

●Invert Texture（反转纹理）：启用Invert Texture（反转纹理）来反转纹理的范围，以使密集区域变薄，薄区域变密集。如果它处于启用状态，则Texture=1—Texture。

●Inflection（弯曲）：启用弯曲以便在噪波函数中应用扭结。这对于创建蓬松或凹凸效果很有用。

●Texture Time（纹理时间）：使用此属性可为纹理设置动画。可以为Texture Time（纹理时间）属性设置关键帧，以控制纹理变化的速率和变化量。

在编辑单元格键入表达式“"= time”，以便在动画中渲染纹理时使纹理翻滚。键入“= time * 2” 使其翻滚速度提高两倍。

●Frequency（频率）：确定噪波的基础频率。随着该值的增加，噪波会变得更加详细。它与Texture Scale（纹理比例）属性的效果相反。

●Texture Scale（纹理比例）：确定噪波在局部X、Y和Z方向的比例。此效果类似于缩放纹理的变换节点。在任意方向上增加Texture Scale（纹理比例）时，分形细节似乎都在该方向上涂抹。

●Texture Origin（纹理原点）：噪波的零点。更改此值将使噪波穿透空间。原点是相对于噪波Frequency（频率）而言的。因此，如果噪波确实在Y轴上拉伸（更大的Y比例），则相同的偏移在Y轴上将比在其他方向上移动得更多。这样做的好处是当您按1.0的幅度偏移原点时噪波将循环。

●Texture Rotate（纹理旋转）：设定流体内置纹理的X、Y和Z旋转值。流体的中心是旋转的枢轴点。此效果类似于在纹理放置节点上设定旋转。

●Implode（内爆）：围绕由Implode Center（内爆中心）定义的点以同心方式包裹噪波函数，当内爆值为0时，没有效果；值为1.0时，它是噪波函数的球形投影，从而创建一种星爆效果。可使用负值来向外而不是向内倾斜噪波。

6.1.2 烟雾及爆炸效果

（1）烟雾特效

使用Fluid（流体）可以制作非常逼真的烟雾效果，无论是从自身的运动，烟雾扩散的自然效果还是本身的体积质感，都通过Fluid自身解算器进行精准的计算。以下为Maya制作烟雾效果的简单步骤，通过学习可以掌握基本的烟雾制作。如图6—22。

在制作以前尽量多找些相关视频和图片进行参考，仔细观察现实生活中流放出来的烟雾从开始的散发到不断地扩散中的每个细节，比如：烟雾涌动的速度、前后飘动的变化、扩散渐淡的时间等等，在观察仔细后，拟定一个制作内容的说明，计划需要从软件中的哪几个方面进行控制。

●在场景中创建一个3D不带发射器的流体容器，Dynamics（动力学）模块中，在Fluid Effects菜单下Create 3D Container（创建3D容器）。首先调整该容器的分辨率和尺寸，设置为Resolution（分辨率）：50、26、20，Size（尺寸）：25、13、10。如图6—23所示。

●创建一个多边形球体，在ScaleY（Y轴）上缩放压扁，在ScaleX（X轴）上略微放大，调整参数为ScaleX：1.289，ScaleY：0.213。并删除下半球的面，将其放置在流体容器的右下侧，保证整个上半球的物体正好在容器内。如图6—24。

●制作这个半球物体，是要使用这个物体作为发射器来发射流体粒子。由这样一个体积物体来发射产生浓厚的烟雾效果要比默认的点发射类型好得多。选择流体容器Fluid1，再选择此物体执行Fluid Effects—Add/Edit Contents—Emit from Object，从物体上增加该容器的发射器Emit，并选择Fluid（流体）容器添加airField（风场），放置在容器发射器的外侧，以便用其产生的风力来吹动流体，将其Magnitude（强度）设置为100。如图6—25。

●打开fluidEmitter（发射器）的属性，在Fluid Attributes（流体属性）中，我们来控制Density/Voxel/Sec（密度/体积/秒）的值，我们在制作烟雾的效果时，想达到烟有时冒出的多，有时冒出的少这样一个变化效果，需要在此值上设置些关键帧动画。如图6—26。

这样发射器发射流体粒子的密度从比较高的值100在10帧后降到50，在15帧后又开始升高，这样就出现了忽大忽小的变化。

●在发射器设置好后来调整流体节点的参数即fluidShape面板。之前已经设置好了Resolution（分辨率）和Size（尺寸）。现在需要设置内容的详细参数，打开下面的Contents Details（内容详细信息）。由于我们没有使用温度和燃料的动力学方式，所以在这里我们只是调整Density（密度）、Velcoity（速度）和Turbulence（紊乱）三个属性里面的参数。

Density（密度）：Dissipation（消散），0.42；

Velcoity（速度）：Swirl（旋涡），25.2；

Turbulence（紊乱）：Strength（强度），0.13。有关这三个属性的含义在前面的流体部分有详细说明。如图6—27。

●打开Shading（着色面板），将Transparency（透明度）略微提高一点，以增加烟雾的透明效果。将Color（颜色）调整为制作所需要的颜色，这里Selected Color使用了一种红色。在Opacity（不透明度）属性中，调节曲线如图，将Input Bias（输入偏移）值调整为0.35，增加其不透明度的效果。如图6—28。

●Textures（内置纹理）的设置

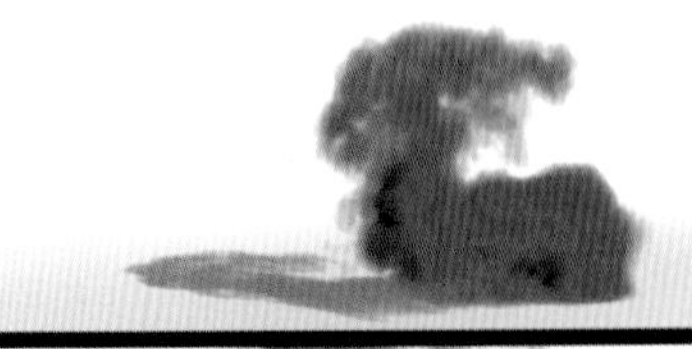

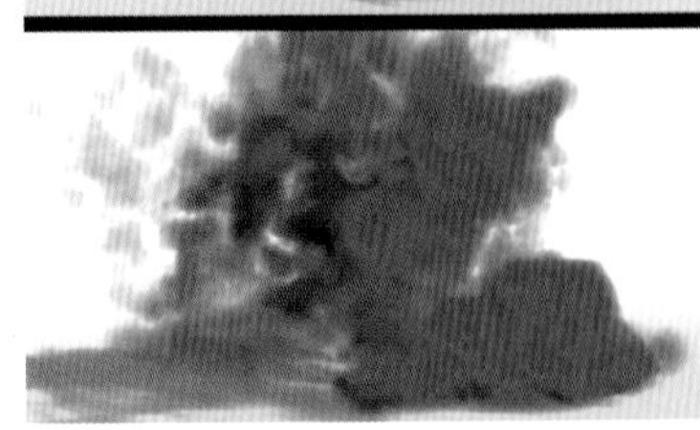

图6—22 烟雾效果

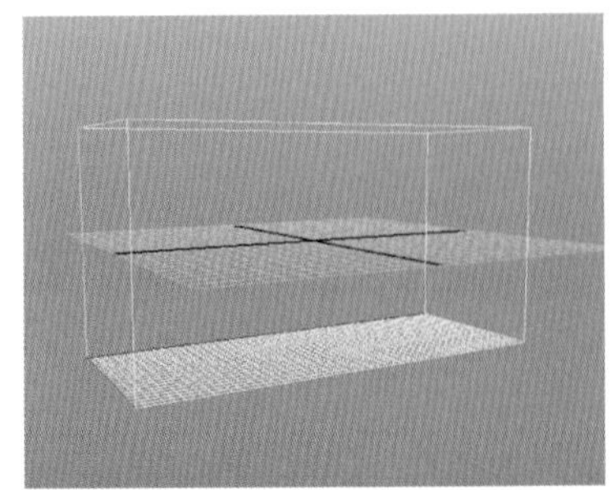

图6—23 流体容器

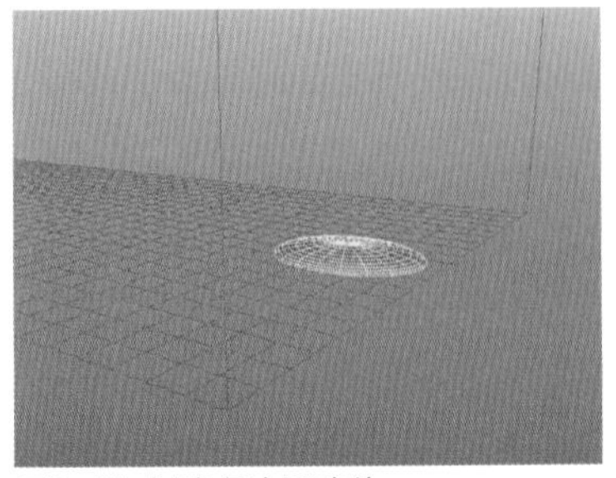

图6—24 创建多边形球体

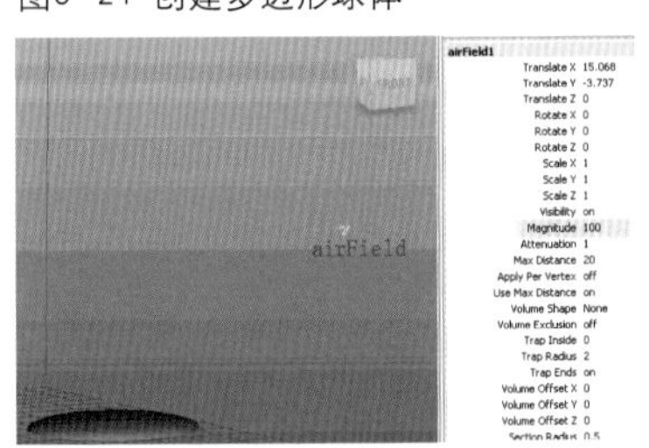

图6—25 风场

图6—26 发射器属性

Density
Density Scale 0.500
Buoyancy 1.000
Dissipation 0.420
Diffusion 0.000
Velocity
Velocity Scale 1.000 1.000 1.000
Swirl 25.200
Turbulence
Strength 0.130
Frequency 0.200
Speed 0.200

图6—27 密度、速度、紊乱参数

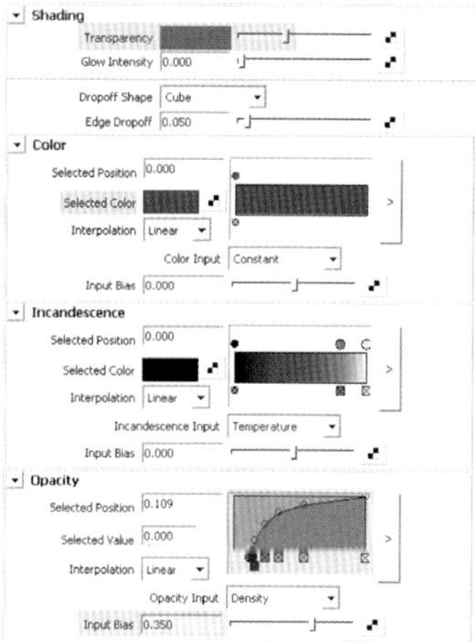

图6-28 着色面板选项

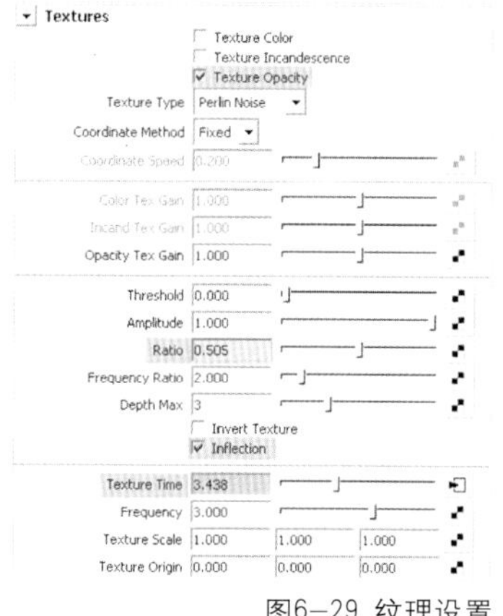
图6-29 纹理设置

图6-30 灯光设置

图6-31 爆炸效果

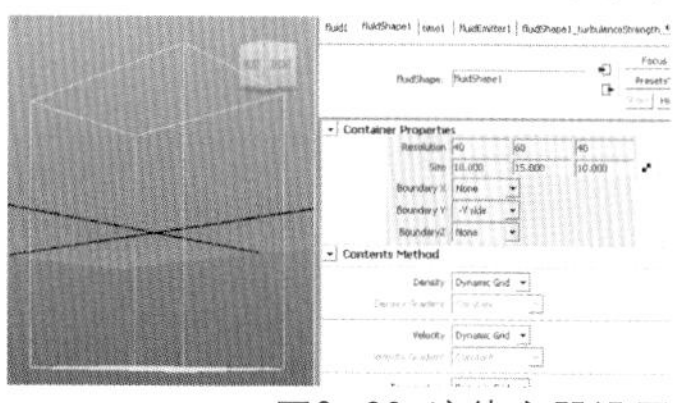
图6-32 流体容器设置

图6-33 发射器属性

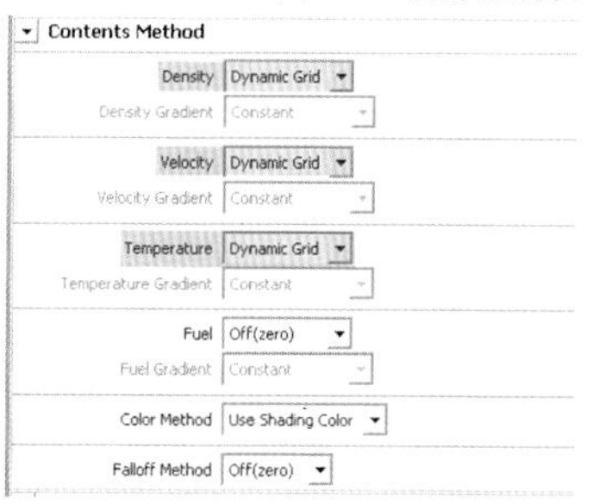
图6-34 动态栅格方式

勾选Texture Opacity（纹理不透明度），设置相关纹理参数。Ratio（比率）：0.505，Depth Max（最大深度）：3，勾选Inflection（弯曲效果）。给纹理时间创建表达式：fluidShape1.textureTime = time*.5。如图6—29。

●Lighting（灯光）设置

勾选Sefl Shadow（自身阴影），将Shadow Opacity（阴影的不透明度）设置为0.6。如图6—30。

●给场景添加Directional Light（方向灯光），Use Ray Trace Shadows（勾选光线追踪阴影），进行渲染测试。这样，一个带着扩散的烟雾效果就制作完成了。之后根据具体场景的位置大小调节相应的参数，直至调节到最终效果。

（2）爆炸效果的制作

爆炸烟火的制作和上面制作烟雾的思路不同，由于爆炸产生的烟火效果在最初状态会有高温燃烧的效果，所以除了要考虑调节发射器的密度以外，还要调节发射器的Heat/Voxel/Sec（热量/体素/秒），Fuel/Voxel/Sec（燃料/体素/秒）。由于这两个参数需要与流体一同运算，所以在流体容器设置时需要将Temperature（温度）方式从默认的关闭状态调整为动力学计算方式即动态栅格模式，然后再配合容器内容的详细参数、着色参数、纹理参数以及灯光等参数的调节一同来完成。如图6—31。

●创建一个新场景，建立一个Fluid Effects—Create 3D Container with Emitter（带有发射器的3D流体容器）。首先调整该容器的分辨率和尺寸，设置为Resolution（分辨率）：40、60、40，Size（尺寸）：10、15、10。由于我们希望爆炸的烟雾是向四周扩散，容器边缘不会像墙壁一样阻挡住，只需要下面的—Y方向如同地面一样有所阻挡即可，所以同时将边缘进行设置Boundary X：None，Boundary Y：—Y Side，Boundary Z：None。如图6—32。

●打开fluidEmitter（发射器）的属性，在Fluid Attributes（流体属性）中，将Basic Emitter Attributes面板下的Emitter Type（发射类型）改为Volume（体积）类型，同时配合将Volume Emitter Attributes面板下的Volume Shape（体积形态）改为Sphere（球体）。为了产生瞬间爆炸效果，需要给密度和热量进行关键帧的设置，Fluid Attributes面板下Density/Voxel/Sec（密度/体积/秒）和Heat/Voxel/Sec（热量/体积/秒）的值关键帧。如图6—33。

●在容器的内容方式上，将Density（密度）、Velocity（速度）、Temperature（温度）均使用动力学的动态栅格方式。如图6—34。

●打开Shading（着色面板），将Transparency（透明度）降低，以增加爆炸烟雾的浓度效果。由于爆炸会产生辉光的自发光效果，所以将Glow Intensity设置为0.53，将Edge Dropoff（边界柔化）提高到0.63，将Color（颜色）调整为（如图6—35）的颜色，由于高温物体会产生白炽的效果，所以将Incandescence（白炽属性）的颜色调节成（如图6—35）的效果，将其Input Bias（输入偏移）值设置为0.82，在Opacity（不透明度）属性中，调节曲线如图，将Input Bias（输入偏移）值调整为0.77，增加其不透明的效果。如图6—35。

●Textures（内置纹理）的设置

勾选Texture Color（纹理颜色）、Texture Incandescence（纹理白炽）、Texture Opacity（纹理不透明度），Texture Type（纹理类型）使用SpaceTime（空间时间）的方式，Color Tex Gain（颜色纹理增益）降低为0.281，Amplitude（振幅）设置为0.521，Depth Max（最大深度）设置为4，勾选Inflection（弯曲效果）。给纹理时间创建表达式：fluidShape1.textureTime = time*0.1，Frequency（频率）提高到3。如图6—36。

●Lighting（灯光）设置

勾选Sefl Shadow（自身阴影），将Shadow Opacity（阴影的不透明度）设置为0.66，去掉Real Lights（真实灯光），使用默认的方向灯光。如图6—37。

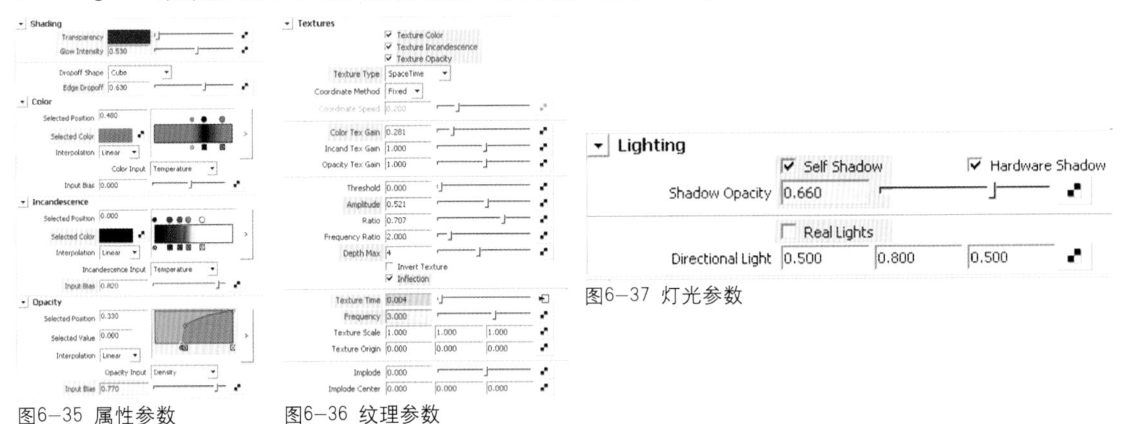

图6—35 属性参数　图6—36 纹理参数　图6—37 灯光参数

再通过以上参数的细微调节，不断测试，就能实现比较逼真的爆炸效果。

6.2 后期软件中的特殊效果解决方案

三维动画是一个复杂的系统工程，有些特殊效果的实现是在后期软件中通过一定程序实现的，而且速度较完全三维制作得要快，效果也在可控制的范围内。

6.2.1 二维粒子系统

二维粒子系统就是通过软件技术来模拟三维特效的一种方式，比较著名的有ParticleIllusion（幻影粒子）。如图6—38。

ParticleIllusion本身是二维软件，在Open GL技术支持下，其粒子动态的随机性可以提供犹如在三维空间的错觉。

ParticleIllusion的使用较为简单，从右侧粒子库中点击需要的效果在工作窗口释放即可，

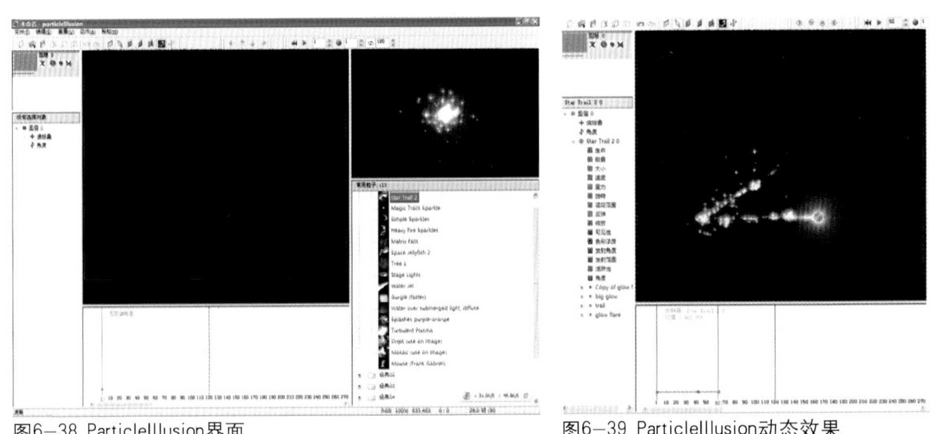

图6—38 ParticleIllusion界面　图6—39 ParticleIllusion动态效果

通过右侧的设置栏可以调节样本的生命、数量、大小等参数，拖动时间滑块可以进行动态效果演示。如图6-39。

设定完效果之后，点击上方录制按钮进行粒子效果的渲染，存储成带Alpha通道的序列文件，默认是120帧。如图6-40。

生成后的序列帧可以在AE浏览器中打开，进行进一步的处理。如图6-41。

ParticleIllusion的每一种粒子都可以进行修改，方法是在粒子样本栏中双击粒子样本，进入粒子修改面板。如图6-42。

除了修改原有的粒子样本之外，在网络上还有大量已做好的二维粒子库文件供创作者使用。

6.2.2 AE特效

Adobe AfterEffects简称AE，是三维动画制作中比较常用的后期处理软件，该软件针对不同需求的人士提供了多种高级的运动控制、变形特效、粒子特效，是专业的影视后期处理工具。

（1）AE粒子特效

AE的粒子特效主要通过外挂插件来实现，比较知名的有Trapcode公司出品的Particular、CC插件等等，这里以Particular为例进行AE粒子的简单讲解。

打开AfterEffects，新建一个工程文件，标准采用PAL D1/DV格式。如图6-43。

在Timeline（时间线）窗口单击鼠标右键，选择New（新建）命令栏后面的Solid（实体），创建一个实体层。如图6-44。

选择Effect（效果）下拉菜单中的Trapcode命令，找到Particular命令，或者在窗口中的实体上点击右键找到Effect（效果）菜单中的Trapcode进而找到Particular命令。如图6-45。

执行完Particular命令后，在窗口左侧的效果控制栏中出现Particular的设置菜单。如图6-46。

拖动时间滑块，视图中会出现粒子散射的效果。如图6-47。

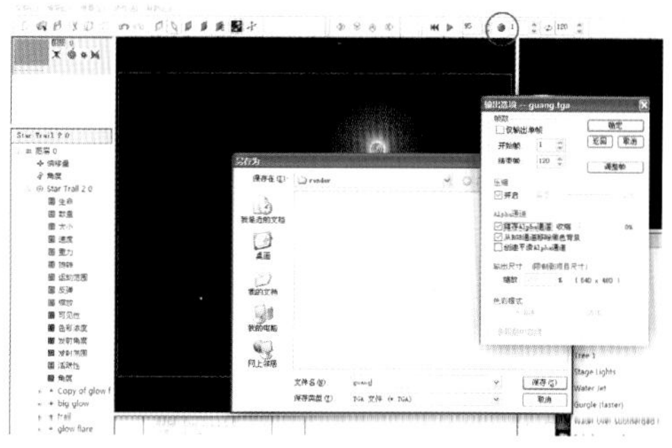

图6-40 录制序列帧

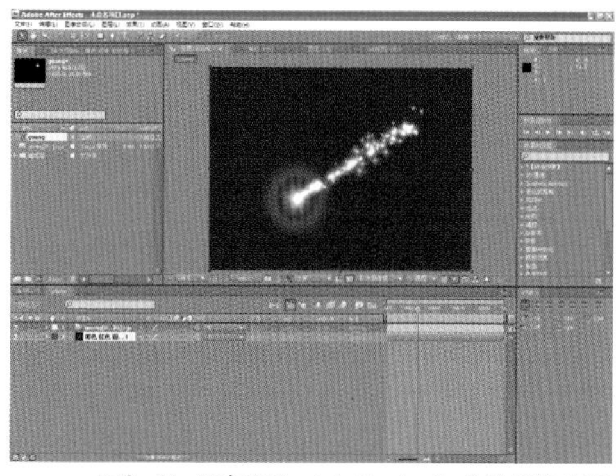

图6-41 AE打开ParticleIllusion生成的图像序列

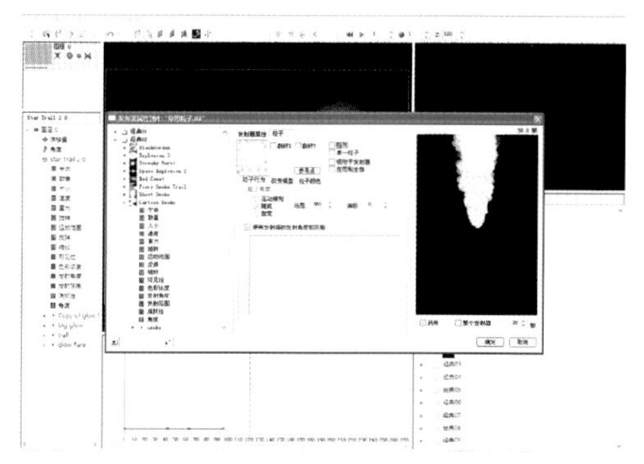

图6-42 粒子修改面板

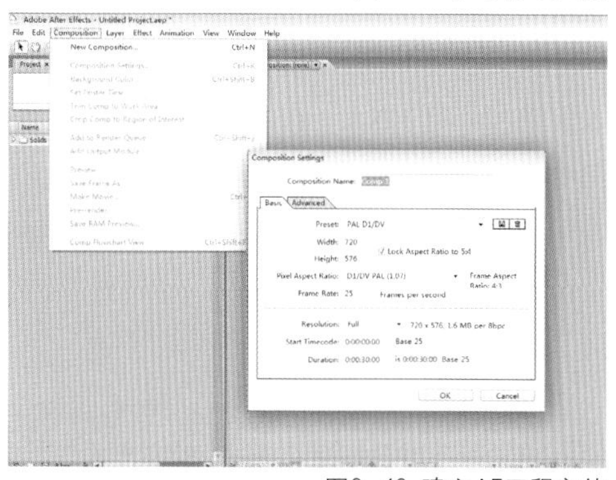

图6-43 建立AE工程文件

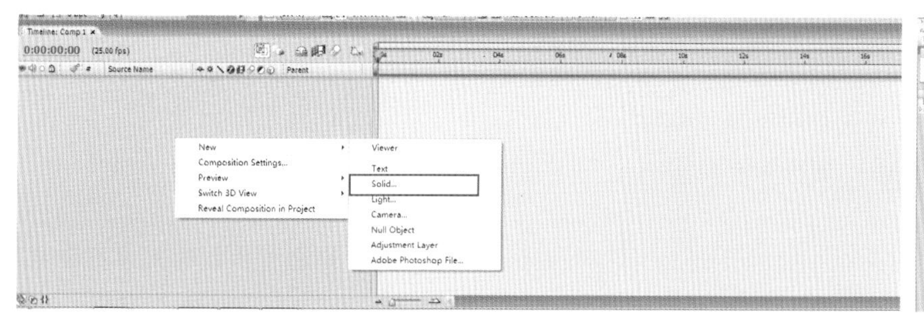

图6-44 创建实体层

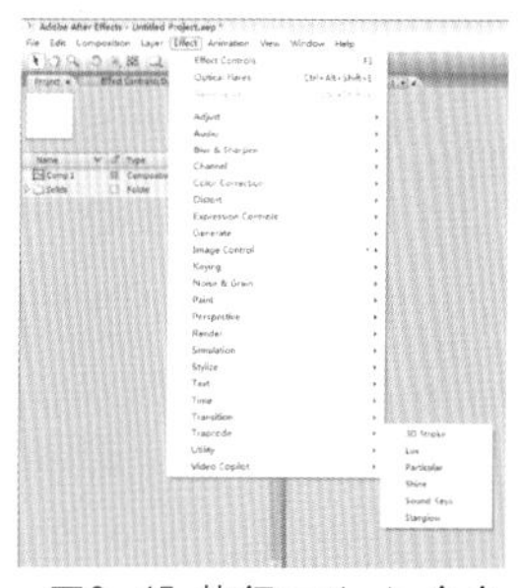

图6-45 执行particular命令

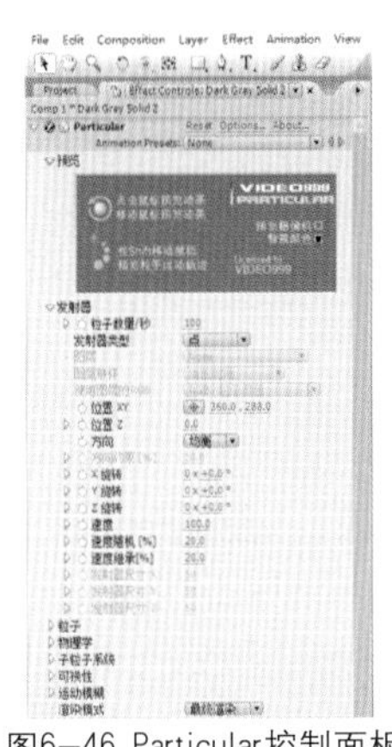
图6—46 Particular控制面板

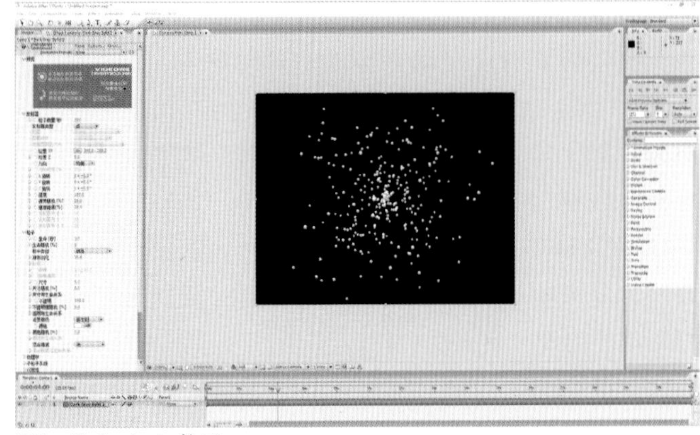
图6—47 Particular粒子

经过细心调节，Particular能够实现下雨、下雪、烟雾、云层、爆炸等等多种视觉效果。如图6—48。

（2）AE图像特效

AE的粒子特效只是AE功能的一小部分，它的主要工作还是在动态图像的特效处理上，对此AE有着多种的处理方法，与三维动画相关的有色彩调节、模糊等处理。如图6—49。

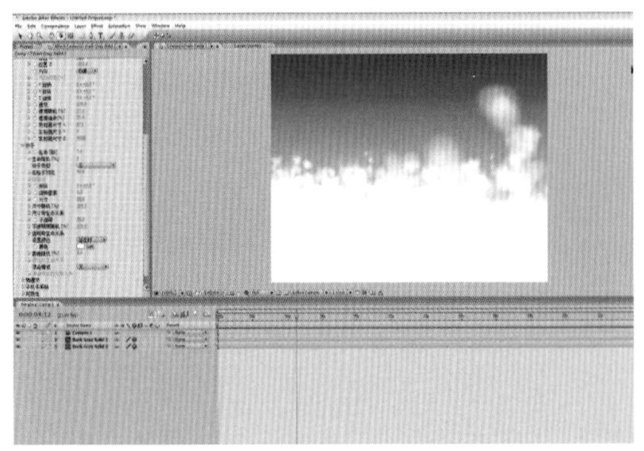
图6—48 Particular生成的白云

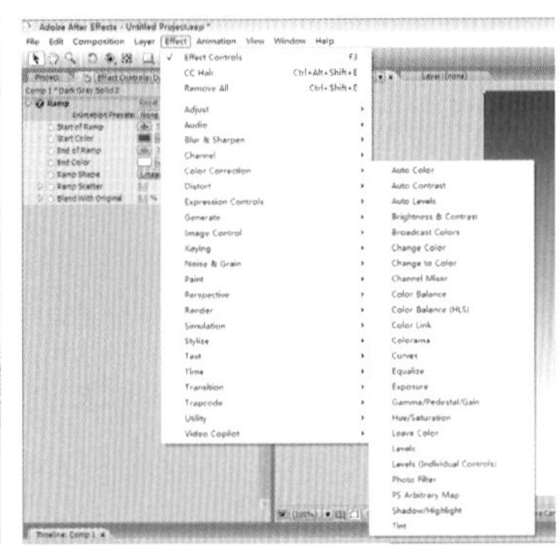
图6—49 AE的效果下拉菜单

对图像的色彩调节主要集中在Color Correction（色彩校正）菜单下，常用的命令有：

●Auto Levels（自动色阶）：对色阶自动处理。

●Brightness & Contrast（亮度和对比度）：亮度与对比度的调节。

●Color Balance（色彩平衡）：调整整个画面的色彩倾向。

●Curves（曲线调整）：使用曲线对画面进行调整。

●Hue/Saturation（色相/饱和度）：对画面进行色相与饱和度的调节。

（3）Distort（扭曲特效）常用命令

●Bezier Warp（贝赛尔曲线弯曲）：采用贝塞尔线控制的弯曲。

●Mirror（镜像）：镜像效果。

●Polar Coordinates（极坐标转换）：图片以极坐标的方式展开。

●Puppet（木偶工具）：通过定位点来控制图像变形。

●Ripple（波纹）：对图像模拟波纹效果。

●Spherize（球面化）：使图像球面化。

（4）AE光效

AE的光效主要表现在对光线的处理上，它可以建立自身的光照系统，也能够对发光物体进行进一步处理，结合插件还能创造出影视级别的光线效果。

●AE自身可建立灯光，方法为在Timeline（时间线）上点击右键，新建Light（灯光），在灯光面板可选择建立灯光的类型参数，完成后窗口中出现灯光。

AE的灯光可以产生阴影，需要产生阴影时要把灯光的投射阴影选项打开，同时图层确保为3D图层，也要打开投射阴影选项。如图6—50。

●AE内置图片的Glow（辉光）效果，也是制作光效的一部分。如图6—51。

●安装一些插件如Trapcode之后还可使用Shine（光线）特效滤镜。如图6—52。

●安装一些插件可以实现更复杂的光效，如Optical Flares（光效插件），可以产生电影级别的光线效果。如图6—53。

此外还有一些专门的插件合集，如Knoll Light Factory（灯光工厂）就是专门制作灯光类效果的插件合集，它包含了多种灯光效果，网络上还有很多灯光预设供动画师下载使用。如图6—54。

6.3 三维与实拍结合

随着技术的发展，制作动画的手段越来越综合，特别是在一些影视制作中，存在大量的三维与实拍结合镜头，比如《阿凡达》、《金刚》这些影片。这些影片中计算机制作的三维部分与摄像机拍摄的视频完美地结合在一起，给观众带来一个又一个的视觉奇观。

要实现这种结合，首先要求把实拍摄像机的数据记录到计算机上，然后在三维软件中读取这些计算机运动路径的数据，再配合摄像机制作三维动画，最后将二者合成，将摄像机数据转到计算机的过程叫做摄像机反求技术或者叫做摄像机追踪技术。

6.3.1 摄像机反求技术

摄像机反求技术目前已发展得比较成熟，有多个软件可以实现，如SynthEyes、Boujou等。

（1）SynthEyes

SynthEyes2011提供了一个完整的高端功能集，包括跟踪、设置重建、稳定和动作捕捉，它可以处理摄像机跟踪、对象跟踪、从参考网格进行对象跟踪、摄像机+对象跟踪、多镜头跟踪、三脚架跟踪、立体镜头、节点式的立体镜头、缩放、镜头失真、灯光解决方案。如图6—55。

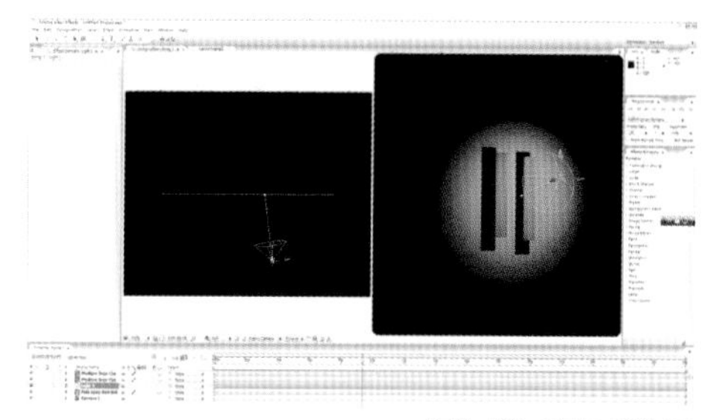

图6—50 AE灯光效果

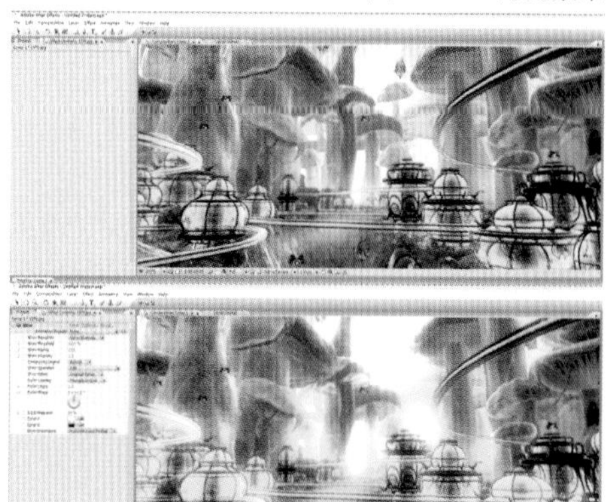

图6—51 AE内置辉光效果

图6—52 Trapcode的光线特效

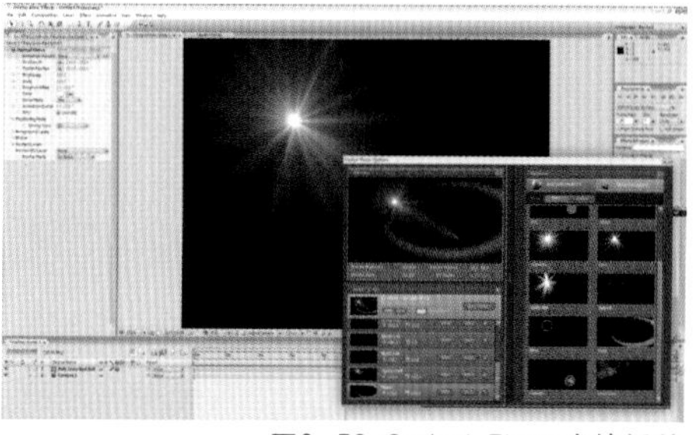

图6—53 Optical Flares光效插件

图6—54 灯光工厂插件

它也能够处理任何分辨率的镜头——DV、HD、电影、IMAX，64位、16位或32位浮点数据，并且能够在具有成千上万帧的镜头上使用。对于富有挑战性的镜头，SynthEyes能够对整个跟踪流程进行控制，包括用来监督跟踪、自动/监督跟踪、偏移跟踪、逐步解决、硬和软的路径锁定系统、低角度镜头拍摄时的距离约束等高效工作流程。

（2）Boujou

Boujou提供一套标准的摄像机路径跟踪的解决方案，曾经获得艾美奖的殊荣。 该软件是以自动追踪功能为基础，独家的追踪引擎可以依照个人想要追踪的重点进行编辑设计，透过简单易用的辅助工具，可以利用任何种类的素材，快速且自动化地完成追踪设定。如图6—56。

图6—55 SynthEyes界面

图6—56 Boujou工作界面

Boujou具有足够的速度与效能去处理大量的视频素材，并能提供精准可靠的追踪资料演算结果，在国外司法界曾经运用于有关地质崩裂调查和灾难现场重建的专案，最后能以Boujou所演算的结果作为证供与判刑的依据。

（3）PFTrack

PFTrack是由The Pixel Farm公司推出的一款摄像机跟踪软件，包括一些独特的功能，如光场流分析(Optical Flow analysis)工具、先进的物体跟踪、几何形体跟踪、基于场景分析的物体建模、自动景深(Z)提取等等。

6.3.2 三维实拍结合实例

这里以常用的摄像机跟踪软件Boujou进行摄像机反求与三维结合的介绍。Boujou工作原理是将前期实拍的场景素材导入软件中，通过在拍摄范围内进行跟踪并自动识别特征，再把这些特征结合在一起，形成许多的轨道，最终计算出与实拍素材相应的虚拟摄像机，以便导入相应的软件中进一步工作。

（1）准备素材

Boujou支持的图像文件格式非常多，如：AVI、JPEG、TIFF、TGA、PNG等等，在使用中通常将实拍的视频素材通过相应软件After Effects导出JPEG格式的序列图片进行使用。

在导出JPEG格式图片的时候，对图片的命名应该注意，图片序列前必须为“.”而不能为其他符号，如“_”，例如：应命名为sucai001.0001，而不能为sucai001_0001，如果为其他符号，在导入Maya后会出现错误。

（2）运行Boujou

可以使用单击计算机“开始”按钮，打开“程序”项，寻找Boujou按钮打开软件；也可以在桌面用鼠标双击Boujou快捷图标。

（3）导入图像序列

单击菜单栏中的Setup（设置）菜单执行Import Sequence（导入序列）或Toolbox（工具箱）中的Import Sequence（导入序列）图标进行导入，弹出导入对话框，单击Open（打开）进行导入。如图6—57。

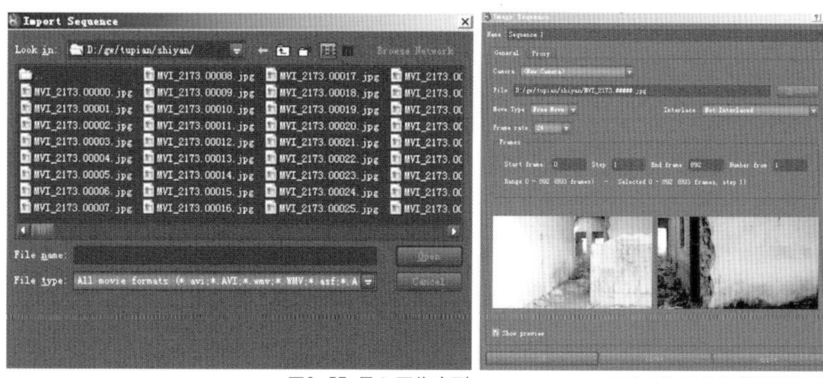

图6-57 导入图像序列　　图6-58 导入图像设置面板

（4）对导入图像进行设置。如图6—58。

● Name（名称）：设置项目名称。

● Move Type（摄像机类型）：选择摄像机移动类型，默认为Free Move(自由移动)，如果实拍摄像机为三脚架进行拍摄，摄像机的变动仅仅被限制在旋转和倾斜上，不能在距离上移动它，这样的摄影没有视差，Boujou无法得到任何深度的信息时，我们则在此处选择Nodal Pan（节移动）。

● Interlace（交错）场设置：默认选项为Not Interlaced，根据需要我们可以选择Use lower fields only（使用下场）。这里需要注意：如果使用场，将没有交错场的数据，全部设定为含有交错的时候，这样的原序列的长度将会在工作区中变为原来的两倍。

● Start frame（起始帧）、Step（步幅）、End frame（结束帧），这些选项根据需要进行选择。

Boujou已经根据图像的尺寸自动放置了一个摄像机，单击OK生成项目序列。

（5）图像预览

图片导入后，我们可以在Timeline（时间栏）点击播放按钮或单击空格键对素材进行预读播放，第一次播放时将会非常缓慢，Boujou将自动把它们存入缓存，如果缓存过高，请及时清理，清理方法是在软件右下方有个半圆图标，鼠标指针放在上面右键选择点击Flush Cache（释放缓存）。

（6）编辑项目

单击菜单栏中的Setup（设置）中的Edit Sequence（编辑序列），弹出对话框对项目进行编辑。

（7）跟踪

单击Toolbox中的跟踪图标或者点击键盘快捷键【F9】，弹出跟踪对话框。如图6—59。

（8）开始跟踪

单击Advanced进行跟踪高级选项设置，在这里可以对跟踪素材的精度、跟踪类型、通道等进行调整，通常选择默认即可，单击Start（开始）进行跟踪。如图6—59、图6—60。

（9）摄像机解释

单击Toolbox中的Camera Solve图标对摄像机进行解释或者点击键盘快捷键【F10】。如图6—61。

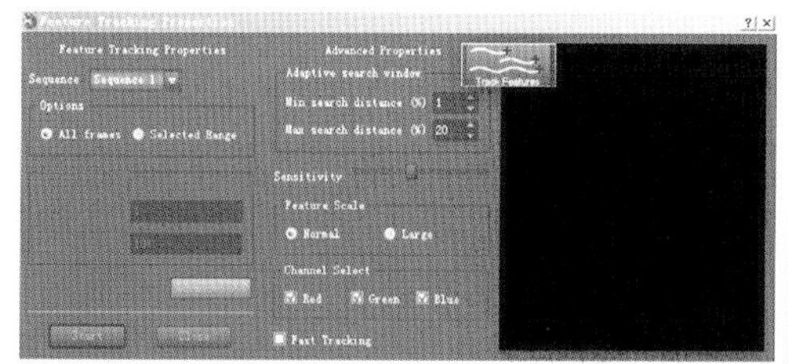

图6-59 跟踪对话框

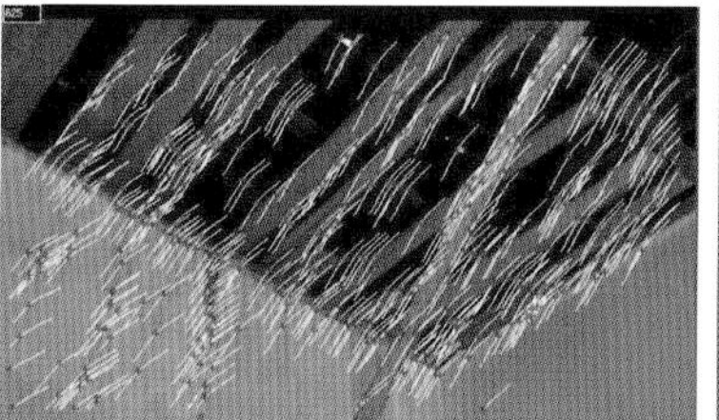

图6-60 开始跟踪

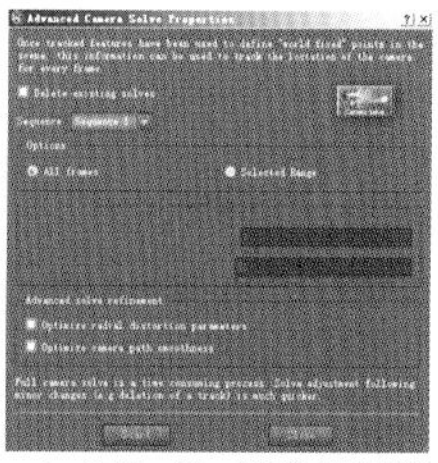

图6-61 摄像机解释

单击Start（开始）进行摄像机解释，通过计算，画面上得到黄色和蓝色小圆点，黄色标记为当前能够捕捉到的点，蓝色标记为当前无法捕捉到的点。如图6—62。

（10）输出摄像机

单击Toolbox中的图标Export Camera（输出摄像机）将记录过数据的摄像机导出，点击键盘快捷键【F12】。如图6—63。

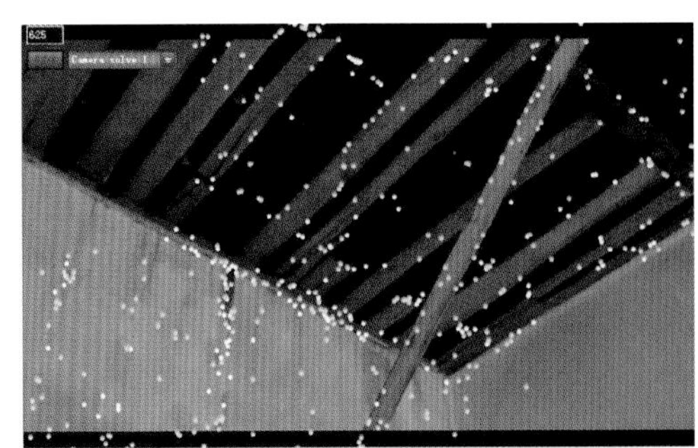

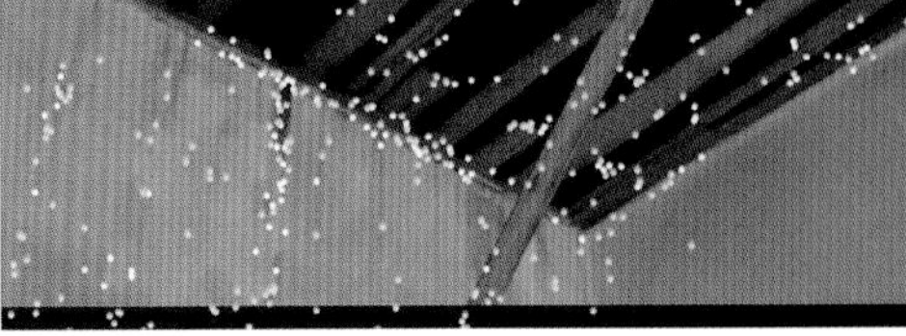

图6—62 黄蓝标记点

图6—63 输出摄像机

在Fliename（文件名字）中设置摄像机路径和名字，Export Type（输出类型）选择导入摄像机保存格式，在这里选择Maya 4+(*.ma)，最后单击Save（保存）进行摄像机路径文件的保存。

（11）保存项目及退出

在File（文件）中选择Save（保存）或Save As（另存为）并选择合适的路径进行相应的保存，完成后在File（文件）中选择Exit（退出）结束Boujou的操作。

（12）添加遮罩

拍摄的素材往往不能做到十全十美，图像素材中有些不必要的信息经常会破坏画面，降低跟踪质量，这时就需要运用到Masks来进行屏蔽一些干扰因数。

使用方法是单击Toolbox（工具箱）中的图标Add Poly Masks图标对画面中需要屏蔽的地方进行遮罩处理，拖动时间滑块，调整Masks的顶点保持到合适位置，Boujou会自动记忆相关信息。

如果您需要反转遮罩，请在Taskview（作业视图）中选择Masks下双击Mask1弹出对话框，在Invert Mask（反转遮罩）选项前勾选，单击OK，以反转遮罩。

遮罩删除是在Taskview（作业视图）中选择Masks下点击Mask1直接按键盘【Delete】键进行删除。

（13）导入Maya

打开Maya软件直接选择File（文件）菜单下执行Open Scene（打开场景）命令打开Boujou输出的摄像机文件。

导入Maya中的文件只有摄像机和图片序列以及Locators点，如果导入的图片序列位置距离摄像机太近，请在右边的工具盒中需要摄像机属性的深度选项进行数值调整。如果在此步骤导入的图片序列没有图片，很有可能是我们前面提到的原始素材的JPG序列名称的问题。

6.4 剪辑与输出

剪辑是将生成的动画片段按照一定的顺序进行排列组合，并生成完整音频视频的过程，剪辑过程中的画面节奏与音乐效果对最终成品有着较大影响，因为剪辑的独特魅力而使这一制作环节成为独立的艺术创作。

6.4.1 剪辑知识

三维动画制作是按照分镜头脚本进行的，剪辑前的片段都是在按照分镜设计的基础上得到的，因此无效镜头或者多余镜头不是很多，在三维动画的剪辑中主要注意镜头的衔接与节奏的控制即可。

在三维动画的剪辑上，需要注意以下原则：

（1）叙事优先

动画片的观众群体以青少年、儿童为主，他们对事件发展的理解力受一定限制，在动画片的剪辑上首先要保证不破坏完整的叙事结构，让观众能够清楚了解事件发展的进程。

（2）动接动、静接静及动静结合

从视觉连贯效果看，正在运动状态中的镜头难以与静止的固定镜头连接在一起，比如第一个镜头是一个角色走出画面，第二个镜头他已经安静地躺在床上了，这两个镜头之间的“动”与“静”差别过大，画面显得很跳。一般情况下一个角色出画，紧接着的镜头就是角色入画，来完成动接动的剪辑。

运动暂缓之处静止镜头接静止镜头，也是符合视觉规律的剪辑方式。特殊情况下也是可以“动镜头”与“静止镜头”相衔接的，比如在表现角色情绪变化的镜头片段中，上一镜头是主角躺在床上、下一镜头是策马狂奔的战争场面，反复切换，这种动静结合的剪辑处理加强了对情绪变化的渲染。

（3）同机位勿切换

三维动画制作中使用的摄像机是虚拟的，但这并不意味着可以不受限制地使用摄像机，在制作三维动画中应该像实拍电影一样，严格控制摄像机调度，不要随意添加摄像机。

摄像机过多的话，会给制作带来负面影响，其中影响最大的是容易发生同机位切换的问题。同机位切换并不是严格意义上的一个机位上摄像机的切换，而是位置非常接近的多个摄像机之间的切换，容易给画面带来“跳动”的感觉。要解决这样的问题除了严格控制摄像机数量之外，在这两个镜头之间添加其他镜头也能避免画面“跳动”。

6.4.2 音效处理

影视艺术是视听艺术，除了视觉外，听觉的感受也是重要的组成部分，动画声音部分除了配音之外还有配乐、音效部分，都需要进行剪辑处理。

这里以音乐剪辑软件Cool Edit为例进行简单讲解。

（1）打开界面

在计算机全部程序菜单中点取Cool Edit Pro命令打开Cool Edit Pro软件。

（2）录音

选择一条音轨，点击音轨左侧红色R标记，准备录音，再按下左下方录放控制区的红色录音键，开始录制。如图6—64。

录音完毕后，可点左下方播音键进行试听，看有无严重的出错，是否需要重新录制，检查完成后鼠标双击录制完的音频，进入音频剪辑模式，将录好的声音另存为音频文件（Wav、Mp3均可）。如图6—65。

（3）降噪

点击左下方的波形水平放大按钮放大波形，以找出一段适合用来做噪声采样的波形，使用鼠标左键选取一段接近空白的区域作为采样区，右键单击高亮区选“复制为新的”，将此段波形抽离出来，执行效果菜单中的噪声消除命令并加载降噪器准备进行噪声采样。

降噪器中的参数采用默认即可，执行完采样后将样本保存。如图6—66。

回到人声录音文件，打开降噪器，加载之前保存的噪声采样进行降噪处理。

（4）混缩合成

打开编辑菜单，执行混缩到文件选择全部波形，将全部处理过的声音混缩合成在一起，执行文件菜单下的另存为命令，将混缩合成后的文件存为Mp3格式文件。

6.4.3 视频转换设置

剪辑一般采用Adobe Premiere软件进行，Premiere是一款常用的视频编辑软件，由Adobe公司推出，兼顾了广大视频用户的不同需求，提供了较强的控制能力和灵活性。

Premiere软件打开时就要进行工程设置，中国国内用于电视播出的制式是PAL制式，每秒25帧的速率，画幅大小为720X576像素，像素比为1.067。如图6—67。

Premiere导入素材后通过工具进行剪切、音画对位、添加字幕、专场等操作输出成完整音视频文件。如果是电视台播放使用还需要输出成无损的AVI视频后转换成电视台播出使用的BATE带。

Premiere生成的文件较大，无法在日常播出，生活中通常使用DVD格式的文件，这就需要进行文件格式的转换。

行业内已有很多进行格式转换的软件，如格式工厂、万能视频转换器、WinAVI等等，功能都比较齐全，操作也较简单，这里不再详述。格式工厂软件界面。如图6—68。

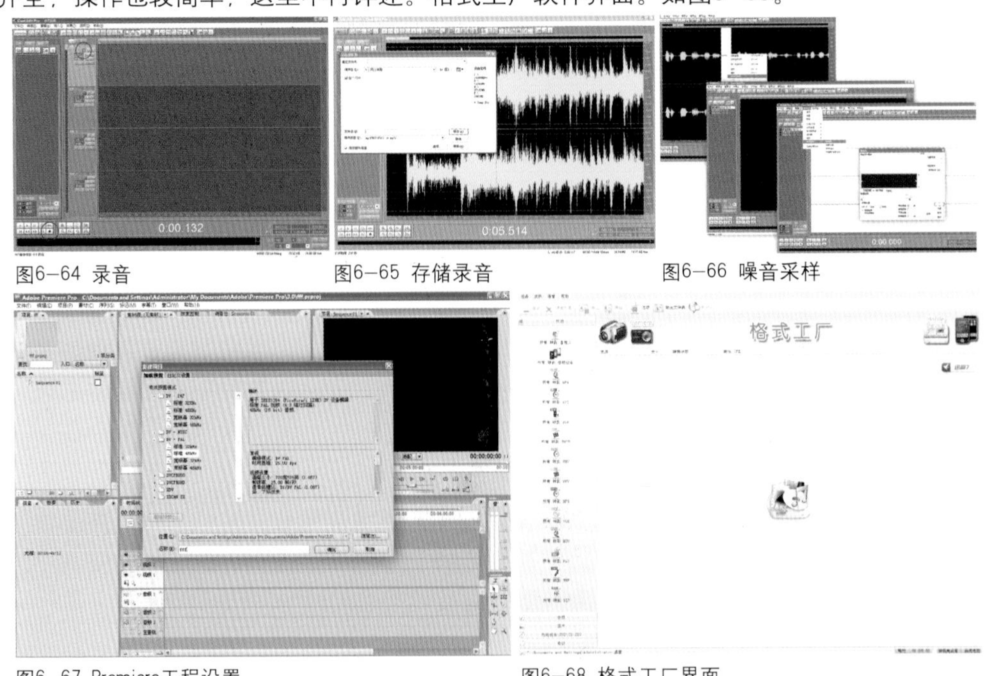

图6—64 录音　图6—65 存储录音　图6—66 噪音采样

图6—67 Premiere工程设置　图6—68 格式工厂界面

后记

作为三维动画流程的教材，本书并没有注重“大而全”，而是根据制作流程去掉一些干扰初学者的艰涩内容（如MEL语言、毛发等等），这样初学者能够掌握三维制作的大多数环节，具备三维动画制作的基本能力。

全书知识结构按照循序渐进的教学方式展开。第一章简单介绍三维动画的发展历程及主流三维软件，使读者增长基础知识、开阔视野。

第二章集中解决三维动画的模型问题，以多边形建模为主兼顾其他方式。

第三章讲解材质与贴图的知识，涉及立体绘制技术。

第四章讲解灯光与渲染，该章节引用大量渲染器，读者根据兴趣可自行钻研。

第五章讲解一般动画及角色动画的基本知识，包含多个案例并深入浅出地进行了说明。

第六章对三维特效进行简述，涉及一些后期合成的案例。

三维动画流程涉及的制作环节比较多，写作过程中需要做大量的截屏图片处理工作，在此感谢我的爱人楚静，在写作期间替我分担很多工作；感谢柳丽召、朱仝翔、郭佳佳、寇萌萌等同学协助处理了大量资料；感谢金刚、唐立志、杨仁豹等同志协助提供了部分制作案例，还有其他朋友提供了部分资料，在此一并感谢。

主要参考文献：

[1] 郑亚铃.胡滨.《外国电影史》[M].北京.中国广播电视出版社.1995

[2] 崔建伟.《三维动画设计与制作》[M].北京.机械工业出版社.2011

[3] 孙菁.《动画三维制作与后期合成》[M].武汉.湖北美术出版社.2008